U0249176

作 者 简 介

陈建宝，男，1965 年生，澳大利亚科廷理工大学统计学博士。现任福建师范大学二级教授，博士生导师，统计学博士点和博士后流动站负责人，厦门大学宏观经济研究中心研究员，中国统计教育学会副会长，中国统计学会常务理事，《统计研究》编委。曾任厦门大学经济学院副院长、中国统计教材编审委员会委员。曾为美国芝加哥大学高级访问学者、澳大利亚西澳大学访问教授等。在国内外重要学术刊物上发表论文 140 多篇，出版专著 4 部；主持、参与完成国家和省部级重大、重点和面上项目 20 多项；获得国家级、省部级科研和教学奖励多项。主要研究方向为统计理论和方法、宏微观经济计量分析。

乔宁宁，男，1986 年生，厦门大学经济学博士。现为中国人民银行太原中心支行国际收支处主任科员。在《经济学（季刊）》《数量经济技术经济研究》《统计研究》《旅游学刊》等学术刊物发表论文多篇。研究方向为空间计量模型和金融数据分析。

变系数空间计量模型的
理论和应用

陈建宝　乔宁宁　著

科 学 出 版 社

北 京

内 容 简 介

本书系统阐述了空间计量模型的重要性，针对复杂经济变量间普遍存在的非线性关系，提出了空间计量经济学理论发展的新挑战和新要求。在介绍相关预备知识之后，构建了半参数变系数空间滞后模型、半参数变系数空间误差回归模型和混合地理加权空间滞后回归模型（系数随地理位置变化）的估计方法，对估计量的大样本性质和小样本表现分别进行了数理论证和蒙特卡罗模拟研究，并将估计技术运用于现实经济问题分析中。这些模型估计量具有稳健性，可同时考察因变量的空间溢出效应和变量间的非线性特征，且有效地避免了非参数模型中的"维数灾难"问题。

本书的特色是理论和应用相结合，所述研究方法对于其他结构的半参数/非参数空间计量模型估计理论研究具有推广价值，其估计技术在经济、管理等学科中具有应用价值。本书可供相关领域的研究者和技术人员参考。

图书在版编目（CIP）数据

变系数空间计量模型的理论和应用/陈建宝，乔宁宁著. —北京：科学出版社，2018.3
ISBN 978-7-03-055984-5

Ⅰ. ①变… Ⅱ. ①陈… ②乔… Ⅲ. ①空间模型 Ⅳ. ①O221.2

中国版本图书馆 CIP 数据核字（2017）第 310678 号

责任编辑：胡庆家／责任校对：彭珍珍
责任印制：赵　博／封面设计：蓝正设计

科 学 出 版 社 出版
北京东黄城根北街 16 号
邮政编码：100717
http://www.sciencep.com

北京厚诚则铭印刷科技有限公司　印刷
科学出版社发行　各地新华书店经销
*
2018 年 3 月第　一　版　开本：720×1000　B5
2024 年 3 月第三次印刷　印张：13 1/2
字数：269 000
定价：**98.00 元**
（如有印装质量问题，我社负责调换）

前　　言

　　人类经济活动总是在一定的时间和空间维度上进行的，经济现象不仅表现在时间上的相关，其在空间上也存在某种程度的相关。例如，经济发达地区总是连成一片，相关或相同产业倾向于在同一地理空间聚集，而地理位置接近、个体间互相竞争和合作、模仿行为、溢出效应等，都成为产生这些空间交互效应的重要影响因素。

　　在实际经济研究过程中，经典的高斯–马尔可夫假设要求解释变量之间相互独立。如果所得数据间存在空间相关性，则彼此不能保持独立。同样，如果数据中存在空间异质性，也会违背高斯–马尔可夫假设中的误差项同方差假定。因此，为了处理这种空间相关性和空间异质性，空间计量经济学应运而生。自 20 世纪 70 年代末兴起以来，空间计量经济学获得了巨大发展，开始从边缘学科进入计量经济学的主流，不仅在区域经济问题、房地产经济学及经济地理学等传统经济学科中成为标准分析工具，而且在国际经济学、劳动经济学、资源和环境问题、城市化与人口发展等方面也得到了越来越广泛的运用。

　　然而，伴随着空间计量经济学的快速发展，越来越多的学者认识到，在现实经济运行中，变量之间的非线性关系比比皆是，学者们开始更多地考虑除线性以外模型的空间效应问题。与此同时，非线性特征的引入逐步使得传统参数空间计量模型的形式更为复杂，与其相关的各种估计理论也与线性模型存在较大差异，大多数情形下，很难将传统计量经济理论的研究成果直接推广到具有非线性特征的空间计量模型中，这使得空间计量模型在很多方面还处于研究的起步阶段，仍然面临诸多难点，而这也成为本书引入半参数/非参数空间计量模型进行研究和探索的主要出发点。事实上，相比传统的参数空间计量模型，非参数空间计量模型在处理非线性特征上具备较大的灵活性和稳健性。然而，这类模型对于高维数据却存在着不可避免的 "维数灾难" 问题，这在一定程度上限制了模型的应用空间，因此如何有效规避 "维数灾难" 问题，也成为本书在构建新模型方面需要考虑和解决的关键问题。基于这些考量，本书提出了两类新的变系数空间计量模型——半参数变系数空间滞后回归模型和半参数变系数空间误差回归模型，不仅能够有效刻画变量之间存在的非线性影响关系，在降维方面也具有较好的功效。

　　另外，在现实经济结构或社会结构中，空间相关性和空间异质性成为影响空间效应的两个重要层面。大多数研究主要针对其中某一方面展开，尤以涉及空间相关性的文献居多。然而，当空间相关性与空间异质性同时存在时，经典的计量经济学估计方法可能不再简单适用，这时一个直接的困难便是如何处理单位间可能同时存在的空间相关性及空间异质性，两种空间效应的叠加无疑增加了模型估计的难度。为此，本书还提出了另外一类新的混合地理加权空间滞后回归模型。在某种意义上，这类模型综合了空间计量模型和混合地理加权回归模型的特点，不仅兼顾到空间观测点的位置对异质性产生的影响，反映了空间异质性的特征，而且还考虑了更为贴近实际的情形，即一部分系数随着空间位置变化，而其余部分为常系数，因而模型的适用性变得更为广泛。

非参数空间计量模型作为空间计量经济模型的重要分支，具有广阔的应用前景，而系统介绍这些内容的书籍依然较少，本书抛砖引玉，旨在对非参数空间计量模型估计理论方面的研究起到借鉴作用，同时对经济、管理等学科中的相关实证研究产生应用价值。本书内容主要包括对半参数变系数空间滞后回归模型、半参数变系数空间误差回归模型、混合地理加权空间滞后回归模型的研究，以及运用所构建的理论模型研究资源禀赋与地方公共品供给之间的关系等。具体来看，第 1 章为绪论部分；第 2 章为预备知识，综述空间计量模型和变系数回归模型的研究进展，并介绍一些本书涉及的已有估计方法和计算方法；第 3 章讨论半参数变系数空间滞后回归模型的估计及统计检验；第 4 章讨论半参数变系数空间误差回归模型的估计；第 5 章讨论混合地理加权空间滞后回归模型的估计；第 6 章为实证应用部分，主要运用本书构建的变系数空间计量模型研究我国资源禀赋、地方政府博弈与公共品供给之间的关系。

本书得到了国家社会科学基金规划项目 (16BTJ018)、国家自然科学基金项目 (71503220)、教育部人文社会科学重点研究基地重大项目 (15JJD790029)、教育部人文社会科学研究规划基金项目 (13YJA9100002)、福建省自然科学基金项目 (2017J01396) 和福建师范大学创新团队基金项目 "概率与统计：理论和应用" (IRTL1704) 的资助。对各级部门的大力支持，我们在此表示衷心的感谢！

由于时间、资料、知识、精力等多方面的局限性，书中疏漏甚至错误在所难免。恳请对该领域有兴趣的读者、专家不吝赐教。

作 者

2017 年 10 月 20 日

目　　录

第 1 章　绪　　论

1.1　空间计量模型的重要性

空间计量经济学起源于区域科学和计量经济学的共同发展，是计量经济学的一个重要分支。1974 年 Paelinck 首次提出空间计量经济学的概念，即此拉开了空间计量经济学研究的序幕，随后在 Cliff, Ord, Anselin 等众多学者的努力下，空间计量经济学的框架体系逐步成型。Anselin (1988a) 对空间计量经济学进行了系统研究，针对空间计量经济学的概念、模型、估计、检验等方面提供了详尽的总结和扩展，随后在 2001 年又将空间计量经济学补充定义为："在横截面和面板数据回归模型中处理空间交互作用 (空间自相关) 与空间结构 (空间异质性) 的计量经济学的分支"。Anselin 的工作为空间计量经济学的发展奠定了重要基础。

自 20 世纪 70 年代末以来，对空间计量经济学的理论探索得到了广泛的关注，研究领域几乎涉及经典计量经济学的绝大部分设定、估计以及检验方法。然而，空间维度作为与时间维度同等重要的一个经济联系维度，其本身仍具有同时间维度不同的特性。空间计量模型通过引入空间权重矩阵以及空间滞后因子，将研究对象的空间相关性引入模型之中，正是这一点拓宽了模型分析的广度，同时也增加了计量分析的复杂性。而空间滞后项的引入能够较好地挖掘潜在的空间相关性特征，减少原有模型不能被识别的信息量，这使得空间计量模型成为计量经济学界方兴未艾的热点议题。最初，大多数空间计量经济学的研究集中于区域经济问题、房地产问题、环境问题、城市化与人口发展问题等方面，得到了较为满意的研究成果。近些年来，伴随地理信息系统和空间数据分析软件，以及数据处理、信息处理等技术的发展，空间计量经济学的应用变得更为广泛。

事实上，社会经济中有大量研究数据都是按照一定的空间形式组织起来的，高度聚类是这些单位的典型特征，尤其是空间层面的地区聚类。在实际操作方面，这些聚类通常都被忽略或者当作一种干扰，而忽略这种关联性将极大地影响我们在研究中建立有意义的推论。空间计量经济学作为空间分析的重要组成部分，它的发展为减少这种代价提供了一种分析方法，空间信息的刻画也将有助于揭示社会过程之间的联系，这将极大地促进空间分析在众多领域中的应用，为人们研究社会经济问题开辟新的视野。可以说，无论从理论发展，还是从实际应用的角度，对空间计量经济学的研究都具有重要意义。

1.2 非线性特征的广泛存在性

大量的实际经济数据表明,经济变量之间大多呈现非线性影响关系,这些非线性关系不仅具有合理的经济理论基础,而且在宏观经济调控、微观市场结构分析等方面发挥着重要作用。例如,改革开放以后,我国不同时期的经济体制政策发生了很大变化,经济发展状况存有较大差异,这就导致了各个时期经济变量之间可能存在显著的结构变化,如果忽视这种变化,而直接采用线性模型分析变量之间的经济关系,那么,产生的后果很可能是经济意义被扭曲甚至是错误的。线性模型存在的固有的一些不足之处,使得传统线性时间序列计量经济学受到越来越多来自非线性时间序列计量经济学的挑战,继而涌现出大量学者投身于非线性模型的讨论热潮,并提出了多种非线性模型用来捕捉经济变量之间的各类非线性特征。与线性模型形式单一不同,非线性模型的形式呈现多样化,这里简要列举几类常见的非线性特征的表现形式。

其一,非线性特征的一种主要形式为非对称性。非对称性在宏观经济分析、金融资产收益率等方面均有体现。在宏观经济中,不仅经济周期本身具有明显的非对称性 (刘金全,范剑青,2001),而且经济变量之间的影响关系也较为显著,如菲利普斯曲线 (欧阳志刚,王世杰,2009;陈建宝,乔宁宁,2013)、货币政策反应函数 (王立勇等,2010) 等;在金融领域,股票市场和汇率市场同样存在着显著的非对称性 (Hong, Lee, 2003;陈浪南,孙坚强,2010),如果建模时考虑到这些特点将能够更准确地反映和预测资产收益率的发展趋势。

其二,非线性特征的另一种典型形式为波动集聚性。在金融市场上,资产收益率的波动具有明显的集聚性特征 (Engle, 1982; Bollerslev, 1986),而部分学者同时注意到了波动率中的杠杆效应,即负向冲击相对于正向冲击会引起更大的波动,继而非线性 ARCH(Auto-regressive Conditional Heteroskedasticity) 类和GARCH(Generalized Auto-regressive Conditional Heteroskedasticity) 类等模型应运而生 (赵振全等,2005;Christensen et al., 2012),并较好地刻画了变量中存在的非线性特征。

当然,除了非对称性和波动集聚性外,经济变量之间的非线性特征还存在多种表现形式 (杨子晖,2010;段景辉,陈建宝,2011;章上峰等,2011),此处不再一一列出。

综上所述,在经济和金融分析中,非线性特征不仅具有普遍的存在性,而且在实证分析中得到了广泛验证。因此,如何进一步扩展和完善非线性建模分析,更好地将其应用于实际经济问题研究,具有重要的现实意义。

为了解决实际估计中遇到的非线性特征问题,计量学者考虑在传统参数计量模型研究中引入非参数思想，以更好地解释变量内部结构未知情况。自 20 世纪 40 年代起，非参数技术及其相关研究逐步成为统计学和计量经济学中最为活跃的科研领域之一。最初，Bartlett 在时间序列谱密度估计研究中，借鉴平滑技术，构建了非参数密度估计的基本思想。基于非参数密度估计思想，Nadaraya 和 Watson 在 20 世纪 60 年代又提出了核回归思想。继而，Hastie 和 Tibshirani (1990)，Green 和 Silverman (1994)，Wand 和 Jones (1995)，Fan 和 Gijbels (1996) 分别从不同角度介绍了各种非参数模型的理论和应用。其间 Stone (1977) 关于非参加权函数大样本理论的发表为非参数模型统计推断方法的研究奠定了重要基础。后来，随着非参数模型理论研究的不断深入，计量学者陆续提出了局部多项式拟合、样条平滑等非参数技术思想，并逐步应用于时间序列数据模型、广义线性模型、面板数据模型及金融利率等实际模型之中。

1.3　空间异质性的普遍性

空间计量经济学作为计量经济学的一个分支，解决的是计量经济学中的空间效应问题，空间效应包括空间交互作用和空间结构两个方面 (Anselin，2001a)。其中空间交互作用更多地体现在空间依赖性上，而空间结构的变化则主要体现在空间异质性上。空间依赖性和空间异质性就是截面数据的依赖性和异质性在空间上的体现。具有依赖性的空间单位可能在一定程度上受到其他单位位置和距离的影响，这种位置和距离既包括地理空间意义上的，也包括广义的经济或社会网络空间意义上的；而空间异质性则主要指地理空间上的区域缺乏均质性，反映了经济实践中的空间单位之间经济行为关系的一种普遍存在的不稳定性。

对于空间异质性，一方面，在空间计量模型中，一些学者将其理解为模型设定的差异，其中一个重要表现形式为异方差性，这些可以采用经典计量经济学的基本方法进行处理。例如，异方差的 White 检验，还有通过面板数据模型的方差、协方差矩阵来处理空间异质性 (Anselin，1988a，2001a) 等。另一方面，针对空间异质性的特征，Brunsdon 等 (1996) 和 Fotheringham 等 (1997) 提出了一种称为地理加权回归 (Geographically Weighted Regression，GWR) 的空间变系数模型，该模型的系数是观测个体的空间位置的函数，因而不同观测个体的系数是不同的。显然，空间异质性在第二种情况下更为广义，体现了局部异质的特点，而本书对空间异质性的理解也是基于第二种情况，它体现了因地理位置变化而产生的空间非平稳性。

为了更好地捕获空间数据中可能存在的异质性，地理加权回归模型被广泛应用于各种社会经济问题的研究中，其中不乏经济收敛性 (LeSage，1999；Eckey et al.，2007)、经济发展 (苏方林，2007；Partridge et al.，2008)、房价分析 (Huang et al.，2010；张琰，梅长林，2012) 以及社会和人口发展 (Wheeler，Waller，2009；Shoff，

Yang，2012) 等方面。相比通常的线性回归模型，地理加权回归模型能够分析回归关系随着空间位置变化而变化的特征，不言而喻，这种模型的恰当运用和对经济问题的深刻反映，为空间异质性的客观存在提供了重要支撑，也为其广泛应用提供了强有力的保障。

1.4 空间计量模型面临的挑战

相比传统的线性空间计量模型，非线性特征的引入使得空间计量模型的形式更为复杂，与其相关的各种估计理论也与线性模型存在较大差异，大多数情形下，很难将传统计量经济理论的研究成果直接推广到具有非线性特征的空间计量模型中，这使得空间计量模型在很多方面还处于研究的起步阶段 (Su，Jin，2010; Su，2012; 李坤明，陈建宝，2013)，仍然面临诸多难点。特别地，联系到本书所要研究的变系数空间计量模型，尤其是半参数变系数空间滞后回归模型和半参数变系数空间误差回归模型，同样面临很多有待解决的瓶颈问题。然而，对这类模型的探索又十分必要，因为在实际问题分析中，如果我们仅仅采用线性框架下的空间计量模型考察经济变量之间的关系，极可能产生由模型形式误设而导致的估计偏差问题，甚至得出错误的分析结论和误导性的政策建议。

另外，在现实的经济结构或社会结构中，空间相关性和空间异质性是影响空间效应的两个重要层面。大多数研究主要针对其中某一方面进行展开，尤以涉及空间相关性的文献居多。然而，当空间相关性与空间异质性同时存在时，经典的计量经济学估计方法可能不再简单适用，问题或将更为复杂。这时，研究人员面临的一个直接困难便是如何处理截面单位可能同时存在的空间相关性及空间异质性，两种空间效应的叠加无疑增加了计量模型估计的工作难度。

第 2 章　预 备 知 识

2.1　空间计量模型

空间计量经济学主要是研究在计量经济模型中处理空间效应的一系列方法。由于空间变量的诸多特殊性质，很多情况下研究空间变量之间的关系需要在回归模型的基础上体现出变量的空间结构特征，这样构建的模型称为空间计量模型。回溯空间计量模型的整个发展历程，其间，很多学者对此理论做出了重要贡献，可谓百花齐放。这里将以空间数据的类型为出发点，针对学者们研究和应用较为广泛的截面数据空间计量模型和面板数据空间计量模型进行简要回顾，同时，给出非参数思想在空间计量模型方面的一些探索性研究。

2.1.1　空间权重矩阵

空间权重矩阵是空间相关性的定量化测度，是描述数据空间结构的基础。假设研究区域有 N 个空间单元，任何两个都存在一个空间关系，这样就有 $N \times N$ 对关系。于是需要 $N \times N$ 的矩阵存储这 N 个空间单元之间的关系。关于空间权重矩阵的构造方式很多，最简单的方法是基于空间单元的二元邻接关系得到相应的邻接矩阵，如果观测值 i 和 j 所在的空间单元在地理上相邻，即存在共同的边界，则 $w_{ij} = 1$，否则 $w_{ij} = 0$；主对角线上元素 w_{ii} 为零，即空间单元和其自身不存在空间自相关。

空间权重矩阵主要包括基于连通矩阵和基于距离两种计算方法。其一，基于连通矩阵的二元空间权重矩阵，一般包括 Rook 邻近计算方法和 Queen 邻近计算方法，Rook 邻近计算方法以共同边界来确定 "邻居"，而 Queen 邻近计算方法除了共有边界邻居外，还包括具有共同顶点的邻居；其二，基于距离的二元空间权重矩阵则以权重矩阵 W 代表不同空间单元之间的距离，即 $w_{ij} = w_{ij}(d)$。其中，d 是两个空间单元的距离，在实际应用中，距离的定义常常不局限于欧氏距离，在有些情况还采用经济距离、社会距离、制度距离等。根据地理学第一定律，两个个体的空间关系紧密程度与其二者之间的距离成反比，故使用距离作为权重，用以描述空间个体之间关系的远近。因此，当使用距离矩阵时，权重是距离的倒数，但是根据相关研究，很多空间关系的强度随着距离的减弱程度，通常要强于简单的线性比例关系，因此在实际研究中，经常采用平方距离的倒数作为权重。另外，空间矩阵中的空间因子为处理上的方便通常会进行标准化，在估计中一般采用标准化后的矩阵。

空间自相关性的度量方法通常分为全局空间自相关方法和局部空间自相关方法。其中,全局空间自相关方法基于全部区域,描述了所有区域单元的总体空间关系,主要测量指标包括 Moran's I 统计量、Geary C 统计量以及 G 统计量等;而关于局部空间相关性检验,其作用主要在于对空间相关性引起的空间差异性进行诊断,判断空间个体的属性取值相对应的热点区域或高发区域,从而对全局空间相关性分析方法进行补充。局部空间自相关测量指标主要包括局部 Moran's I 统计量、局部 Geary C 统计量、局部 G 统计量和 Moran 散点图等。

2.1.2 截面数据空间计量模型

在现实经济或社会结构中,由于空间依赖性广泛存在,空间相关性一直是空间计量经济学研究的重点领域。最早的研究起步于截面数据空间计量模型,包括空间滞后回归模型、空间误差回归模型和混合空间滞后回归模型等,研究重点主要集中于模型估计和统计检验两大方面。

截面数据空间计量模型的一般形式可写成

$$
\begin{aligned}
y_i &= \rho(W_1 Y)_i + u_i \\
u_i &= \lambda(W_2 u)_i + \varepsilon_i
\end{aligned}
\tag{2.1}
$$

其中, $Y = (y_1, y_2, \cdots, y_N)^{\mathrm{T}}$ 是 N 维被解释变量观测值, x_i 表示 p 维解释变量观测值; $u = (u_1, u_2, \cdots, u_N)^{\mathrm{T}}$ 是随空间变化的误差项; ε_i 是白噪声 $\varepsilon = (\varepsilon_1, \varepsilon_2, \cdots, \varepsilon_N)^{\mathrm{T}}$ 中的第 i 个元素且满足 $\varepsilon_i \sim \mathrm{i.i.d.}(0, \sigma^2)$; $\rho(W_1 Y)_i$, $\lambda(W_2 u)_i$ 为滞后项,其中,参数 ρ 反映因变量的空间邻接单元对于因变量的解释程度, λ 反映误差项的空间邻接项对于其本身的解释程度,为了保证模型的平稳性,一般需要满足 $|\rho| < 1$, $|\lambda| < 1$, W_1 和 W_2 是已知的空间权重矩阵。 β 为 p 维回归系数,其反映解释变量对于因变量变化的影响,对式 (2.1) 增加某些限定,可导出多种不同形式的计量模型。若 $W_2 = 0$,则得到空间滞后模型;若 $W_1 = 0$,则推出空间误差模型;若 $W_1 = 0$, $W_2 = 0$,则模型变为普通的线性回归模型。

在模型估计上, Ord (1975) 首次提出了空间滞后回归模型的极大似然估计 (Maximum Likelihood Estimator, MLE) 方法,后有 Cliff 和 Ord (1981), Anselin (1988a), Smirnov 和 Anselin (2001) 等学者进行了相应的拓展研究。由于极大似然估计需要设定误差项服从正态的独立同分布,这在现实中往往很难符合, Lee (2004) 进一步放宽了模型误差项服从正态分布的假设,提出了空间滞后回归模型的拟极大似然 (Quasi-maximum Likelihood Estimation, QMLE) 估计,这为空间滞后回归模型在应用上的拓宽提供了有力的理论支持;后来,工具变量估计 (Haining, 1978; Bivand, 1984; Anselin, 1984; Drukker et al., 2010)、广义矩估计 (Kelejian, Robinson, 1993; Kelejian, Prucha, 1998, 1999, 2010; Lee, 2003, 2007a, 2007b;

Lee，Liu，2010) 和贝叶斯估计 (Besag et al.，1991，1995；Hepple，1995；LeSage，1997) 等方法逐步应用到截面数据空间计量模型的估计中，成果显著。

在统计检验上，空间自相关检验一直是空间计量经济学的一个重要研究方向，是判断空间依赖性是否存在的关键依据。其中 Moran's I 统计量最早得到开发和运用 (Cliff，Ord，1972，1973，1981)，Anselin 和 Rey (1990) 进一步分析了在不同空间衔接结构下统计量的检验效果；Anselin 和 Kelejian (1997) 采用蒙特卡罗模拟方法，研究了 Moran's I 检验在包含内生变量与采用两阶段最小二乘法 (Two Stage Least Square Method, 2SLS) 方法估计的回归模型中的有限样本表现。可以看出，Moran's I 检验是基于普通最小二乘法 (Ordinary Least Square, OLS) 和两阶段最小二乘法估计残差的空间相关性检验方法，它的优点主要在于其结构简单且具有良好的有限样本表现。然而，Moran's I 统计量虽然能够检测模型中存在的空间相关性，但并不能有效识别具体的空间相关性结构。基于此，Anselin 等 (2004) 提出了 LMERR，LMLAG 和稳健 (Robust) 的 ROLMERR，ROLMLAG 等检验统计量的判别准则，用以推断空间滞后回归模型和空间误差回归模型是否存在空间相关性，以决定哪种空间模型更加符合客观实际。如果在空间依赖性的检验中发现，LMLAG 比 LMERR 在统计上更加显著，且 ROLMLAG 显著而 ROLMERR 不显著，则可以断定适合的模型是空间滞后回归模型；相反，如果 LMERR 比 LMLAG 在统计上更加显著，且 ROLMERR 显著而 ROLMLAG 不显著，则可以断定空间误差回归模型是恰当的模型 (吴玉鸣，2006)。除了上述检验方法外，Anselin (2001b) 提出了空间相关性的得分检验，原假设模型设为一般的线性回归模型，备择假设则为空间 ARMA(p,q) 模型或空间误差组合模型；Kelejian 和 Robinson (1998) 考虑了存在异方差情况下的空间滞后回归模型，并讨论了该模型的空间自相关检验方法；Kelejian 和 Prucha (2001) 证明了：当模型误差项服从独立同分布时，空间滞后回归模型的空间相关性检验统计量 Moran's I 指标渐近服从正态分布、χ^2 分布等标准分布。

2.1.3　面板数据空间计量模型

正如将普通的截面数据模型扩展到面板数据模型，对于空间计量模型而言，研究者同样很自然地将截面数据空间计量模型延伸到面板数据空间计量模型，这样既能有效处理以往普通面板数据模型可能忽略的空间相关性，又能解决截面数据空间计量模型可能存在的问题。

对于空间单元为 N、时期为 T 的样本观测数据，面板数据空间计量模型的一般形式如下：

$$
\begin{aligned}
y_{it} &= \rho(W_1 Y_t)_i + x_{it}^{\mathrm{T}}\beta + b_i + \mu_t + u_{it} \\
u_{it} &= \lambda(W_2 u_t)_i + \varepsilon_{it}
\end{aligned}
\tag{2.2}
$$

其中，$1 \leqslant i \leqslant N$，$1 \leqslant t \leqslant T$；$Y_t = (y_{1t}, y_{2t}, \cdots, y_{Nt})^{\mathrm{T}}$ 为 N 维被解释变量在第 t 期的观测值；$x_{it} = (x_{1it}, x_{2it}, \cdots, x_{pit})^{\mathrm{T}}$ 为 p 维解释变量中第 i 个个体在第 t 期的观测值；$\beta = (\beta_1, \beta_2, \cdots, \beta_p)^{\mathrm{T}}$ 为 p 维回归系数，ε_{it} 是白噪声 $\varepsilon_t = (\varepsilon_{1t}, \varepsilon_{2t}, \cdots, \varepsilon_{Nt})^{\mathrm{T}}$ 中第 i 个个体在第 t 期的取值，并且 ε_t 满足 $E[\varepsilon_t] = 0$，$E[\varepsilon_t \varepsilon_t^{\mathrm{T}}] = \sigma^2 I_N$，$u_{it}$ 是误差项 $u_t = [u_{1t}, u_{2t}, \cdots, u_{Nt}]^{\mathrm{T}}$ 中第 i 个个体在第 t 期的取值；模型中 b_i 和 μ_t 分别描述了样本的个体特性以及时间特性，而空间权重矩阵 W_1 和 W_2 分别反映了个体变量和误差项的空间相关性，并且满足对角线元素为 0，非对角线上的元素反映了个体变量或者误差项对于临近区域的影响。因此，若样本的个体特性或时间特性为固定的，则该模型为固定效应空间计量模型，否则为随机效应空间计量模型。类似地，也可以得到面板数据空间滞后模型和面板数据误差滞后模型的具体形式，这里不再重复说明。

Elhorst (2003) 提出了存在空间滞后相关和空间误差相关两种空间相关性结构的情况下，涉及的几类面板数据空间计量模型，主要包括固定效应模型、随机效应模型、固定系数模型以及随机系数模型。类似普通的面板数据模型，研究者更多侧重于对含有固定效应和随机效应的面板数据空间计量模型的研究。其中，对于空间滞后自回归固定效应模型，Anselin (2001a) 指出时间固定而截面个数趋于无穷大时，只能够得到解释变量对应系数的一致估计量，而无法得到截距项和空间自回归系数的一致估计量；Lee (2004，2007a) 的研究表明当时间趋于无穷大时，利用极大似然估计仍然能够得到截距项和空间自回归系数的一致估计量；然而，针对极大似然估计可能存在的问题，部分学者指出采用矩估计方法或许是个更好的选择 (Kelejian, Prucha, 1999，2002，2004；Lee，2003，2007a，2007b)；对于空间误差自回归固定效应模型，Elhorst (2003) 提出了消除固定效应的极大似然估计；Druska 和 Horrace (2004) 构造了该模型的广义矩 (Generalized Method of Moments, GMM) 估计和可行的广义最小二乘 (Feasible Generalized Least Square, FGLS) 估计；Moscone 和 Tosetti (2011) 考虑了模型含有异方差的情况，并提出了 GMM 估计方法；对于随机效应模型，Elhorst (2003)，Baltagi 和 Li (2004) 给出了空间误差自回归随机效应模型的设定形式及极大似然估计方法；对于随机系数和固定系数模型，诚如 Elhorst (2003) 所言，当空间异质性不能被截距项完全捕捉时，放松斜率项固定不变的假设，引入斜率项在时间维度或空间维度上的变动，就显得很有必要。基于这样的研究背景，Elhorst 对此类变系数的面板数据空间计量模型进行了系统阐述；此外，Fingleton (2008) 对综合了空间滞后相关和空间误差相关的混合空间面板固定效应模型进行了 GMM 估计，Lee 和 Yu (2010) 采用拟极大似然估计方法同样对该模型进行了研究；Mutl 和 Pfaffermayr (2011) 进一步提出了混合空间面板随机效应模型的 GMM 估计方法，以及固定效应模型的组内估计法。

上述研究主要基于面板数据空间计量模型的静态研究，其实还有部分学者对空间动态面板数据模型进行了相关探讨, 可参见 Elhorst (2005)、Yu 等 (2008)、Su 和 Yang (2013) 等文献。另外, 涉及面板数据空间计量模型的统计检验, Baltagi 等 (2003, 2007, 2008, 2009a, 2009b) 做出了突出贡献, Montes-Rojas (2010) 给出了包含序列相关的空间误差自回归随机效应模型的联合 LM(Lagrange Multiplier) 检验、边际 LM 检验和稳健 LM 检验; Debarsy 和 Ertur (2010) 研究了空间滞后自回归固定效应模型的空间相关性检验问题。

2.1.4 非参数空间计量模型

非参数思想在空间计量模型中的应用主要集中于模型误差和模型结构设定为非参数形式, 并且大部分研究仍起步于截面数据空间计量模型。关于模型误差服从非参数形式, 最早的应用研究体现在, Robinson (2008; 2010) 将误差服从高斯分布的空间自回归模型推广至误差服从未知分布的空间自回归模型, 同时给出了模型估计方法; 而关于模型结构设定为非参数形式, 最初的研究归集到 Su 和 Jin (2010) 构建的半参数空间滞后回归模型, 运用截面拟极大似然估计方法进行了一致性估计; 后来, Su (2012) 构建了更为一般的非参数空间计量模型形式, 并采用 GMM 估计方法对模型进行估计, 证明了估计量的大样本性质。其模型基本形式为

$$
\begin{aligned}
y_i &= \rho(W_1 Y)_i + m(x_i) + u_i \\
u_i &= \lambda(W_2 u)_i + \varepsilon_i
\end{aligned}
\tag{2.3}
$$

其中, $1 \leqslant i \leqslant N$, $m(x_i)$ 为未知函数, 其余变量定义和前文类似。与截面数据非参数空间计量模型的设定形式类似, 面板数据非参数空间计量模型可表示为

$$
\begin{aligned}
y_{it} &= \rho(W_1 Y_t)_i + g(x_{it}) + b_i + u_{it} \\
u_{it} &= \lambda(W_2 u_t)_i + \varepsilon_{it}
\end{aligned}
\tag{2.4}
$$

其中, $1 \leqslant i \leqslant N$, $1 \leqslant t \leqslant T$; y_{it} 为被解释变量在第 i 个截面单元第 t 个时刻的观测值, $Y_t = (Y_{1t}, \cdots, Y_{Nt})$; $x_{it} = (x_{it1}, \cdots, x_{itp})^{\mathrm{T}}$ 为 p 个解释变量在第 i 个截面单元第 t 个时刻的观测值向量; ρ 和 λ 为空间相关系数; W_1, W_2 为预先设定的空间权重矩阵, $W_1 Y_t$, $W_2 u_t$ 分别表示被解释变量的空间滞后项和误差滞后项。在 $\lambda = 0$ 时, 模型 (2.4) 为面板数据非参数空间滞后模型, 在 $\rho = 0$ 时, 模型 (2.4) 为面板数据非参数误差滞后模型。$g(\cdot)$ 是多元未知连接函数, b_i 为第 i 个截面单元的个体效应, u_{it} 为第 i 个截面单元第 t 个时刻观测值的误差项, ε_{it} 为第 i 个截面单元第 t 个时刻观测值的随机干扰项, $\varepsilon_{it} \sim$ i.i.d.$N(0, \sigma^2)$, 当 $\{b_i\}$ 与 $\{x_{it}\}$ 相关时, 模型 (2.4) 为固定效应空间计量模型, 固定效应的可辨识条件为 $\sum b_i = 0$; 当 $\{b_i\}$ 与 $\{x_{it}\}$ 不相关时, 模型 (2.4) 为随机效应空间计量模型。对于面板数据非参数空间计量模型, 学术界的研究依然较少, Pang 和 Xue (2012) 给出了具有随机效应的

单指数面板数据模型的估计方法，并证明了估计量的渐近正态性；Chen 等 (2013) 对具有固定效应的部分线性单指数面板数据模型构建了其半参数最小平均方差估计方法，并证明了估计的渐近性质；Hu 等 (2014) 研究了一类面板数据非参数误差滞后模型，并验证了其统计推断方法大样本性质。

2.2   变系数回归模型

2.2.1   常见的变系数回归模型

对传统经济问题的分析，通过建立线性或者非线性的参数模型来说明变量之间的关系为常见的处理形式，但这类建模的前提是预先设定变量关系，而由于现实中绝大多数变量分布未知，变量相互之间的关系未必可以用预先设定的线性关系或者参数化非线性关系来表示，因而这类线性或者非线性参数模型至多是对真实随机系统的近似估计，在实际估计时可能存在较大模型设定误差。

为研究数据内部的非线性特征，缓解建模误差影响，提高关于模型统计推断的稳健性，学者们在实际研究中往往采用更为灵活的形式。因此，将传统参数回归模型扩展成更为一般的非参数回归模型得到了越来越多的学者关注。这种模型基于观测数据而建模，假定被解释变量和解释变量之间的关系形式未知，由观测数据本身对整个回归函数进行估计，因而，模型形式比参数回归模型更加符合现实，具有较大的适应性和稳健性。然而，当回归函数由一元非参数回归推广到多元非参数回归时，一个棘手的问题便是 "维数灾难"。为了避免 "维数灾难" 问题，学者们在寻找既能达到数据降维，同时又能保留非参数光滑优点的方法上做了大量有益的探索，相继提出了部分线性回归模型 (Engle et al., 1986；Speckman, 1988；Robinson, 1988)、可加模型 (Hastie, Tibshirani, 1990；Horowitz, 2001)、变系数回归模型 (Hastie, Tibshirani, 1993；Cai et al., 2000a)、半参数变系数回归模型 (Fan, Huang, 2005)、单指数回归模型 (Ichimura, 1993；Xia, Li, 1999；Hristache et al., 2001) 以及半参数单指数回归模型 (Carroll et al., 1997；Yu, Ruppert, 2002) 等一系列具有广泛应用背景的非参数和半参数回归模型，并扩展了丰富实用的模型形式和估计方法。上述非参数和半参数回归模型中，变系数回归模型以其独特的优势被广泛应用于多元非参数回归模型、广义线性回归模型和非线性时间序列模型的拓展中，并在经济金融分析、纵向数据分析，以及生存分析等方面取得了众多研究成果 (Fan, Zhang, 2008)。这里我们予以简要回顾。

1. 变系数回归模型的估计及推断

设 $Y = (y_1, y_2, \cdots, y_n)^{\mathrm{T}}$ 为因变量，$X = (x_1, x_2, \cdots, x_n)^{\mathrm{T}}$ 和 $U = (u_1, u_2, \cdots, u_n)^{\mathrm{T}}$ 为自变量，其中 $x_i = (x_{i1}, x_{i2}, \cdots, x_{ip})^{\mathrm{T}}, i = 1, 2, \cdots, n$。若 Y 和 X 及 U 满足

$$y_i = \sum_{j=1}^{p} \alpha_j(u_i)x_{ij} + \varepsilon_i, \quad i = 1, 2, \cdots, n \qquad (2.5)$$

其中，$\alpha_j(\cdot)$ 为未知函数，$\varepsilon = (\varepsilon_1, \varepsilon_2, \cdots, \varepsilon_n)^{\mathrm{T}}$ 为随机误差向量，满足 $E(\varepsilon \mid U, X) = 0$，$\mathrm{var}(\varepsilon \mid U, X) = \sigma^2(U)$，那么，该模型被称为变系数回归模型。

　　变系数回归模型的思想首先由 Cleveland 等 (1991) 引入，其目的是将局部回归技术的应用从一维推广到多维的情形。Hastie 和 Tibshirani (1993) 进一步明确给出了变系数回归模型的上述具体形式，并基于动态线性模型和加罚最小二乘法的思想给出了模型系数函数的估计方法。目前主要的估计方法有三种，即核函数局部多项式平滑 (Wu et al.，1998；Hoover et al.，1998；Fan，Zhang，1999；Kauermann，Tutz，1999)、多项式样条 (Huang et al.，2002，2004；Huang，Shen，2004) 和平滑样条 (Hoover et al.，1998；Chiang et al.，2001)。正如 Fan 和 Zhang (2008) 指出，变系数回归模型本质上为局部线性回归模型，更适合于局部多项式平滑方法。加之，本书的分析主要基于局部线性估计方法，因此，这里主要介绍了变系数回归模型的局部线性和局部多项式估计方法。其中，Zhang 和 Lee (2000) 采用局部多项式估计方法对变系数回归模型进行了拟合，推导得到系数的渐近偏和方差，以此构建了模型系数局部多项式估计的置信带；其实，这里还涉及一个有意思的话题，即关于各系数函数光滑度的处理。我们知道，若各系数函数的光滑度较为一致，则可以选择一个全局光滑参数进行拟合，比如采用上述的一步估计法，而当各系数函数的光滑度存有较大差异时，直观上，更为合理的是较为光滑的系数函数需要一个较大的光滑参数，光滑度较低的系数函数需要一个较小的光滑参数，这也意味着用一个全局光滑参数不可能同时得到所有系数函数满意的估计。事实上，Fan 和 Zhang (1999) 已经从理论上证明了当各系数函数彼此之间光滑度差异较大时，一步估计方法不能同时得到各系数函数的最优估计，他们提出了一种针对光滑系数函数的两步估计方法。假设模型中 $\alpha_p(u)$ 比其他系数函数具有更高的光滑度，且具有连续的三阶导数，而其他系数函数具有大致相同的光滑度，且均具有连续的一阶导数。为了体现两步估计总不比一步估计差，在一定条件下，他们从渐近条件偏和方差的角度系统考察了 $\alpha_p(u)$ 两步估计的优良性，并证明了当 $\alpha_p(u)$ 和其他系数函数具有大致相同的光滑度时，两步估计与一步估计的条件偏和方差是渐近等价的；另外，Cai 等 (2000a) 对广义变系数回归模型的局部线性似然估计提出了一步 Newton-Raphson 估计方法，并证明了在给定初始条件下，估计量具有优良的性质。还有部分学者将变系数的思想推广到面板数据模型，Sun 等 (2009) 采用局部线性回归考察了具有固定效应的面板变系数回归模型，窗宽的选择基于 MLSCV(Modified Least-Squared Cross-Validatory) 方法，并且提出了检验固定效应和随机效应的统计量，模拟结果显示所提出的估计量和检验统计量具有满意的小样本表现；Li 等 (2011a) 考察了具有固定效应的非参数面板时变系数回归模型，文中采用两种方法进行估计，一种方法首先基于截面平均消除固定效应，然后采用非参数局部线性估计法拟合趋势项和时变系数部分；另一种方法则在估计时变系数方面更加有效，采用的是基于面板的局部线性虚拟变量法。

对于变系数回归模型，一个重要的统计推断问题就是某些系数函数是否真正随着自变量 U 的变化而变化，即检验某些系数函数是否为常数。为此，需要对某个给定的 $k(1 \leqslant p \leqslant k)$，检验假设 $H_0 : \alpha_k(u) = \alpha_k$，其中 α_k 为未知常数。Fan 和 Zhang (2000) 针对变系数回归模型基于局部 q 阶多项式的估计给出了各系数函数的置信带，并提出了基于系数估计的最大偏差的检验统计量；对于广义变系数回归模型，Cai 等 (2000a) 构造了广义似然比统计量，并采用 Bootstrap 方法计算了该统计量的检验 p-值。

2. 纵向数据和生存数据分析

变系数回归模型适用于纵向数据分析，由于纵向数据研究的是同一组受试个体在不同时间上的重复观测数据，显然变系数思想的运用有助于捕捉协变量对响应变量的动态影响效应。

考虑来自 n 个个体的数据，其第 i 个个体具有 n_i 次观测，$i = 1, \cdots, n$，总的观测数为 $N = \sum_{i=1}^{n} n_i$。设 t_{ij} 是第 i 个个体的第 j 次观测时间，$j = 1, \cdots, n_i$，$Y_{ij} = Y_i(t_{ij})$ 和 $X_{ij} = X_i(t_{ij})$ 分别是第 i 个个体在时间 t_{ij} 的响应变量和协变量的观测，其中 Y_{ij} 是实值变量，$X_i(t_{ij})$ 是 p 维列向量。虽然由 $\{(t_{ij}, X_i(t_{ij}), Y_{ij}); 1 \leqslant i \leqslant n, 1 \leqslant j \leqslant n_i\}$ 给出的纵向测量在不同的个体之间是独立的，但在同一个体内的重复测量可能是相关的。响应变量和协变量的依赖关系由下面的时变函数模型给出：

$$Y_{ij} = \beta^{\mathrm{T}}(t_{ij})X_i(t_{ij}) + \varepsilon_i(t_{ij}) \tag{2.6}$$

其中，$X_i(t) = (1, X_{i1}(t), \cdots, X_{ip}(t))^{\mathrm{T}}$，$X_{il}(t)$ 是时间 t 的实值协变量，并有 $l = 0, \cdots, p$；$\beta(t) = (\beta_0(t), \cdots, \beta_p(t))^{\mathrm{T}}$ 是未知回归系数向量且 $\beta_l(t) \in \mathbf{R}$，误差 $\varepsilon_i(t)$ 是均值为 0 的随机过程且独立。

通常，在纵向数据分析中，核函数、多项式样条和平滑样条等估计方法仍然适用于变系数回归模型 (Brumback, Rice, 1998; Hoover et al., 1998; Huang et al., 2002, 2004)。Fan 和 Zhang (2000) 采用两步估计缓解了平滑样条估计方法带来的计算量负担；Wu 和 Chiang (2000)，Chiang 等 (2001) 分别基于核函数估计法构造了估计量的置信区间；同样，Huang 等 (2002, 2004) 基于多项式样条法构造了估计量的置信区间。

对纵向数据变系数回归模型进行研究，不仅要考虑变系数回归模型的复杂性，而且模型还涉及纵向数据组内重复观测往往具有相关性的结构特点。针对这一问题, Lin 和 Carroll (2001), Wang (2003), Qu 和 Li (2006) 做了很多推进式研究工作, 取得了一系列丰富的研究成果; Fan 等 (2007) 和 Sun 等 (2007) 进一步对纵向数据组内相关性结构的估计问题进行了系统性研究。

生存分析是统计学研究的一项重要课题, 主要研究生存时间、结局与众多影响因素之间的关系及其程度大小, 被广泛应用于医学、经济、金融以及社会学等领域。Cox (1972) 提出了著名的 Cox 回归模型, 用于研究各种因素对于生存期长短的关系, 模型表示为

$$h(t\,|X) = h_0(t)\exp\{X^{\mathrm{T}}\beta\} \tag{2.7}$$

其中, $h(t\,|X)$ 为风险函数; $h_0(t)$ 为基础风险函数; X 为 p 维协变量; β 为待估参数向量。Zhang 和 Steele (2004) 对孟加拉国的避孕数据进行分析时, 发现数据集内存在极强的动态变化模式, 于是提出了一种半参数生存模型, 形式如下:

$$h(t\,|X,U) = h_0(t)\exp\{X^{\mathrm{T}}\alpha(U)\} \tag{2.8}$$

其中, U 为标量协变量, 这时模型可看作变系数比例风险模型的一种特例。Cai 等 (2007a) 系统研究了变系数比例风险模型, 给出了 $\alpha(U)$ 的局部线性似然估计, 并推导出估计量的渐近正态性; Cai 等 (2007b) 讨论了半参数变系数比例风险模型, 并给出了估计量的渐近正态性; Tian 等 (2005) 研究了变量 U 在生存时间 t 时的情况, 指出此时的模型同样可采用局部线性似然估计方法, 并进一步给出系数函数的逐点置信区间。

3. 函数系数自回归模型

变系数回归模型在非线性时间序列中的应用同样引起了学者们的极大关注 (Chen, Tsay, 1993; Cai et al., 2000a; Huang, Shen, 2004)。由 Chen 和 Tsay (1993) 最早引入的函数系数自回归 (Functional Coefficient Auto-regressive, FAR) 模型如下:

$$X_t = a_1(X_{t-d})X_1 + \cdots + a_p(X_{t-d})X_{t-p} + \sigma(X_{t-d})\varepsilon_t \tag{2.9}$$

其中, $\{\varepsilon_t\}_{t=1}^T$ 是均值为 0 和方差是 1 的独立随机变量, 且 ε_t 与 $X_{t-1}, X_{t-2}, \cdots$ 独立; 系数函数 $a_1(\cdot), \cdots, a_p(\cdot)$ 未知; X_{t-d} 是模型的依赖变量。

上述模型中的未知函数系数可以通过局部线性回归技术来估计, 而 Cai 等 (2000a) 提出了一种改进的多重交叉核实准则, 用来选择合适的窗宽, 并且给出了用来检验函数系数自回归模型与门限回归模型的广义似然比统计量。Hong 和 Lee (2003) 已成功地将此方法应用于汇率的相关研究。

函数系数自回归模型依赖于模型的依赖变量 X_{t-d}, 这在一定程度上限制了其应用范围。Fan 等 (2003) 允许过去值的线性组合作为模型的依赖变量, 即以 $\beta_1 X_{t-1} + \cdots + \beta_k X_{t-k}$ 替代 X_{t-d}, 并称此类模型为自适应函数系数自回归 (Adaptive

Functional Coefficient Auto-regressive, AFAR) 模型。显然，AFAR 模型类要大于 FAR 模型类，这使得可以通过选择重要的模型依赖方向 β 来减少建模偏倚，其中 $\beta = (\beta_1, \beta_2, \cdots, \beta_k)^{\mathrm{T}}$ 为 p 维空间 $\mathbf{R}^p$ 上的一个位置方向，$\|\beta\| = 1$。另外，参数 β 在估计中并不会带来额外困难，它通常以 $\sqrt{n}$ 的收敛速度被估计。

2.2.2 半参数变系数回归模型

在变系数回归模型中，若有一部分系数函数随变量 U 而变化，另一部分为常数，那么，这样的模型则转化为半参数变系数回归模型。相比变系数回归模型，半参数变系数回归模型提供了回归元之间更精确的信息结构。从形式上看，这种模型不仅继承了非参数回归模型形式自由和估计稳健的特点，还保留了线性回归模型直观且容易解释的优点，具有较强的适应性和灵活性。

为了充分利用半参数变系数回归模型所体现的信息，大多数学者基于估计方法和统计推断两方面展开研究。Zhang 等 (2002) 基于局部多项式估计给出了半参数变系数回归模型的两阶段估计法，并证明了参数估计量和非参数估计量的渐近偏和方差；Zhou 和 You (2004) 应用最小二乘和波动率方法估计了模型的参数和非参数部分；Fan 和 Huang (2005) 提出了半参数变系数回归模型的截面最小二乘估计，证明了参数部分的渐近正态性，并进一步研究了参数部分的假设检验和变系数部分的稳定性检验等问题，同时进行了波士顿住房数据的实证分析；然而，当误差存在条件异方差时，采用截面最小二乘估计得到参数部分的有效估计具有一定困难，针对这一情况，Ahmad 等 (2005) 采用序列估计方法对半参数变系数回归模型进行了估计，并证明了有限维参数部分具有 $\sqrt{n}$ 相合性，虽然序列估计作为估计未知条件均值回归函数的最好逼近函数有好的定义内涵，但也要承受一定的代价：在最优光滑 (平衡平方偏差和方差项) 下建立非参数分量估计的渐近正态性是困难的；后有 You 和 Chen (2006) 研究了协变量存在测量误差时半参数变系数回归模型的估计情况，并给出了修正的截面最小二乘估计量；进一步，考虑到时变系数回归模型在经济和金融领域中的广泛应用，Li 等 (2011a) 借鉴 Fan 和 Huang (2005) 的文献提出了半参数时变系数回归模型，同样采用截面最小二乘估计方法对此类模型进行了研究，继而讨论了模型的统计推断问题；需要说明的是，上述关于时间序列的分析，变量大多假定为平稳序列或满足弱平稳条件，然而，在实际的经济金融数据中，很多变量往往具有非平稳特征，Cai 等 (2009) 和 Xiao (2009) 针对变系数回归模型中存在解释变量非平稳或者变系数部分非平稳等方面进行了研究，Li 等 (2013) 将这一问题的处理扩展到半参数变系数回归模型，并采用截面似然估计对解释变量非平稳和变系数部分平稳这种结构进行了讨论。

正如变系数回归模型推广到半参数变系数回归模型，当广义变系数回归模型的部分系数为常数时，就成为广义半参数变系数回归模型。Lu (2008) 对广义半参数变系数回归模型采用两步法和回切法进行了估计；Li 和 Liang (2008) 研究了广义半参数变系数回归模型的变量选择问题；Lam 和 Fan (2008) 讨论了参数分量的维数随着样本大小趋向于无穷大时，广义半参数变系数回归模型的截面似然估计，给出了参数和非参数分量估计的渐近性质，并对模型的统计推断做了相应补充；Cheng 等 (2009) 采用两步估计法对广义半参数变系数回归模型进行了估计，并将其用于对中国婴儿死亡率的数据分析中；Lin 和 Yuan (2012) 进一步研究了参数为发散情况时，广义半参数变系数回归模型的变量选择问题。

另外，还有部分学者拓展了一些新的研究方向，Cai 和 Li (2008) 构建了一类半参数动态面板变系数回归模型，运用非参数广义矩估计 (Nonparametric Generalized Method of Moments, NPGMM) 方法对模型进行了估计，并建立了估计量的一致性和渐近正态性；为避免可能存在的异常值或者误差项的非正态性对模型估计产生影响，Wang 等 (2009) 提出了半参数变系数分位数回归模型，并基于 B-样条进行了估计；后来，Cai 和 Xiao (2012) 发展了这一模型，采用三阶段估计方法得到了模型参数和非参数部分的一致估计量，证明了该估计量的渐近正态性。进一步，关于半参数变系数回归模型和变系数回归模型的变量选择问题同样受到不少学者的青睐。Kai 等 (2011) 基于复合分位回归 (Composite Quantile Regression, CQR) 方法研究了半参数变系数回归模型参数部分的变量选择问题；Hohsuk 等 (2012) 利用正则化估计方法基于 B-样条研究了分位数变系数回归模型中重要变量的选择问题；Tang 等 (2012) 分别在最小二乘和分位数框架下基于 B-样条给出了变系数回归模型变量选择的统一方法；Tang 等 (2013) 进一步研究了纵向数据分位数变系数回归模型中的变量选择。

2.2.3 地理加权回归模型

对于空间数据，人们往往并不了解数据变化的具体特点，如果分析时简单套用普通的线性回归模型或者某一形式特定的非线性回归模型，则很难得到满意的结果。可以说，这些传统分析方法仅仅是对模型参数进行了"平均"或"全域"估计，并不能如实反映参数在不同空间数据结构中可能存在的非稳定性。而地理加权回归模型则弥补了这一不足，它在刻画空间个体的非平稳性特征上表现出独特优势。最早，Brunsdon 等 (1996) 基于局部光滑的思想提出了此类模型，该模型将数据的地理空间位置嵌入回归参数中，利用局部加权最小二乘法进行逐点参数估计，其中采用的权数是回归点所在地理空间位置到其他各观测点地理空间位置之间距离的函数。由于这种方法具备一些明显优点，如操作简单易行、估计结果解析表示明确、参数估计能进行统计检验等，所以，一直以来得到极大的关注和研究。

在模型估计方面，Brunsdon 等 (1996) 建立了地理加权回归模型的局部加权估计框架；Paze 等 (2002a) 将地理加权回归模型分成两种情况，一种是全局窗宽视角下的地理加权回归模型, 另一种是局部窗宽视角下的地理加权回归模型, 并分别对这两类模型进行了估计, 其中全局窗宽视角下的模型估计方法与 Brunsdon 等 (1996) 的估计方法相同, 而局部窗宽视角下的地理加权回归模型采用的是极大似然估计, 在极大似然估计的基础上, 他们进一步对模型中存在的空间局部异质性进行了检验; Wheeler 和 Tiefelsdorf (2005) 研究了自变量的共线性对回归系数地理加权回归估计相关性的影响, 发现自变量的共线性会使得回归系数估计之间的相关性增强, 从而影响分析结果的合理解释, 并建议采用各系数估计的二元散点图和局部参数相关图考察自变量共线性对系数估计的影响; Wheeler (2007) 进一步将线性回归模型中的共线性诊断方法推广到地理加权回归估计的情况, 给出了系数函数地理加权估计以降低自变量共线性对回归系数估计的影响; Wang 和 Mei (2008) 将变系数回归模型的局部多项式拟合方法推广到地理加权回归模型, 给出地理加权回归模型的局部多项式拟合方法, 以改进原有拟合方法对系数函数估计的精确性, 并通过数值模拟试验说明改进的估计方法可以显著降低系数函数估计的偏差以及边界效应; Wheeler (2009) 提出了地理加权回归的 LASSO(Least Absolute Shrinkage and Selection Operator) 方法, 以实现模型选择。

　　在统计推断方面, 当地理加权回归模型确定后, 一个自然的问题是, 局部模型是否显著好于全局模型, 这就涉及有关地理加权回归模型的显著性检验。Brunsdon 等 (1998) 通过蒙特卡罗模拟对模型的空间异质性进行了检验; McMillen 和 McDonald (1997) 从方差分析的角度出发, 提出了一种地理加权回归模型显著性检验的 F 检验方法; Fotheringham 等 (2002) 采用赤则信息量准则 (Akaike Information Criterion, AIC) 检验了模型的显著性; Leung 等 (2000a) 从拟合优度的角度出发, 构造出拟合优度检验统计量, 并对地理加权回归模型与全局普通线性回归模型之间的优劣性质进行了比较; 而具体到单个参数的显著性检验, Fotheringham 等 (2002) 基于加权最小二乘估计的框架, 给出了每个参数在不同空间点的局部标准差; Paze 等 (2002b) 在局部窗宽视角下对地理加权回归模型进行了极大似然估计, 进而推导出参数的显著性检验统计量; Leung 等 (2000a, 2000b) 分别检验了每个回归参数在不同的空间位置上的变化是否显著。

　　具体来看, 地理加权回归模型的表达形式如下:

$$y_i = \beta_0(u_i, v_i) + \sum_{k=1}^{p} \beta_k(u_i, v_i)x_{ik} + \varepsilon_i, \quad i = 1, 2, \cdots, n \qquad (2.10)$$

其中, (u_i, v_i) 为第 i 个采样点的坐标; $\beta_k(u_i, v_i)$ 为第 i 个采样点上的第 k 个回归参数, 是地理位置的函数; $\varepsilon_i \sim N(0, \sigma^2)$。将式 (2.10) 写成矩阵形式:

$$Y = (\beta \otimes X)1_{p+1} + \varepsilon \qquad (2.11)$$

其中,

$$Y = \begin{pmatrix} y_1 \\ y_2 \\ \vdots \\ y_n \end{pmatrix}, \quad X = \begin{pmatrix} X_1^{\mathrm{T}} \\ X_2^{\mathrm{T}} \\ \vdots \\ X_n^{\mathrm{T}} \end{pmatrix}, \quad X_i = \begin{pmatrix} 1 \\ x_{i1} \\ x_{i2} \\ \vdots \\ x_{ip} \end{pmatrix}, \quad \varepsilon = \begin{pmatrix} \varepsilon_1 \\ \varepsilon_2 \\ \vdots \\ \varepsilon_n \end{pmatrix}$$

$$\beta = \begin{pmatrix} \beta_0(u_1, v_1) & \cdots & \beta_l(u_1, v_1) & \cdots & \beta_p(u_1, v_1) \\ \beta_0(u_2, v_2) & \cdots & \beta_l(u_2, v_2) & \cdots & \beta_p(u_2, v_2) \\ \vdots & & \vdots & & \vdots \\ \beta_0(u_n, v_n) & \cdots & \beta_l(u_n, v_n) & \cdots & \beta_p(u_n, v_n) \end{pmatrix}$$

其中，$\otimes$ 表示逻辑乘运算；1_{p+1} 为元素都是 1 的 $p+1$ 维列向量。

地理加权回归模型的参数通过加权最小二乘法进行局部估计。在每一个位置 (u_i, v_i) 处的权重是从位置 (u_i, v_i) 到其他观测位置的距离的函数。假设在位置 (u_i, v_i) 的权重为 $w_j(u_i, v_i)\,(j = 1, 2, \cdots, n)$，那么位置 (u_i, v_i) 的参数估计需要以下最小化条件：

$$\sum_{j=1}^{n} w_j(u_i, v_i) \left[y_j - \beta_0(u_i, v_i) - \sum_{k=1}^{p} \beta_k(u_i, v_i) x_{ik} \right]^2 \tag{2.12}$$

令

$$W(u_i, v_i) = \begin{pmatrix} w_1(u_i, v_i) & 0 & \cdots & 0 \\ 0 & w_2(u_i, v_i) & \cdots & 0 \\ \vdots & \vdots & & \vdots \\ 0 & 0 & \cdots & w_n(u_i, v_i) \end{pmatrix}$$

那么，根据最小二乘法的理论，(u_i, v_i) 处参数的估计为

$$\hat{\beta}(u_i, v_i) = [X^{\mathrm{T}} W(u_i, v_i) X]^{-1} X^{\mathrm{T}} W(u_i, v_i) Y \tag{2.13}$$

于是 y 在位置 (u_i, v_i) 的拟合值为

$$\hat{y}_i = X_i^{\mathrm{T}} \hat{\beta}(u_i, v_i) = X_i^{\mathrm{T}} [X^{\mathrm{T}} W(u_i, v_i) X]^{-1} X^{\mathrm{T}} W(u_i, v_i) Y$$

记 $\hat{Y} = (\hat{y}_1, \hat{y}_2, \cdots, \hat{y}_n)^{\mathrm{T}}$，$\hat{\varepsilon} = (\hat{\varepsilon}_1, \hat{\varepsilon}_2, \cdots, \hat{\varepsilon}_n)^{\mathrm{T}}$ 分别为在 n 个位置处的拟合值向量和残差向量，于是有 $\hat{Y} = LY$，$\hat{\varepsilon} = (I - L)Y$ 为 n 维列向量，I 为 n 阶单位阵，并有

$$L = \begin{pmatrix} X_1^{\mathrm{T}}[X^{\mathrm{T}}W(u_1,v_1)X]^{-1}X^{\mathrm{T}}W(u_1,v_1) \\ X_2^{\mathrm{T}}[X^{\mathrm{T}}W(u_2,v_2)X]^{-1}X^{\mathrm{T}}W(u_2,v_2) \\ \vdots \\ X_n^{\mathrm{T}}[X^{\mathrm{T}}W(u_n,v_n)X]^{-1}X^{\mathrm{T}}W(u_n,v_n) \end{pmatrix}$$

这里,权重反映了空间观测位置对于参数估计的重要性。根据 Tobler 地理学第一定律,任何事物与其他事物都是空间相关的,距离越近的事物之间的空间相关性越大。因此,当对位置 (u_i,v_i) 处的参数进行估计时,靠近 (u_i,v_i) 的观测点对于参数估计的贡献大,远离 (u_i,v_i) 的观测点的贡献小。通常选取以下函数形式:

高斯距离权函数:$w_j(u_i,v_i) = \Phi\left(\dfrac{d_{ij}}{\sigma h}\right)$;

指数距离权函数:$w_j(u_i,v_i) = \exp\left[-\left(\dfrac{d_{ij}}{h}\right)^2\right]$;

三次方距离权函数:$w_j(u_i,v_i) = \left[1 - \left(\dfrac{d_{ij}}{h}\right)^3\right]^3 I(d_{ij} < h)$。

其中,d_{ij} 为位置 (u_i,v_i) 到 (u_j,v_j) 的距离;$\Phi(\cdot)$ 为标准正态分布的分布函数;σ 为距离 d_{ij} 的标准差;h 是窗宽;q_i 为观测值 i 到第 q 个最近邻居之间的距离;$I(\cdot)$ 为示性函数;$j = 1, 2, \cdots, n$。

对于以上的函数形式,窗宽 h 的选择尤显重要,通常最优窗宽的选择主要有交叉验证法 (CV 法)、广义交叉验证法 (GCV 法)、AIC 准则,以及 Nakaya (2001) 采取的 BIC 准则等。

后来,依据地理加权的原理,Brunsdon,Paze 等将空间位置中的每一个点引入空间权重矩阵 W,进行地理加权的空间回归,称之为地理加权空间计量模型。Brunsdon 等 (1998) 采用极大似然估计方法对地理加权空间滞后回归模型进行了估计;Paze 等 (2002b) 同样采用极大似然估计方法分别对地理加权空间滞后回归模型和地理加权空间误差回归模型进行了估计;Ertur 等 (2007) 进一步采用贝叶斯估计方法分析了地理加权空间滞后回归模型。但同地理加权回归模型一样,这种模型并没有区分常系数解释变量和变系数解释变量,而实际中更一般的情形是一部分系数随着空间位置的改变而变化,其余为常数。因此,为了克服上述模型的局限性,下面介绍另外一种混合地理加权回归模型。

2.2.4 混合地理加权回归模型

普通线性回归模型通常假定回归参数不随空间位置而变化,而地理加权回归模型则认为回归参数具有非平稳性特征,因此提供了处理空间异质性的局部空间回归方法。Leung 等进一步指出,实际上更为一般的情形是部分解释变量对因变量具有全局影响, 部分解释变量则具有局部影响。因而, 对一个地理问题进行完整的空间建模需要在模型中既包含全局变量, 同时又包含局部变量, 并提出可行的估计方法进行拟合。针对这一情况, 有别于地理加权回归模型仅仅关注空间局部关系的建模, Brunsdon 等提出了一类混合地理加权回归 (Mixed Geographically Weighted Regression, MGWR) 模型, 在混合地理加权回归模型中, 有些系数被假设在研究区域内是常数, 另外一些则随着研究区域的变化而变化。下面对混合地理加权回归模型进行简要介绍。

按照先全局变量后局部变量的排列方式, 将混合地理加权回归模型写成

$$y_i = \sum_{j=1}^{q} \beta_j x_{ij} + \alpha_0(u_i, v_i) + \sum_{k=1}^{p} \alpha_k(u_i, v_i) z_{ik} + \varepsilon_i, \quad i = 1, 2, \cdots, n \quad (2.14)$$

或

$$y_i = \beta_0 + \sum_{j=1}^{q} \beta_j x_{ij} + \sum_{k=1}^{p} \alpha_k(u_i, v_i) z_{ik} + \varepsilon_i, \quad i = 1, 2, \cdots, n \quad (2.15)$$

式 (2.14) 和式 (2.15) 中 $\varepsilon_i \sim N(0, \sigma^2)$。式 (2.14) 中的回归常数为变参数, 式 (2.15) 中的回归常数为常参数, 也就是说具体应用时模型的回归常数要么设定为常参数, 要么设定为变参数。为明确起见, 我们仅以式 (2.14) 为例加以讨论。

令

$$Y = \begin{pmatrix} y_1 \\ y_2 \\ \vdots \\ y_n \end{pmatrix}, \quad X = \begin{pmatrix} X_1^{\mathrm{T}} \\ X_2^{\mathrm{T}} \\ \vdots \\ X_n^{\mathrm{T}} \end{pmatrix}, \quad X_i = \begin{pmatrix} x_{i1} \\ x_{i2} \\ \vdots \\ x_{iq} \end{pmatrix},$$

$$\beta = \begin{pmatrix} \beta_1 \\ \beta_2 \\ \vdots \\ \beta_q \end{pmatrix}, \quad Z = \begin{pmatrix} Z_1^{\mathrm{T}} \\ Z_2^{\mathrm{T}} \\ \vdots \\ Z_n^{\mathrm{T}} \end{pmatrix}, \quad Z_i = \begin{pmatrix} 1 \\ z_{i1} \\ z_{i2} \\ \vdots \\ z_{ip} \end{pmatrix},$$

$$\alpha = \begin{pmatrix} \alpha_0(u_1, v_1) & \cdots & \alpha_l(u_1, v_1) & \cdots & \alpha_p(u_1, v_1) \\ \alpha_0(u_2, v_2) & \cdots & \alpha_l(u_2, v_2) & \cdots & \alpha_p(u_2, v_2) \\ \vdots & & \vdots & & \vdots \\ \alpha_0(u_n, v_n) & \cdots & \alpha_l(u_n, v_n) & \cdots & \alpha_p(u_n, v_n) \end{pmatrix} = \begin{pmatrix} \alpha(u_1, v_1)^{\mathrm{T}} \\ \alpha(u_2, v_2)^{\mathrm{T}} \\ \vdots \\ \alpha(u_n, v_n)^{\mathrm{T}} \end{pmatrix}$$

$$\varepsilon = \begin{pmatrix} \varepsilon_1 \\ \varepsilon_2 \\ \vdots \\ \varepsilon_n \end{pmatrix}, \quad M = \begin{pmatrix} Z_1^{\mathrm{T}} \alpha(u_1, v_1) \\ Z_2^{\mathrm{T}} \alpha(u_2, v_2) \\ \vdots \\ Z_n^{\mathrm{T}} \alpha(u_n, v_n) \end{pmatrix}$$

则式 (2.14) 可写成矩阵形式:

$$Y = X\beta + M + \varepsilon \tag{2.16}$$

不难看出,若 $M = 0$,则混合地理加权回归模型简化为普通线性回归模型;若 $X\beta = 0$,则混合地理加权回归模型转变为地理加权回归模型。由于混合地理加权回归模型中的解释变量一部分设为变系数,因而可将该模型作为空间变系数回归模型中的一种,并且需要分别估计常系数和空间变系数两部分,其中空间变系数对于反映空间关系中的空间非平稳性非常重要。Brunsdon 等 (1999) 根据后向拟合提出了迭代估计方法,然而囿于该方法计算负担过重等问题,Mei 等 (2004) 提出了可显著降低计算量的两步估计法。具体估计过程如下:

首先,假设混合地理加权回归模型中的常系数已知,那么式 (2.16) 可变为

$$Y - X\beta = M + \varepsilon$$

此时模型变为标准的地理加权回归模型,我们可采用逐点加权最小二乘估计,得到变系数部分 M 的估计值为 $\hat{M}$ 为

$$\hat{M} = S(Y - X\beta) \tag{2.17}$$

其中,

$$S = \begin{pmatrix} Z_1^{\mathrm{T}}[Z^{\mathrm{T}}W(u_1, v_1)Z]^{-1}Z^{\mathrm{T}}W(u_1, v_1) \\ Z_2^{\mathrm{T}}[Z^{\mathrm{T}}W(u_2, v_2)Z]^{-1}Z^{\mathrm{T}}W(u_2, v_2) \\ \vdots \\ Z_n^{\mathrm{T}}[Z^{\mathrm{T}}W(u_n, v_n)Z]^{-1}Z^{\mathrm{T}}W(u_n, v_n) \end{pmatrix}$$

将 $\hat{M}$ 代入式 (2.16),整理可得

$$(I - S)Y = (I - S)X\beta + \varepsilon \tag{2.18}$$

此时式 (2.18) 变为标准的普通线性回归模型,对常系数的估计可采用最小二乘法,并满足 $\hat{\beta} = \underset{\{\beta\}}{\arg\min} \|(I - S)Y - (I - S)X\beta\|^2$,其中 $\|\cdot\|$ 表示欧氏范数,求解 β 的估计值 $\hat{\beta}$ 为

$$\hat{\beta} = (X^{\mathrm{T}}(I - S)^{\mathrm{T}}(I - S)X)^{-1}X^{\mathrm{T}}(I - S)^{\mathrm{T}}(I - S)Y \tag{2.19}$$

进而得到变系数部分:

$$\hat{\alpha}(u_i, v_i) = [Z^{\mathrm{T}}W(u_i, v_i)Z]^{-1}Z^{\mathrm{T}}W(u_i, v_i)(Y - X\hat{\beta}) \tag{2.20}$$

$$W(u_i, v_i) = \begin{pmatrix} w_1(u_i, v_i) & 0 & \cdots & 0 \\ 0 & w_2(u_i, v_i) & \cdots & 0 \\ \vdots & \vdots & & \vdots \\ 0 & 0 & \cdots & w_n(u_i, v_i) \end{pmatrix}$$

由式 (2.17) 和式 (2.20) 可得到 Y 的拟合值为

$$\hat{Y} = X\hat{\beta} + \hat{M} = X\hat{\beta} + S(Y - X\hat{\beta}) = SY + (I - S)X\hat{\beta} = LY \qquad (2.21)$$

其中，

$$L = S + (I - S)X(X^{\mathrm{T}}(I - S)^{\mathrm{T}}(I - S)X)^{-1}X^{\mathrm{T}}(I - S)^{\mathrm{T}}(I - S)$$

由于混合地理加权回归模型的计算比较复杂，因此常采用广义交叉验证法来确定最优窗宽，以减少计算量。广义交叉验证法的计算公式为

$$GCV(h) = \sum_{i=1}^{n} \left(\frac{y_i - \hat{y}_i(h)}{1 - l_{ii}(h)} \right)^2 \qquad (2.22)$$

其中，$l_{ii}(h)$ 是 $L(h)$ 的第 i 个对角元素；$\hat{y}_i(h)$ 是 y 的第 i 个拟合值。选择 h_0 使得式 (2.22) 成立，即可获得最优窗宽：

$$GCV(h_0) = \min_{\{h>0\}} GCV(h) \qquad (2.23)$$

在上面我们探究了地理加权回归方法在理论方面的研究现状，其实这种方法在实际应用方面更为丰富，目前已广泛应用于经济学、金融学、社会学、气象学、生态学、环境学等诸多领域。例如，Wang 等 (2005) 分析了我国森林生态系统的主要产出的空间特征；Zhao 等 (2010) 考察了海河流域天气和植被分布之间的空间变化特点；等等。这里，限于研究内容的需要，关于气象学、生态学、环境学等方面的成果不再逐一列述。下面简要罗列一些地理加权回归模型在社会经济问题方面的实证研究，多集中于经济增长的收敛性、房价分析、社会和人口发展、经济发展等领域。

经济增长的收敛性方面，LeSage 等 (1999) 采用贝叶斯估计方法，运用地理加权回归模型研究了中国 1978—1997 年 30 个省份的经济增长 β 收敛情况；Eckey 等 (2007) 利用地理加权回归模型分析了德国各个地区劳动力市场的收敛情况。他们认为各个地区的不同初始条件、人力资本流动以及技术溢出效应等因素都会造成地区之间收敛速度的差异，因此不能仅从全局的角度进行研究，而应该从更细致的局部角度出发。

房价方面，Huang 等 (2010) 利用时空地理加权回归模型分析了 2002—2004 年以来加拿大卡尔加里城市的房价变动情况，并与时间加权回归模型、地理加权回归模型进行了比较；Hanink 等 (2012) 以中国 2000 年人口普查的数据为基础，分别采用全局的空间误差模型和局部的地理加权回归模型分析了房地产市场的价格变化情况；张琰和梅长林 (2012) 基于地理加权回归方法，分析了我国中东部地区主要大中城市商品房价格与人均工资和人口数之间回归关系的空间变化特征。

社会和人口发展方面，Wheeler 和 Waller (2009) 针对休斯敦和得克萨斯州，分别采用基于贝叶斯估计的空间变系数模型和地理加权回归模型分析了地区酒精销售与非法毒品活动对犯罪率的影响；Shoff 和 Yang (2012) 运用地理加权回归方法分析了教育、就业、法律制度、医疗保健设施等因素对美国婴儿出生率的影响，发现在中心城市和非中心城市之间存在明显的空间差异性；与此同时，Tu 等 (2012) 针对美国佐治亚州，采用地理加权回归模型分析了一些社会经济变量、环境变量、行为变量等因素对婴儿出生体重的影响，其中婴儿出生体重本身就是衡量婴儿健康的一个重要指标，也是婴儿死亡率的重要预测指标之一；张耀军和任正委 (2012) 以贵州省毕节地区为例，以乡镇区域为研究单元，运用地理加权回归分析方法，研究了人口密度和经济社会自然等因素的空间相关关系。

经济发展方面，苏方林 (2007) 基于地理加权回归模型对 1993—2002 年中国省域 R&D(Research and Development) 知识溢出的空间非稳定性进行了实证分析；Partridge 等 (2008) 采用地理加权回归方法，研究了 1990—2004 年美国多个中心城市就业增长的空间动态变化模式；余丹林和吕冰洋 (2009) 运用时空地理加权回归方法对 1998—2005 年我国省份经济全要素生产率进行估计；高远东和陈迅 (2010) 分别从全域和局域两个角度出发，采用普通空间滞后回归模型以及地理加权回归模型对中国 31 个省域产业结构变化进行了空间计量回归；吴玉鸣等 (2010) 将地理加权回归模型应用到中国省域企业研发和产学联盟研发创新的实证研究中，结果发现地理加权回归模型要明显优于 OLS 估计，最后检验了企业自主研发投入及产学联盟研发对企业创新的作用。

2.3   主要涉及的估计方法和计算方法介绍

2.3.1   局部线性估计和局部多项式估计

设 Y 为被解释变量，$X = (X_1, \cdots, X_p)^\mathrm{T}$ 为 p 维解释变量，非参数回归模型的一般形式可表示为

$$m(x) = E(Y \,|\, X = x) \tag{2.24}$$

与参数回归模型相比，非参数回归模型没有假定回归函数的具体形式而增加了模型的灵活性和适应性，更能体现出让数据自身说话的特点。为便于说明，我们以一元非参数回归模型进行估计方法介绍。模型形式如下：

$$Y = m(X) + \varepsilon \tag{2.25}$$

其中，Y 和 X 均为随机变量，$Y = (y_1, \cdots, y_n)^\mathrm{T}$，$X = (x_1, \cdots, x_n)^\mathrm{T}$ 为一维解释变量；$\varepsilon = (\varepsilon_1, \cdots, \varepsilon_n)^\mathrm{T}$，且有 $E(\varepsilon \,|\, X = x) = 0$，$E(\varepsilon^2 \,|\, X = x) = \sigma^2(x)$。

非参数回归模型的估计方法大致可分为两类：一类是基于基函数 (如样条函数、小波函数等) 逼近的整体型方法；另一类是基于光滑思想的局部拟合方法，包括局部常数估计、局部线性估计和局部多项式估计等。这里我们主要介绍局部线性估计和局部多项式估计。

1. 局部线性估计

对模型 (2.25)，在 x_0 点处进行一阶泰勒展开，可得

$$y_i \approx m(x_0) + m'(x_0)(x_i - x_0) + \varepsilon_i \tag{2.26}$$

其中，$m'(\cdot)$ 是 $m(\cdot)$ 的导数。令 $\delta(x_0) = (m(x_0), m'(x_0))^{\mathrm{T}}$，则 $\delta(x_0)$ 的估计可通过求解下式的最小值得到

$$\sum_{i=1}^{n} [y_i - m(x_0) - m'(x_0)(x_i - x_0)]^2 K_h(x_i - x_0) \tag{2.27}$$

不妨令

$$Y = (y_1, \cdots, y_n)^{\mathrm{T}}$$

$$K(x_0) = \mathrm{diag}(K_h(x_1 - x_0), \cdots, K_h(x_n - x_0))$$

$$X = \begin{pmatrix} 1 & \cdots & 1 \\ x_1 - x_0 & \cdots & x_n - x_0 \end{pmatrix}^{\mathrm{T}}$$

$$K_h(\cdot) = hK(\cdot/h)$$

其中，$K(\cdot)$ 为核函数，h 为窗宽，则由加权最小二乘法可得

$$\hat{\delta}(x_0) = [X^{\mathrm{T}}K(x_0)X]^{-1}X^{\mathrm{T}}K(x_0)Y \tag{2.28}$$

关于局部线性估计和应用不再赘述，可参见 Li 和 Racine(2007) 的文献。

2. 局部多项式估计

局部多项式拟合是一种用途非常广泛的非参数技术，它拥有多种优良的统计性质。对于模型 (2.25)，设 $m(x)$ 有 p 阶连续导数，对 x_0 局部邻域的 x 作泰勒展开：

$$
\begin{aligned}
m(x) &\approx m(x_0) + m'(x_0)(x - x_0) + \frac{m''(x_0)}{2!}(x - x_0)^2 \\
&\quad + \cdots + \frac{m^{(p)}(x_0)}{p!}(x - x_0)^p \\
&= \sum_{j=0}^{p} \beta_j(x_0)(x - x_0)^j
\end{aligned}
\tag{2.29}
$$

其中, $\beta_j(x_0) = m^{(j)}(x_0)/j! \, (j = 0, 1, 2, \cdots, p)$。局部多项式估计即利用加权最小二乘法在 x_0 的局部拟合上述多项式, 选择参数 $\beta_j(x_0)$ 使下式最小化:

$$\{\hat{\beta}_j(x_0)\}_{j=0}^p = \arg \min_{\{\beta_j(x_0)\}_{j=0}^p} \sum_{i=1}^n \left(y_i - \sum_{j=0}^p \beta_j(x_0)(x_i - x_0)^j \right)^2 K_h(x_i - x_0) \quad (2.30)$$

令

$$X = \begin{pmatrix} 1 & x_1 - x_0 & \cdots & (x_1 - x_0)^p \\ 1 & x_2 - x_0 & \cdots & (x_2 - x_0)^p \\ \vdots & \vdots & & \vdots \\ 1 & x_n - x_0 & \cdots & (x_n - x_0)^p \end{pmatrix}, \quad Y = \begin{pmatrix} y_1 \\ y_2 \\ \vdots \\ y_n \end{pmatrix}$$

$$K(x_0) = \mathrm{diag}\left(K_h(x_1 - x_0), \cdots, K_h(x_n - x_0)\right)$$

则由加权最小二乘法可得 $\beta(x_0) = (\beta_0(x_0), \beta_1(x_0), \cdots, \beta_p(x_0))^{\mathrm{T}}$ 的估计值为

$$\hat{\beta}(x_0) = (\hat{\beta}_0(x_0), \hat{\beta}_1(x_0), \cdots, \hat{\beta}_p(x_0))^{\mathrm{T}} = (X^{\mathrm{T}} K(x_0) X)^{-1} X^{\mathrm{T}} K(x_0) Y \quad (2.31)$$

由于 $\beta_j(x_0) = m^{(j)}(x_0)/j!$, 因而 $m(x_0)$ 在 x_0 处各阶导数的估计为

$$\hat{m}^{(j)}(x_0) = j!\hat{\beta}_j(x_0), \quad j = 0, 1, 2, \cdots, p$$

特别地, 对 $j = 0$, 即得到回归函数 $m(x_0)$ 在 x_0 的估计值为

$$\hat{m}(x_0) = \hat{\beta}_0(x_0)$$

令 e_{j+1} 为第 $j + 1$ 个元素为 1, 其余元素均为 0 的 $p + 1$ 维列向量, 其中 $j = 0, 1, 2, \cdots, p$。可知

$$\hat{m}^{(j)}(x_0) = j!\hat{\beta}_j(x_0) = j!e_{j+1}^{\mathrm{T}}\hat{\beta}(x_0) = j!e_{j+1}^{\mathrm{T}}(X^{\mathrm{T}} K(x_0) X)^{-1} X^{\mathrm{T}} K(x_0) Y \quad (2.32)$$

特别有

$$\hat{m}(x_0) = e_1^{\mathrm{T}}(X^{\mathrm{T}} K(x_0) X)^{-1} X^{\mathrm{T}} K(x_0) Y$$

当 $p = 0$ 时, 局部多项式拟合退化为 Nadaryya-Watson 核回归估计

$$\hat{m}(x_0) = \frac{\displaystyle\sum_{i=1}^n K_h(x_i - x_0) y_i}{\displaystyle\sum_{i=1}^n K_h(x_i - x_0)} \quad (2.33)$$

由此可知，Nadaryya-Watson 核回归估计为局部零次多项式估计。

若取 x_0 分别为设计点 $x_1, x_2, \cdots, x_n$，则可以得到各设计点处回归函数的估计值 $\hat{m}(x_i)$，也称为 y_i 的拟合值，并有

$$\hat{Y} = \begin{pmatrix} \hat{y}_1 \\ \hat{y}_2 \\ \vdots \\ \hat{y}_n \end{pmatrix} = \begin{pmatrix} e_1^{\mathrm{T}}(X^{\mathrm{T}}K(x_1)X)^{-1}X^{\mathrm{T}}K(x_1) \\ e_1^{\mathrm{T}}(X^{\mathrm{T}}K(x_2)X)^{-1}X^{\mathrm{T}}K(x_2) \\ \vdots \\ e_1^{\mathrm{T}}(X^{\mathrm{T}}K(x_n)X)^{-1}X^{\mathrm{T}}K(x_n) \end{pmatrix} Y = LY \qquad (2.34)$$

这里，L 为局部多项式光滑的 "帽子" 矩阵，一般不对称，也不幂等。相应地，若令 $\hat{\varepsilon} = (\hat{\varepsilon}_1, \cdots, \hat{\varepsilon}_n)^{\mathrm{T}}$ 为残差向量，则有 $\hat{\varepsilon} = Y - \hat{Y} = (I - L)Y$。

为了实现局部多项式估计，我们需要选择阶 p、窗宽 h 和核函数 k。这里，依据范剑青和姚琦伟 (2005) 给出的判断准则，当 $h \to \infty$ 时，局部多项式拟合就变成了全局多项式拟合，此时的阶 p 将决定参数模型的复杂性。与参数模型不同，局部多项式拟合的复杂性主要由窗宽来控制。这时，p 通常是较小的，故而选择 p 的问题变得不太重要。如果目的是估计 $m^{(v)}$，则当 $p - v$ 为奇数时，局部多项式拟合能够自动修正边界偏倚。实际上，若将 p 阶与 $p-1$ 阶拟合 (则 $p-v-1$ 是偶数) 相比较，能够发现，虽然 p 阶拟合包含一个多余参数，但并没有增加估计 $m^{(v)}$ 的方差，更为难得的是这个多余参数创造了一个降低偏倚的机会，特别是对于边界区域。因此，奇数阶拟合比偶数阶拟合更好。基于理论和实际考虑，Fan 和 Gijbels (1996) 推荐选用阶 $p = v + 1$ 阶多项式估计回归函数的 v 阶导数。这就意味着，如果主要目的是估计回归函数，我们就使用局部线性拟合；如果目标函数是一阶导数，我们就使用局部平方拟合，等等。另外，窗宽 h 的选择在多项式拟合中作用重大，太大容易引起过度平滑，产生过大的建模偏倚，而太小会导致不足平滑，获得的估计干扰较大，窗宽可由使用者通过目测检查所得到的估计曲线来主观决定，或由数据本身来自动选择 (后文有相关介绍)。最后，由于估计基于局部回归，我们有必要选择一个非负权函数，常见的核函数有：

正态核：$K(z) = \dfrac{1}{\sqrt{2\pi}} \exp\left(-\dfrac{1}{2}z^2\right)$;

Epanechnikov 核：$K(z) = \begin{cases} \dfrac{3}{4}\left(1 - \dfrac{1}{5}z^2\right)/\sqrt{5}, & |z| < \sqrt{5}, \\ 0, & \text{其他}; \end{cases}$

均匀核：$K(z) = \begin{cases} 1, & |z| < 1, \\ 0, & \text{其他}. \end{cases}$

在实际应用中，核函数几乎具有相同的有效性，因此，核函数的选择并非至关

重要。另外，关于局部多项式估计的一些其他性质，可参见 Fan 和 Gijbels (1996) 的文献。

2.3.2　截面似然估计法

在半参数回归分析中，似然函数通常会含有多个参数，但有时只有其中一个或几个是研究关注的参数，我们称之为兴趣参数，而其他参数就被称作多余参数，这些多余参数对模型的求解有时会产生阻碍作用。当存在多个多余参数时，标准的似然方法无法消除或者减少它们，所以模型的估计可能会变得不再可靠，甚至无效，而截面似然作为一种处理多余参数的方法能够解决参数过多的问题。

Severini 和 Wong (1992) 将最佳偏差曲线的概念引入半参数回归模型中。假设半参数回归模型的待估参数 $\phi = (\theta, \lambda)$，其中 $\theta \in \Theta$ 为兴趣参数，$\lambda \in \Lambda$ 为多余参数，Λ 可能是无穷维数的赋范线性空间 Λ_0 的开子集。不妨定义 $y_1, y_2, \cdots, y_n$ 为独立随机变量，密度函数为 $p(\cdot, \theta, \lambda)$，并有 $l(\theta, \lambda) = \lg p(y_1; \theta, \lambda)$。如果存在一条曲线 $\theta \to \lambda_\theta$，满足 $\lambda_{\theta_0} = \lambda_0$，并且对其他任意曲线 $\theta \to \lambda_{1\theta}$，$\lambda_{1\theta_0} = \lambda_0$，都使得

$$E_0\left(\frac{\mathrm{d}}{\mathrm{d}\theta}l(\theta, \lambda_\theta)\,|_{\theta=\theta_0}\right)^2 \leqslant E_0\left(\frac{\mathrm{d}}{\mathrm{d}\theta}l(\theta, \lambda_{1\theta})\,|_{\theta=\theta_0}\right)^2 \tag{2.35}$$

那么，该曲线为最佳偏差曲线。进一步，对于向量 $v^* \in \Lambda$，若满足

$$E_0\left(\frac{\mathrm{d}}{\mathrm{d}\theta}l(\theta_0, \lambda_0) + \frac{\mathrm{d}}{\mathrm{d}\lambda}l(\theta_0, \lambda_0)(v^*)\right)^2 = \inf_{\{v \in \Lambda\}} E_0\left(\frac{\mathrm{d}}{\mathrm{d}\theta}l(\theta_0, \lambda_0) + \frac{\mathrm{d}}{\mathrm{d}\lambda}l(\theta_0, \lambda_0)(v)\right)^2$$

那么，该向量为最佳偏差向量。

假定我们能够识别一条最佳偏差曲线 λ_θ，利用该最佳偏差曲线建立的对数似然函数可表示为

$$L_n(\theta, \lambda_\theta) = \sum l(\theta, \lambda_\theta) \tag{2.36}$$

这时，θ 的极大似然估计量 $\tilde{\theta}$ 的渐近方差为

$$i_{\theta_0}^{-1} = \left[E_0\left(\frac{\mathrm{d}}{\mathrm{d}\theta}l(\theta, \lambda_\theta)\,|_{\theta=\theta_0}\right)^2\right]^{-1}$$

然而，实际中最佳偏差曲线 λ_θ 未知，因此我们需要找到 λ_θ 的估计量 $\hat{\lambda}_\theta$ 进行替代。对于固定的参数 θ，满足

$$\hat{\lambda}_\theta = \arg \max_{\{\lambda_\theta \in \Lambda\}} L_n(\theta, \lambda_\theta) \tag{2.37}$$

此时，$L_n(\theta, \hat{\lambda}_\theta)$ 则称为截面对数似然函数 (Profile Log Likelihood Function)。通过最大化截面对数似然函数 $L_n(\theta, \hat{\lambda}_\theta)$ 能够得到 θ 的一致估计量 $\hat{\theta}$，Severini 和 Wong

(1992) 证明了如果 $\hat{\lambda}_\theta$ 为最佳偏差曲线 λ_θ 的一致估计量, 那么估计量 $\hat{\theta}$ 将是渐近有效的, 并且有

$$\sqrt{n}(\hat{\theta} - \theta_0) \xrightarrow{L} N(0, i_{\theta_0}^{-1}) \tag{2.38}$$

由上述讨论可知, 在一定的假设条件下, 对于半参数回归模型, 由截面似然估计能够得到半参数有效估计, 即估计量的渐近方差将达到有效下界, 而非参数分量则是在参数分量当成一致情形下估计得到的。后来, Murphy 和 van der Vaart (2000) 对截面似然估计的思想进行了拓展, 丰富了相关研究结论; Fan 和 Wong (2000) 在此基础上又进行了进一步探讨, 提出了一些补充结论。随着研究的不断深入, 这种方法在各种半参数回归模型的估计中屡见不鲜 (Carroll et al., 1997; Su, Ullah, 2006), 并在有的现行文献中称之为截面最小二乘估计 (Fan, Huang, 2005)。当然, 截面似然法和截面最小二乘法的基本思想都是首先给定 θ 来估计非参数函数 λ_θ, 得到估计 $\hat{\lambda}_\theta$; 然后利用估计得到的非参数部分 $\hat{\lambda}_\theta$ 来估计未知参数 θ, 其中 $\hat{\lambda}_\theta$ 本身依赖于 θ。

2.3.3 常用的窗宽选择方法

当利用核函数局部线性或局部多项式估计非参数回归函数或者其导数时, 选取合适的窗宽 h 极其重要, 它直接影响估计函数的光滑程度。下面我们介绍一类便于实现且在实际应用中具有良好表现的窗宽选择方法, 主要有交叉验证法、广义交叉验证法、单边交叉验证准则、拇指准则和 AIC_c 准则。

1. **交叉验证法** (Cross Validation)

局部线性和局部多项式估计法都属于线性光滑方法, 即对于给定的光滑参数 h, 在 n 个设计点 $x_1, \cdots, x_n$ 处, 因变量的拟合值所构成的向量可表示为

$$\hat{Y}(h) = (\hat{y}_1(h), \cdots, \hat{y}_n(h))^{\mathrm{T}} = L(h)Y \tag{2.39}$$

其中, $L(h)$ 为 "帽子" 矩阵。

交叉验证法的具体过程如下: 对于给定的窗宽 h, 去掉第 i 组观测值 (y_i, x_i), 用其余 $n-1$ 组数据在给定的 h 下求出回归函数 $m(x)$ 在 x_i 点的拟合值, 记为 $\hat{y}_{(-i)}(h) = \hat{m}_{(-i)}(x_i)$。

令

$$CV(h) = \frac{1}{n} \sum_{i=1}^{n} (y_i - \hat{y}_{(-i)}(h))^2$$

交叉验证法即选取 h_0, 使得

$$CV(h_0) = \min_{\{h > 0\}} CV(h)$$

交叉验证法由于在每个设计点 x_i 处都用不同的数据执行一次估计过程，因此计算比较复杂。其实，还可采用下面的公式进行计算：

$$CV(h) = \frac{1}{n}\sum_{i=1}^{n}\left(\frac{y_i - \hat{y}_i(h)}{1 - l_{ii}(h)}\right)^2 \tag{2.40}$$

其中，$l_{ii}(h)$ 是 "帽子" 矩阵 $L(h)$ 的主对角线上的第 i 个元素；$\hat{y}_i(h)$ 是在窗宽 h 下各设计点处的拟合值。

2. 广义交叉验证法 (Generalized Cross Validation)

我们将式 (2.40) 中的 $l_{ii}(h)$ 作以下处理：

$$\frac{1}{n}\sum_{i=1}^{n}l_{ii}(h) = \frac{1}{n}\mathrm{tr}(L(h)) \tag{2.41}$$

令

$$GCV(h) = \frac{1}{n}\sum_{i=1}^{n}\left(\frac{y_i - \hat{y}_i(h)}{1 - \dfrac{1}{n}\mathrm{tr}(L(h))}\right)^2$$

选择 h_0，使得

$$GCV(h_0) = \min_{\{h>0\}} GCV(h)$$

可以证明 $CV(h)$ 和 $GCV(h)$ 在 $n \to \infty$ 时具有渐近等价性。

3. 单边交叉验证 (One Sided Cross Validation) **准则**

把样本观察值分成两部分 $(x_1, y_1), \cdots, (x_m, y_m)$ 和 $(x_{m+1}, y_{m+1}), \cdots, (x_n, y_n)$，其中前 m 对数据用来作估计，后 $n-m$ 对用来检验预测性能的好坏。假定利用前 m 对得到了 $m(x)$ 的估计 $\hat{m}_{h,m}(x)$，利用其分别对 $x = x_{m+1}, \cdots, x_n$ 处的值进行预测，使得预测的误差平方和：

$$OSCV(h) = \sum_{i=m+1}^{n}[y_i - \hat{m}_{h,m}(x_i)]^2 \tag{2.42}$$

达到最小的窗宽，记作 $\hat{h}_{opt}$。

对于局域线性估计，因 h 的收敛速度为 $n^{-1/5}$，因此，利用全部 n 对观察值估计 $m(x)$ 时，窗宽应当取：

$$\hat{h} = \hat{h}_{opt}\left(\frac{n}{m}\right)^{-1/5} = h_{opt}\left(\frac{m}{n}\right)^{1/5} \tag{2.43}$$

对于局域二次多项式估计，因 h 的收敛速度为 $n^{-1/9}$，因此，利用全部 $n+m$ 对观察值估计 $m(x)$ 时，窗宽应当取：

$$\hat{h} = \hat{h}_{opt} \left(\frac{n}{m}\right)^{-1/9} = h_{opt} \left(\frac{m}{n}\right)^{1/9} \tag{2.44}$$

上面的准则只能用于估计 $m(x)$, 而不能用于估计 $m(x)$ 的导数, 下面所介绍的两种准则, 对两者均适用, 但需要假定 $\sigma^2(x) = \sigma^2$, 即齐方差, 另外, 假定 X 的边缘密度 $f(x)$ 是已知的。

4. **拇指准则** (Rule of Thumb)

为估计 $m^j(x)$, 采用 $p - j$ 为奇数的 p 阶局域多项式, 则全局常数最优窗宽为

$$h = \left\{ \frac{(1+2j)a_{p,j}}{2(p+1-j)b_{p,j}^2} \frac{\int [\sigma^2(x)/f(x)]\mathrm{d}x}{\int [m^{(p+1)}(x)]^2\mathrm{d}x} \right\}^{1/(2p+3)} n^{-1/(2p+3)} \tag{2.45}$$

其中,

$$a_{p,j} = e_{j+1}^{\mathrm{T}} S^{-1} S^* S^{-1} e_{j+1}, \quad b_{p,j} = \frac{e_{j+1}^{\mathrm{T}} S^{-1} c_p}{(p+1)!}$$

令

$$\mu_l = \int x^l K(x)\mathrm{d}x, \quad v_l = \int x^l K^2(x)\mathrm{d}x$$

则

$$c_p = (\mu_{p+1}, \cdots, \mu_{2p+1})^{\mathrm{T}}$$

$$S = \begin{pmatrix} \mu_0 & \mu_1 & \cdots & \mu_p \\ \mu_1 & \mu_2 & \cdots & \mu_{p+1} \\ \vdots & \vdots & & \vdots \\ \mu_p & \mu_{p+1} & \cdots & \mu_{2p} \end{pmatrix}$$

$$S^* = \begin{pmatrix} v_0 & v_1 & \cdots & v_p \\ v_1 & v_2 & \cdots & v_{p+1} \\ \vdots & \vdots & & \vdots \\ v_p & v_{p+1} & \cdots & v_{2p} \end{pmatrix}$$

由式 (2.45), 需知道 σ^2 和 $m^{p+1}(x)$, 为此, 首先对 $m(x)$ 拟合一个全局的 $p+3$ 阶多项式而得到

$$\tilde{m}(x) = \tilde{\beta}_0 + \tilde{\beta}_1 x + \cdots + \tilde{\beta}_{p+3} x^{p+3}$$

相应得到了 σ^2 的一个估计 $\tilde{\sigma}^2$ 和 $m^{p+1}(x)$ 的估计 $\tilde{m}^{p+1}(x)$, 代入式 (2.45), 得到

$$h = \left\{ \frac{(1+2j)a_{p,j}\tilde{\sigma}^2 \int [1/f(x)]\mathrm{d}x}{2(P+1-j)b_{b,j}^2 \int [\tilde{m}^{p+1}(x)]^2\mathrm{d}x} \right\}^{1/(2p+3)}$$

通常, 取 $p = j + 1$ 或 $j + 3$。

5. $\mathrm{AIC_c}$ 准则 (Corrected Akaike Information Criterion)

$\mathrm{AIC_c}$准则是在通常的AIC准则的基础上修正得到的(Hurvich et al., 1998), 令

$$AIC_c(h) = \ln(\hat{\sigma}^2(h)) + \frac{n + \mathrm{tr}(L(h))}{n - 2 - \mathrm{tr}(L(h))} \tag{2.46}$$

其中, $L(h)$ 为 "帽子" 矩阵; $\hat{\sigma}^2(h) = \dfrac{1}{n}Y^{\mathrm{T}}(I - L(h))^{\mathrm{T}}(I - L(h))Y$。

同样, 选取 h_0, 使得 $AIC_c(h_0) = \min\limits_{\{h>0\}} AIC_c(h)$。

2.3.4 三阶矩 χ^2 逼近法

三阶矩 χ^2 逼近最早由 Pearson (1959) 用于逼近非中心 χ^2 分布, Imhof (1961) 将其应用于逼近正态变量二次型的分布, 其逼近方法是: 对于正态随机向量 $\varepsilon = (\varepsilon_1, \varepsilon_2, \cdots, \varepsilon_n)^{\mathrm{T}}$ 的二次型 $Q = \varepsilon^{\mathrm{T}}A\varepsilon$, 选择常数 a, b 和 d, 使 $a + b\chi_d^2$ 和 Q 具有相同的前三阶矩, 以 $a + b\chi_d^2$ 的分布逼近 Q 的分布, 这里 χ_d^2 表示自由度为 d 的中心 χ^2 变量。特别当 $\varepsilon \sim N(0, I)$ 时, 有如下简要结论。

引理 2.1   设 $Q = \varepsilon^{\mathrm{T}}A\varepsilon$, 其中 $\varepsilon \sim N(0, I)$, A 为实对称矩阵且 $\mathrm{tr}(A^3) \neq 0$。若 $a + b\chi_d^2$ 和 Q 有相同的前三阶矩, 则

$$a = \mathrm{tr}(A) - bd, \quad b = \frac{\mathrm{tr}(A^3)}{\mathrm{tr}(A^2)}, \quad d = \frac{[\mathrm{tr}(A^2)]^3}{[\mathrm{tr}(A^3)]^2}$$

其中 $\mathrm{tr}(\cdot)$ 表示矩阵的迹。

定理 2.1(三阶矩 χ^2 逼近)   设 $Q = \varepsilon^{\mathrm{T}}A\varepsilon$, 其中 $\varepsilon \sim N(0, I)$, A 为实对称矩阵。若用三阶矩 χ^2 逼近方法逼近二次型 $\varepsilon^{\mathrm{T}}A\varepsilon$ 的分布函数 $F(x)$, 则有

$$F(x) = P(\varepsilon^{\mathrm{T}}A\varepsilon \leqslant x) \approx \begin{cases} P\left(\chi_r^2 \leqslant \dfrac{\mathrm{tr}(A^2)}{\mathrm{tr}(A^3)}(x - \mathrm{tr}(A)) + r\right), & \mathrm{tr}(A^3) > 0 \\[3mm] \Phi\left(\dfrac{x - \mathrm{tr}(A)}{\sqrt{2\mathrm{tr}(A^2)}}\right), & \mathrm{tr}(A^3) = 0 \\[3mm] P\left(\chi_r^2 \geqslant \dfrac{\mathrm{tr}(A^2)}{\mathrm{tr}(A^3)}(x - \mathrm{tr}(A)) + r\right), & \mathrm{tr}(A^3) < 0 \end{cases} \tag{2.47}$$

其中, $r = \dfrac{[\mathrm{tr}(A^2)]^3}{[\mathrm{tr}(A^3)]^2}$; $\Phi(\cdot)$ 为标准正态分布的分布函数。

2.3.5　Bootstrap 方法

　　Bootstrap 方法是由 Efron (1979) 首次提出的一种统计分析方法, 它根据给定的原始样本复制观测信息, 而不需要进行分布假设或增加新的样本信息, 可对总体的分布特性进行统计推断, 属于非参数统计方法 (林光平等, 2007)。Efron 自助法自提出后, 经过多年发展, 现已发展成为一种普遍适用的统计分析方法。Shao 和 Tu (1995), Davison 和 Hinkley (1997) 等相继对这种方法进行了全面研究。然而, 使用这种方法时仍然需要注意几个问题 (朱力行, 许王莉, 2008): 第一, 很难研究逼近的精确性或者渐近精确性, 关于这方面的研究还停留在某些具体的问题中, 并没有形成统一方法 (Singh, 1981); 第二, 由于参考数据从经验分布中产生, 且经验分布收敛于数据的分布, 自助逼近不能使统计量本身有效, 可能只达到渐近有效; 第三, 自助逼近有时并不相合, 对于这种不相合的修正也没有统一方法。在回归分析中, Wu (1986) 提出了当模型中存在异方差时, 减少方差估计偏差的一种新方法, Mammen (1993) 很好地发展了这种方法, 并称之为 Wild Bootstrap 方法。Wild Bootstrap 方法提出后, 已经成功应用在许多不同的领域, 特别是回归模型的检验中 (Härdle, Mammen, 1993; Stute et al., 1998)。然而, 在某些情况下, 虽然这种方法可以克服 Efron 传统自助法逼近造成的不相合性, 但并不是所有情况下都能够满足相合。

　　除了上述提到的传统 Bootstrap 方法和 Wild Bootstrap 方法外, 目前还出现了一些其他的 Bootstrap 抽样方法, 比如适用于时间序列的 Block Bootstrap 方法 (Politis, 2003)、Pairs Bootstrap 方法 (Freedman, 1984) 以及 Sieve Bootstrap 方法 (Bühlmann, 1997) 等, 这些方法被广泛应用于区间估计、假设检验、参数估计以及统计量检验等研究领域。特别地, 近年来, 部分学者尝试将 Bootstrap 方法应用到空间计量模型的相关检验, 主要解决的是空间计量模型残差分布未知情况下模型中空间相关性的检验与诊断问题, 包括 Moran's I 检验 (龙志和等, 2009; 欧变玲等, 2010)、LM-Error 检验以及 LM-Lag 检验 (林怡坚等, 2011) 等, 取得了大量研究成果。

2.4　本 章 小 结

　　通过回顾空间计量模型和变系数回归模型的相关文献研究, 一方面, 基于参数范畴内的空间计量经济学理论、模型与估计方法已经日臻成熟, 然而伴随现实经济运行系统的日趋复杂化, 大量经济变量间非线性关系的存在对空间计量经济学理论的发展提出了更新、更高的要求, 如何进一步将空间计量模型推广到非参数研究范畴，不仅是理论发展的需要，更是实证应用的需要；另一方面，基于变系数回归模型的发展脉络，目前针对空间截面数据的研究依然较少，而深入刻画数据间可能存在的空间效应，将在很大程度上丰富和完善相关领域的理论研究成果，为分析实际经济问题提供重要的建模依据。

　　清晰可见，空间计量模型和变系数回归模型在实际研究应用领域都扮演着重要角色，遗憾的是，关于两种建模技术的有效融合却一直没有得到充分的挖掘和探索。近些年来，越来越多的研究人员逐步意识到单纯运用其中某类模型，并不能完全适应对现实经济问题的研究需要，于是尝试构建新的分析框架将两种回归理论进行综合，而本书即在前人研究的基础上进行拓展，旨在对该领域的发展有所贡献。

第3章 半参数变系数空间滞后回归模型的估计

3.1 引　言

在空间计量经济学日趋成熟的发展阶段,对空间相关性的研究一直占据着重要地位。为了处理不同空间单元之间的空间交互作用,空间滞后回归模型和空间误差回归模型得到了广泛的扩展和应用。这两类经典的空间计量模型主要通过引入空间滞后因变量或空间滞后误差项来反映各种空间溢出所产生的空间自相关性,取得了较好效果。然而,非线性关系的存在可能使得空间效应的处理变得更为复杂,这一现象不可避免。纵观现有文献,涉及非参数设定的空间模型少之又少,虽然非参数方法在时序分析中已经取得了较多的理论成果及广泛的应用,但直接将时序研究方法进行空间延伸,仍然存在很多方法衔接及技术处理问题,这些难点在一定程度上限制了非参数方法在空间计量中的发展和应用。Pinkse 等 (2002),Gress (2004),Basile 和 Gress (2004),Basile (2008) 等对半参数的空间自回归模型做过相应研究,但更多体现在模型的应用上,缺乏对这一领域的理论扩充;Robinson (2010) 探讨了随机扰动项分布未知情况下的混合空间滞后回归模型,并基于非参数序列估计技术构建了模型参数的适应性估计,由于随机扰动项为非参数形式,所以这类模型也被称作半参数空间滞后回归模型;随后 Robinson (2011) 考察了在误差项包含条件异方差的情况下,一类非参数空间误差自回归移动平均模型 (同时考虑了误差项之间的长期相关性和短期相关性) 的核估计方法,并证明了其渐近理论;Su 和 Jin (2010) 运用截面拟极大似然估计方法对半参数空间滞后回归模型进行了一致性估计,并给出了参数部分和非参数部分的渐近分布,通过蒙特卡罗模拟证实了该模型估计的小样本表现;继而,Su (2012) 进一步采用 GMM 方法对非参数空间自回归模型进行了估计,相比截面拟极大似然估计,这种方法同时允许误差项存在空间依赖性,具有更大的适用性。

根据上述讨论可知,目前针对非参数空间计量模型的研究还处于起步阶段,主要视角依然局限于非参数或者半参数的设定形式。不可置否,当非参数部分为多维随机变量时,"维数灾难"问题常常相伴而生。有鉴于此,本章尝试引入一类全新的半参数变系数空间滞后回归模型,这种模型本质上是变系数空间滞后回归模型的一种扩展形式,而关于变系数空间滞后回归模型,李坤明和陈建宝 (2013) 曾首次采用截面似然估计方法对其进行过相关研究,证明了估计量的一致性,这也是迄今为止为数不多的文献之一。不过，值得一提的是，这里我们提出的模型别具特点，不仅能够克服非参数空间计量模型可能面临的 "维数灾难" 问题，更可贵的是它还能较好地刻画模型中可能同时存在的线性成分和非线性成分，相比之下，我们提出的模型的设定形式更为灵活，解释能力更为直观。

本章余下部分的内容安排如下：3.2 节构建空间相关性 Moran's I 指标实现对半参数变系数回归模型的空间相关性检验；3.3 节提出一类新的半参数变系数空间滞后回归模型，构建该模型的截面似然估计方法，并讨论模型参数估计量和非参数估计量的一致性与渐近正态性；3.4 节讨论一类特殊的半参数空间滞后回归模型的估计；3.5 节构造广义似然比统计量实现对半参数变系数空间滞后回归模型中变系数函数的稳定性检验；最后是主要结论总结。需要指出的是，对于上述提出的检验统计量和估计方法，我们同时采用蒙特卡罗模拟考察它们的小样本表现。

3.2   半参数变系数回归模型的空间相关性检验

由于其良好的解释能力，自变系数回归模型和半参数变系数回归模型相继提出以来，它们在经济和金融等时序数据分析中便得到了丰富的研究和应用 (Ahmad et al.，2005)。特别地，取 $U = T$ 为观测时间时，此模型可用于与时间相关的观察数据的统计分析，尤其可以通过对 $\alpha(T)$ 的估计，了解被解释变量关于解释变量的变化强度随时间变化的动态规律。由于连续观察的数据经常是序列相关的，因此，对模型的直接估计可能产生序列相关问题，而对这类问题的处理也引起了学者们的极大关注 (Fan et al.，2007；Hu et al.，2008)。

事实上，变系数回归模型和半参数变系数回归模型的运用不止限于时间维度，延伸到空间维度时，同样具有较大的拓展空间 (Fan，Huang，2005；Zhang et al.，2002；Xia et al.，2004)。然而，当涉及空间截面数据时，空间相关性的存在可能使得模型分析变得较为复杂，而这一问题又不可避免，自然如何对模型中存在的空间相关性进行有效辨识和处理成为重要一环。有鉴于此，本章尝试将变系数回归模型和半参数变系数回归模型扩展到空间截面数据分析，并首次构造空间相关性检验统计量实现对此类模型的空间相关性检验。

3.2.1   半参数变系数回归模型

变系数回归模型是近期发展起来的一类具有广泛应用背景的回归模型，能够较好地探求因变量与自变量之间蕴含的复杂关系。该模型通过假定线性回归模型中的回归系数是其他自变量的未知函数以增加模型的灵活性和适用性，克服了参数回归方法主观假定函数形式的严重缺陷，同时由于系数函数通常是某个自变量的一元函数而有效避免了拟合中的 "维数灾难" 问题。

然而，实际问题研究中，自变量对因变量的影响是否真的随着变量 U 的变化而变化需要作出经济理论上的判断和统计学意义上的检验。直觉上，更为普遍实际的情况是部分自变量对因变量的影响可能是线性的，而部分自变量对因变量的影响可能随着变量 U 的改变而改变。那么，在这种情形下，变系数回归模型将推广到一类更广泛的半参数变系数回归模型，形式如下：

$$Y = X\beta + M + \varepsilon \tag{3.1}$$

其中，$Y = (y_1, y_2, \cdots, y_n)^{\mathrm{T}}$ 为模型被解释变量，$M = \alpha^{\mathrm{T}}(U)Z, (U, X, Z)$ 为模型协变量，并且有 $U = (u_1, u_2, \cdots, u_n)^{\mathrm{T}}$，为避免 "维数灾难"，不失一般性，不妨将 U 设定为单变量；$X = (x_1, x_2, \cdots, x_n)^{\mathrm{T}}$，$x_i = (x_{i1}, x_{i2}, \cdots, x_{iq})^{\mathrm{T}}$，$Z = (z_1, z_2, \cdots, z_n)^{\mathrm{T}}$，$z_i = (z_{i1}, z_{i2}, \cdots, z_{ip})^{\mathrm{T}}$；$\beta = (\beta_1, \beta_2, \cdots, \beta_q)^{\mathrm{T}}$ 为待估参数向量；$M = (\alpha^{\mathrm{T}}(u_1)z_1, \alpha^{\mathrm{T}}(u_2)z_2, \cdots, \alpha^{\mathrm{T}}(u_n)z_n)^{\mathrm{T}}$ 为非参数部分；$\alpha(u_i) = (\alpha_1(u_i), \alpha_2(u_i), \cdots, \alpha_p(u_i))^{\mathrm{T}}$ 为函数形式未知的变系数部分；$\varepsilon = (\varepsilon_1, \varepsilon_2, \cdots, \varepsilon_n)^{\mathrm{T}}$ 为随机误差向量，$\varepsilon \sim N(0, \sigma^2 I)$，$I$ 为单位阵，$i = 1, 2, \cdots, n$。进一步，将半参数变系数回归模型改写为

$$y_i^* = \sum_{j=1}^{p} \alpha_j(u_i)z_{ij} + \varepsilon_i, \quad i = 1, 2, \cdots, n \tag{3.2}$$

其中，$y_i^* = y_i - \sum_{j=1}^{q} \beta_j x_{ij}$。针对式 (3.2) 中的参数部分与非参数部分，本书采用 Fan 和 Huang (2005) 提出的基于局部线性的 Profile 最小二乘估计进行拟合。即在任一点 u 处，对 $\alpha_j(u)$ 进行泰勒展开，定义

$$\{\alpha_j(u), \alpha_j'(u)\}_{j=1}^{p}$$

$$= \arg\min_{\{\alpha_j(u), \alpha_j'(u)\}_{j=1}^{p}} \sum_{i=1}^{n} \left[y_i^* - \sum_{j=1}^{p} \{\alpha_j(u) - \alpha_j'(u)(u_i - u)\} z_{ij} \right]^2 K_h(u_i - u) \tag{3.3}$$

其中，$K_h(u_i - u) = h^{-1}K((u_i - u)/h)$，$K((u_i - u)/h)$ 为核函数，h 为窗宽。令

$$W_u = \mathrm{diag}(K_h(u_1 - u), \cdots, K_h(u_n - u)), \quad D_u = \begin{pmatrix} z_1^{\mathrm{T}} & h^{-1}(u_1 - u)z_1^{\mathrm{T}} \\ \vdots & \vdots \\ z_n^{\mathrm{T}} & h^{-1}(u_n - u)z_n^{\mathrm{T}} \end{pmatrix}$$

此时，由广义最小二乘法可得

$$[\hat{\alpha}_1(u), \cdots, \hat{\alpha}_p(u), h\hat{\alpha}_1'(u), \cdots, h\hat{\alpha}_p'(u)]^{\mathrm{T}} = \{D_u^{\mathrm{T}} W_u D_u\}^{-1} D_u^{\mathrm{T}} W_u (Y - X\beta)$$

则 M 的初次估计为

$$\tilde{M} = S(Y - X\beta)$$

其中，

$$S = \begin{pmatrix} [z_1^{\mathrm{T}}\ 0] & \{D_{u_1}^{\mathrm{T}}W_{u_1}D_{u_1}\}^{-1}D_{u_1}^{\mathrm{T}}W_{u_1} \\ \vdots & \vdots \\ [z_n^{\mathrm{T}}\ 0] & \{D_{u_n}^{\mathrm{T}}W_{u_n}D_{u_n}\}^{-1}D_{u_n}^{\mathrm{T}}W_{u_n} \end{pmatrix}$$

将 $\tilde{M}$ 代入式 (3.1)，整理可得线性回归模型：

$$(I-S)Y = (I-S)X\beta + \varepsilon$$

利用最小二乘法得到 β 的最终估计为

$$\hat{\beta} = [X^{\mathrm{T}}(I-S)^{\mathrm{T}}(I-S)X]^{-1}X^{\mathrm{T}}(I-S)^{\mathrm{T}}(I-S)Y$$

变系数 $\alpha(u)$ 的最终估计为

$$\hat{\alpha}(u) = (\hat{\alpha}_1(u), \hat{\alpha}_2(u), \cdots, \hat{\alpha}_p(u))^{\mathrm{T}} = e^{\mathrm{T}}\{D_u^{\mathrm{T}}W_uD_u\}^{-1}D_u^{\mathrm{T}}W_u(Y-X\hat{\beta})$$

其中，$e = (I_p, O_p)^{\mathrm{T}}$，$I_p$ 和 O_p 分别为 $p \times p$ 单位阵和元素全部为 0 的 $p \times p$ 矩阵。同时得到 M 的最终估计为

$$\tilde{M} = S(Y-X\hat{\beta})$$

从而可得 $Y = (y_1, y_2, \cdots, y_n)^{\mathrm{T}}$ 的拟合值向量为

$$\hat{Y} = (\hat{y}_1, \hat{y}_2, \cdots, \hat{y}_n)^{\mathrm{T}} = \hat{M} + X\hat{\beta} = S(Y-X\hat{\beta}) + X\hat{\beta} = (I-S)X\hat{\beta} + SY = LY$$

其中，

$$L = (I-S)X[X^{\mathrm{T}}(I-S)^{\mathrm{T}}(I-S)X]^{-1}X^{\mathrm{T}}(I-S)^{\mathrm{T}}(I-S) + S$$

相应的残差向量为

$$\hat{\varepsilon} = (\hat{\varepsilon}_1, \hat{\varepsilon}_2, \cdots, \hat{\varepsilon}_n)^{\mathrm{T}} = Y - \hat{Y} = (I-L)Y$$

在上述估计方法中，光滑参数 h 可由交叉验证法进行确定。即选取合适的 h，使得

$$CV(h) = \frac{1}{n}\sum_{i=1}^{n}(y_i - \hat{y}_{(-i)}(h))^2$$

达到最小，其中 $\hat{y}_{(-i)}(h)$ 是在给定 h 值下删掉第 i 组观测数据后，估计得到的 y_i 的预测值。

3.2.2　空间相关性检验

众所周知，空间相关性是空间数据的主要特征之一，相关性的存在时常会导致一些标准的计量方法失效 (Anselin, 1988a; Cordy, Griffith, 1993)。更重要的是，空间相关行为往往会说明模型中忽视了重要的回归因子或采用了错误的函数形式。因此，在对空间数据进行研究时，检验回归模型的误差项是否存在空间相关性已

成为一种标准做法。然而，对于半参数变系数回归模型，至今仍没有相关研究涉足空间相关性方面的检验。以此为契机，我们尝试提出一类新的检验空间相关性的 Moran's I 指标，并首次采用三阶矩 χ^2 逼近方法对其检验 p-值进行逼近。这里，对 Moran's I 指标的选择主要借鉴了线性参数回归模型中的空间相关性检验思想，同时基于 Fan 和 Huang (2005) 对半参数变系数回归模型的研究框架，我们能够得到模型参数估计的 $\sqrt{n}$ 一致性，这在一定程度上保障了检验统计量 Moran's I 指标的一致性。另外，对于三阶矩 χ^2 逼近方法，已有理论研究 (Pearson, 1959; Imhof, 1961) 与模拟结果 (梅长林，王宁，2003) 表明该方法不但能大大减少计算量，而且具有较高的精度。

这里将重点关注半参数变系数回归模型，对于变系数回归模型，检验方法类似。关于这种模型的空间相关性检验，我们选取的是 Moran's I 指标。Moran's I 检验能够识别出任何形式的空间关系，这使得该检验在空间数据分析中，能更有效地捕捉到研究对象间的空间相关性 (欧变玲，2009)。原假设 H_0 设为模型估计误差不存在空间相关性，即 $\text{var}(\varepsilon) = E(\varepsilon \varepsilon^{\mathrm{T}}) = \sigma^2 I$，备择假设 H_1 为模型估计误差存在空间相关性。由于实际中真正的误差项不可观测，因此采用回归模型的残差向量 $\hat{\varepsilon}$ 进行替代，其中 $\hat{\varepsilon} = (\hat{\varepsilon}_1, \hat{\varepsilon}_2, \cdots, \hat{\varepsilon}_n)^{\mathrm{T}}$，根据上述估计结果，可得 $\hat{Y} = LY$，$\hat{\varepsilon} = (I - L)Y = NY$。给定残差向量 $\hat{\varepsilon}$ 后，构造的 Moran's I 指标表示为

$$I_0 = \frac{n}{s} \frac{\hat{\varepsilon}^{\mathrm{T}} W^* \hat{\varepsilon}}{\hat{\varepsilon}^{\mathrm{T}} \hat{\varepsilon}} \tag{3.4}$$

上式可进一步简化为

$$I_0 = \frac{\hat{\varepsilon}^{\mathrm{T}} W^* \hat{\varepsilon}}{\hat{\varepsilon}^{\mathrm{T}} \hat{\varepsilon}}$$

其中，$s = \sum_{i=1}^{n} \sum_{j=1}^{n} w_{ij}$，$W^* = (W^{\mathrm{T}} + W)/2$，$W$ 为相邻单元之间构成的标准化空间权重矩阵。上面的 Moran's I 指标即为原假设和备择假设下空间相关性的检验统计量，令 r 为 I_0 的观测值，则 I_0 的检验 p-值表示为

$$p = P(I_0 \geqslant r) \quad \text{或} \quad p = P(I_0 \leqslant r) \tag{3.5}$$

其中，$I_0 \geqslant r$ 衡量误差项存在正相关的情况；反之，$I_0 \leqslant r$ 衡量误差项存在负相关的情况。对于给定的显著性水平 α，若 $p < \alpha$，则拒绝原假设 H_0，误差项之间存在空间相关性。

在假设 H_0 下，我们有 $\varepsilon \sim N(0, \sigma^2 I)$。这里，不妨假定 $E(\hat{\varepsilon}) = E(Y - \hat{Y}) = 0$ (假设窗宽的选择使得回归偏差可近似忽略)，即有

$$\hat{\varepsilon} = \hat{\varepsilon} - E(\hat{\varepsilon}) = N(Y - E(Y)) = N\varepsilon$$

因此有

$$I_0 = \frac{\varepsilon^{\mathrm{T}} N^{\mathrm{T}} W^* N \varepsilon}{\varepsilon^{\mathrm{T}} N^{\mathrm{T}} N \varepsilon} \tag{3.6}$$

可以看出，I_0 关于 σ^2 具有不变性。不失一般性，可以假定 $\sigma^2 = 1$，即在原假设 H_0 下，$\varepsilon \sim N(0, I)$。此时，式 (3.5) 可变为

$$p = P(I_0 \leqslant r) = P\left(\frac{\varepsilon^{\mathrm{T}} N^{\mathrm{T}} W^* N \varepsilon}{\varepsilon^{\mathrm{T}} N^{\mathrm{T}} N \varepsilon} \leqslant r \right) = P(\varepsilon^{\mathrm{T}} N^{\mathrm{T}} (W^* - rI) N \varepsilon \leqslant 0) \tag{3.7}$$

下面我们将采用三阶矩 χ^2 逼近来计算 $P(I_0 \leqslant r)$[1]。计算结果如下：

令 $Q = \varepsilon^{\mathrm{T}} N^{\mathrm{T}} (W^* - rI) N \varepsilon$，那么可利用三阶矩 χ^2 逼近求得其检验 p-值，主要结果分为两种情况：

当 $E[Q - E(Q)]^3 > 0$ 时，

$$\begin{aligned} p &= P(I_0 \leqslant r) = P(Q \leqslant 0) \\ &\approx P\left(\chi_d^2 \leqslant d - \frac{1}{2} E(Q) \mathrm{var}(Q) / \mathrm{tr}[N^{\mathrm{T}} (W^* - rI) N]^3 \right) \end{aligned} \tag{3.8}$$

当 $E[Q - E(Q)]^3 < 0$ 时，

$$p = P(I_0 \leqslant r) \approx 1 - P\left(\chi_d^2 \leqslant d - \frac{1}{2} E(Q) \mathrm{var}(Q) / \mathrm{tr}[N^{\mathrm{T}} (W^* - rI) N]^3 \right) \tag{3.9}$$

其中，

$$E(Q) = \mathrm{tr}[N^{\mathrm{T}} (W^* - rI) N]^2, \quad \mathrm{var}(Q) = 2\mathrm{tr}[N^{\mathrm{T}} (W^* - rI) N]^2$$

$$E[Q - E(Q)]^3 = 8\mathrm{tr}[N^{\mathrm{T}} (W^* - rI) N]^3$$

$$d = \frac{8[\mathrm{var}(Q)]^3}{\{E[Q - E(Q)]^3\}^2} = \frac{\{\mathrm{tr}[N^{\mathrm{T}} (W^* - rI) N]^2\}^3}{\{\mathrm{tr}[N^{\mathrm{T}} (W^* - rI) N]^3\}^2}$$

实际中 $E[Q - E(Q)]^3 = 0$ 的情况很少出现，这时有 $\mathrm{tr}[N^{\mathrm{T}} (W^* - rI) N]^3 = 0$，若出现这一情况，我们可以采用一种精确方法 (Imhof, 1961) 进行求解，或者令 $p = \Phi[E(Q)/\sqrt{\mathrm{var}(Q)}]$，其中 $\Phi(\cdot)$ 为标准正态分布的分布函数。

另外，借鉴半参数变系数回归模型的空间相关性检验方法，我们同样给出了变系数回归模型的空间相关性检验结果 (蒙特卡罗模拟时用到)，关于变系数回归模型的估计可参见 Fan 和 Zhang (2008) 的文献，这里没有详细列出。

上述检验方法假定了模型的误差项服从独立正态分布，虽然正态分布的假设在实际应用中颇为广泛，但现实数据的复杂性使我们没有充分理由总假定误差项服从正态性，加之估计偏差的影响，使得运用上述介绍的三阶矩 χ^2 逼近法计算

---

[1] $P(I_0 \geqslant r)$ 的计算过程类似，限于篇幅没有列出。

检验 p-值时, 可能产生较大误差。为此, 本章同时提出了另一种模拟检验 p-值的 Bootstrap 方法。具体步骤如下:

(1) 对于某一给定的光滑参数 h (可由交叉验证法进行确定), 基于观测数据 $(y_i; z_{i1}, \cdots, z_{ip}, x_{i1}, \cdots, x_{iq}, u_i)$, $i = 1, 2, \cdots, n$, 采用 Profile 最小二乘估计拟合半参数变系数回归模型 (3.1), 求得残差向量 $\hat{\varepsilon}_1 = (\hat{\varepsilon}_{11}, \hat{\varepsilon}_{21}, \cdots, \hat{\varepsilon}_{n1})^{\mathrm{T}}$, 根据式 (3.6) 计算 Moran's I 统计量 I_0 的观测值 r。

(2) 对残差向量 $\hat{\varepsilon}_1$ 中心化后的向量为 $\hat{\varepsilon} = (\hat{\varepsilon}_{11} - \bar{\hat{\varepsilon}}_1, \hat{\varepsilon}_{21} - \bar{\hat{\varepsilon}}_1, \cdots, \hat{\varepsilon}_{n1} - \bar{\hat{\varepsilon}}_1)^{\mathrm{T}}$, 其中 $\bar{\hat{\varepsilon}}_1 = \dfrac{1}{n} \sum_{i=1}^{n} \hat{\varepsilon}_{i1}$。对 $\hat{\varepsilon}$ 进行 Bootstrap 抽样, 分别采用标准 Bootstrap 和非对称 Wild Bootstrap 方法。其中在构造 Wild Bootstrap 残差 $\{\hat{\varepsilon}_i^*\}_{i=1}^{n}$ 时, $\hat{\varepsilon}_i^* = \hat{\varepsilon}_i \eta_i$, 并且随机变量 η_i 的主要分布形式如下:

$$\eta_i = \begin{cases} -(\sqrt{5} - 1)/2, & p = (\sqrt{5} + 1)/2\sqrt{5} \\ (\sqrt{5} + 1)/2, & p = (\sqrt{5} - 1)/2\sqrt{5} \end{cases}$$

(3) 采用步骤 (1) 中求出的拟合值向量及 Bootstrap 残差 $\hat{\varepsilon}^*$, 得到新的 Bootstrap 数据集 $(y_i^*; z_{i1}, \cdots, z_{ip}, x_{i1}, \cdots, x_{iq})$。

(4) 基于步骤 (3) 得到的 Bootstrap 样本, 同样采用 Profile 最小二乘法估计半参数变系数回归模型, 得到新的残差向量 $\hat{\varepsilon}_1^*$, 计算得到新的统计量值 I_{01}^*。

(5) 重复步骤 (2)—(4) 共 m 次, 得到检验统计量 I_0 的 m 个 Bootstrap 观测值 $I_{01}^*, I_{02}^*, \cdots, I_{0m}^*$, 那么, 检验 p-值的 Bootstrap 逼近为

$$\hat{p} \approx \min \left\{ \frac{1}{m} \sum_{i=1}^{m} I(I_{0i}^* \leqslant r), \frac{1}{m} \sum_{i=1}^{m} I(I_{0i}^* > r) \right\} \tag{3.10}$$

其中, $I(\cdot)$ 为指示函数。

当残差分布未知或存在异方差时, 可以按照以上步骤实现对半参数变系数回归模型的 Bootstrap 检验, 得到相应的空间相关性检验统计量 I_0 和 $I_{01}^*, I_{02}^*, \cdots, I_{0k}^*$, 以期完成对空间相关性更为有效的检验。

3.2.3 蒙特卡罗模拟结果

为了考察上述检验统计量的估计效果, 下面进行有关数值模拟。构造具有空间相关性的数据结构, 考虑如下几种模型:

模型 M3.1: $Y = \rho W Y + \alpha_1^{\mathrm{T}}(U) z_1 + \alpha_2^{\mathrm{T}}(U) z_2 + \varepsilon$, 其中 $\alpha_1(U) = \sin(2\pi U)$, $\alpha_2(U) = 3.5[\exp(-(4U - 1)^2) + \exp(-(4U - 3)^2)] - 1.5$;

模型 M3.2: $Y = \rho W Y + \alpha_1^{\mathrm{T}}(U) z_1 + \alpha_2^{\mathrm{T}}(U) z_2 + \beta_1 x_1 + \beta_2 x_2 + \varepsilon$, 其中 $\beta_1 = 1.0$, $\beta_2 = 1.5$, $\alpha_1(U) = \sin(2\pi U)$, $\alpha_2(U) = 3.5[\exp(-(4U - 1)^2) + \exp(-(4U - 3)^2)] - 1.5$;

模型 M3.3：$Y = \alpha_1^{\mathrm{T}}(U)z_1 + \alpha_2^{\mathrm{T}}(U)z_2 + \eta$, $\eta = \lambda W \eta + \varepsilon$, 其中 $\beta_1 = 1.0$, $\beta_2 = 1.5$, $\alpha_1(U) = \sin(2\pi U)$, $\alpha_2(U) = 3.5[\exp(-(4U-1)^2) + \exp(-(4U-3)^2)] - 1.5$；

模型 M3.4：$Y = \alpha_1^{\mathrm{T}}(U)z_1 + \alpha_2^{\mathrm{T}}(U)z_2 + \beta_1 x_1 + \beta_2 x_2 + \eta$, $\eta = \lambda W \eta + \varepsilon$, 其中 $\beta_1 = 1.0$, $\beta_2 = 1.5$, $\alpha_1(U) = \sin(2\pi U)$, $\alpha_2(U) = 3.5[\exp(-(4U-1)^2) + \exp(-(4U-3)^2)] - 1.5$.

显然，M3.1 和 M3.3 为具有空间相关结构的变系数回归模型，M3.2 和 M3.4 为具有空间相关结构的半参数变系数回归模型，并且空间相关性结构分为空间滞后和误差滞后两种类型。这里，具体作出如下设定：

(1) (U, x_1, x_2, z_1, z_2) 为协变量，其中 U 为一维随机变量，产生于均匀分布 $U(0,1)$，协变量 (x_1, x_2, z_1, z_2) 产生于均值为 0、方差为 1 的多元正态分布，并且四个随机变量之间的相关系数都为 2/3，随机误差项服从正态分布 $N(0,1)$；

(2) 空间权重矩阵 W 设定为 Rook 空间权重矩阵[①]，分别取样本数 $n = 100$ 和 $n = 225$，并设定空间滞后相关系数 ρ 和空间误差相关系数 λ 在 $[-0.9, 0.9]$ 内以步长 0.2 均匀取值；

(3) 为了考察误差项 ε 的分布对检验统计量 I_0 产生的不同影响，我们同时给出了以下几种误差分布情况下的蒙特卡罗模拟结果，误差项 ε 的分布类型主要包括：① $\varepsilon \sim U(-\sqrt{3}, \sqrt{3})$；② $\varepsilon \sim \frac{1}{\sqrt{2}} t(4)$；③ $\varepsilon \sim \frac{1}{2}\chi^2(2) - 1$，其中各分布满足均值为 0，方差为 1，这样可使得模拟结果具有一定的可比性。

利用前面部分提到的三阶矩 χ^2 逼近得到的近似公式，计算每一种设定情况下检验统计量的 p 值。其中，模拟中我们采用较为常见的 Epanechnikov 核函数：$K(u) = (3/4\sqrt{5})(1 - 1/5u^2)I(u^2 \leqslant 5)$，最优窗宽的选择为交叉验证法。重复上述试验各 1000 次，以 1000 次重复下的 p 值小于 α (即拒绝 H_0) 的频率模拟检验功效，不妨取 $\alpha = 0.05$。为便于更好地理解，我们同时列出了每种情况下，1000 次重复所得到的 p 值平均值，模拟结果如表 3.1 所示。

当误差项服从标准正态分布时，根据表 3.1 的模拟结果，可以看出：

(1) 检验统计量 Moran's I 指标的检验水平与名义显著性水平相差不大，表明该统计量具有合理的检验水平性质。也就是说，从检验水平的角度看，空间相关性统计量具有良好的有限样本表现，这也体现了三阶矩 χ^2 逼近方法的有效性。

(2) 研究不同的空间相关性结构对 Moran's I 指标检验功效的影响。当数据生成过程为空间滞后回归时，对于半参数变系数回归模型和变系数回归模型，Moran's I 指标的检验功效均呈现对称性特征，并且随着正负相关系数的增加迅速向 1 靠拢；而当数据生成过程转变为误差滞后回归时，显现出与空间滞后回归检验相类似的

---

① Rook 相邻是指每一个空间单元与其成直角关系的空间单元的链接，居中的单元具有四个相邻空间，边界的单元具有三个相邻空间，角落的单元则仅具有两个相邻空间。

特点, 这些都表明检验统计量能够较好地捕捉到模型中存在的空间相关性。

表 3.1 $\varepsilon \sim N(0,1)$ 时, 1000 次重复下拒绝原假设的频率及 p-值平均值

ρ	$n=100$		$n=225$		λ	$n=100$		$n=225$	
	M3.1	M3.2	M3.1	M3.2		M3.3	M3.4	M3.3	M3.4
-0.9	1.000	1.000	1.000	1.000	-0.9	1.000	1.000	1.000	1.000
	(0.000)	(0.000)	(0.000)	(0.000)		(0.000)	(0.000)	(0.000)	(0.000)
-0.7	1.000	1.000	1.000	1.000	-0.7	1.000	1.000	1.000	1.000
	(0.000)	(0.000)	(0.000)	(0.000)		(0.000)	(0.000)	(0.000)	(0.000)
-0.5	0.998	0.998	1.000	1.000	-0.5	0.950	0.952	1.000	1.000
	(0.001)	(0.001)	(0.000)	(0.000)		(0.010)	(0.008)	(0.000)	(0.000)
-0.3	0.822	0.822	0.966	0.978	-0.3	0.622	0.654	0.926	0.928
	(0.033)	(0.039)	(0.006)	(0.004)		(0.088)	(0.084)	(0.014)	(0.012)
-0.1	0.244	0.262	0.330	0.382	-0.1	0.156	0.152	0.306	0.250
	(0.283)	(0.256)	(0.208)	(0.187)		(0.328)	(0.331)	(0.226)	(0.255)
0	0.054	0.050	0.048	0.056	0	0.042	0.044	0.048	0.042
	(0.512)	(0.506)	(0.491)	(0.497)		(0.503)	(0.501)	(0.513)	(0.523)
0.1	0.176	0.212	0.268	0.330	0.1	0.156	0.194	0.266	0.256
	(0.287)	(0.293)	(0.229)	(0.186)		(0.307)	(0.296)	(0.236)	(0.238)
0.3	0.770	0.824	0.970	0.978	0.3	0.644	0.624	0.932	0.944
	(0.050)	(0.036)	(0.006)	(0.004)		(0.080)	(0.083)	(0.013)	(0.011)
0.5	0.986	1.000	1.000	1.000	0.5	0.960	0.944	1.000	1.000
	(0.004)	(0.000)	(0.000)	(0.000)		(0.012)	(0.009)	(0.000)	(0.000)
0.7	1.000	1.000	1.000	1.000	0.7	1.000	1.000	1.000	1.000
	(0.000)	(0.000)	(0.000)	(0.000)		(0.000)	(0.000)	(0.000)	(0.000)
0.9	1.000	1.000	1.000	1.000	0.9	1.000	1.000	1.000	1.000
	(0.000)	(0.000)	(0.000)	(0.000)		(0.000)	(0.000)	(0.000)	(0.000)

注: 括号中的数值为 Moran's I 检验统计量在 1000 次重复下拒绝原假设的 p-值平均值。

(3) 随着样本容量的增加, 对于几种具有空间相关结构的半参数变系数回归模型和变系数回归模型, Moran's I 指标的检验功效逐渐达到 1, 这也意味着本章提出的统计量具有优良的检验功效性质。

表 3.2—表 3.4 的模拟结果显示, 虽然检验 p-值的计算公式是在误差项服从正态分布的假定下得到的, 但对于均匀分布、t 分布和 χ^2 分布, 检验方法的表现并没有出现太大差异, 体现出很好的稳定性。当模型中不存在空间相关性时, 错误拒绝原假设的频率大多接近于显著性水平 0.05, 略有不足的是在误差项服从 χ^2 分布时, 错误拒绝原假设的个别频率要明显大于或小于 0.05, 出现的检验水平扭曲略大; 而当模型中存在空间相关性时, 伴随空间滞后相关系数 ρ 或者空间误差相关系数 λ 的增加, 检验功效迅速向 1 靠拢, 并且在样本容量增大的情况下, 统计量的检验功效也越来越大, 这说明所给出的检验方法关于误差项分布的变化具有一定

的稳健性。

表 3.2　$\varepsilon \sim U(-\sqrt{3}, \sqrt{3})$ 时，1000 次重复下拒绝原假设的频率及 p-值平均值

ρ	$n=100$		$n=225$		λ	$n=100$		$n=225$	
	M3.1	M3.2	M3.1	M3.2		M3.3	M3.4	M3.3	M3.4
-0.9	1.000	1.000	1.000	1.000	-0.9	1.000	1.000	1.000	1.000
	(0.000)	(0.000)	(0.000)	(0.000)		(0.000)	(0.000)	(0.000)	(0.000)
-0.7	1.000	1.000	1.000	1.000	-0.7	1.000	1.000	1.000	1.000
	(0.000)	(0.000)	(0.000)	(0.000)		(0.000)	(0.000)	(0.000)	(0.000)
-0.5	0.984	0.990	1.000	1.000	-0.5	0.966	0.952	1.000	1.000
	(0.003)	(0.001)	(0.000)	(0.000)		(0.007)	(0.010)	(0.000)	(0.000)
-0.3	0.728	0.786	0.966	0.998	-0.3	0.654	0.622	0.926	0.928
	(0.054)	(0.045)	(0.006)	(0.001)		(0.076)	(0.086)	(0.013)	(0.014)
-0.1	0.190	0.200	0.306	0.392	-0.1	0.160	0.146	0.260	0.208
	(0.293)	(0.278)	(0.210)	(0.180)		(0.317)	(0.334)	(0.245)	(0.262)
0	0.050	0.062	0.054	0.042	0	0.056	0.038	0.050	0.058
	(0.502)	(0.492)	(0.490)	(0.498)		(0.495)	(0.490)	(0.518)	(0.512)
0.1	0.196	0.176	0.302	0.370	0.1	0.144	0.138	0.278	0.298
	(0.286)	(0.289)	(0.214)	(0.185)		(0.335)	(0.336)	(0.232)	(0.227)
0.3	0.774	0.762	0.950	0.978	0.3	0.646	0.586	0.932	0.920
	(0.041)	(0.046)	(0.010)	(0.004)		(0.081)	(0.101)	(0.013)	(0.015)
0.5	0.986	0.994	1.000	1.000	0.5	0.962	0.956	1.000	1.000
	(0.002)	(0.002)	(0.000)	(0.000)		(0.008)	(0.008)	(0.000)	(0.000)
0.7	1.000	1.000	1.000	1.000	0.7	1.000	1.000	1.000	1.000
	(0.000)	(0.000)	(0.000)	(0.000)		(0.000)	(0.000)	(0.000)	(0.000)
0.9	1.000	1.000	1.000	1.000	0.9	1.000	1.000	1.000	1.000
	(0.000)	(0.000)	(0.000)	(0.000)		(0.000)	(0.000)	(0.000)	(0.000)

表 3.3　$\varepsilon \sim \dfrac{1}{\sqrt{2}} t(4)$ 时，1000 次重复下拒绝原假设的频率及 p-值平均值

ρ	$n=100$		$n=225$		λ	$n=100$		$n=225$	
	M3.1	M3.2	M3.1	M3.2		M3.3	M3.4	M3.3	M3.4
-0.9	1.000	1.000	1.000	1.000	-0.9	1.000	1.000	1.000	1.000
	(0.000)	(0.000)	(0.000)	(0.000)		(0.000)	(0.000)	(0.000)	(0.000)
-0.7	1.000	1.000	1.000	1.000	-0.7	1.000	1.000	1.000	1.000
	(0.000)	(0.000)	(0.000)	(0.000)		(0.000)	(0.000)	(0.000)	(0.000)
-0.5	0.986	0.994	1.000	1.000	-0.5	0.970	0.924	1.000	1.000
	(0.003)	(0.001)	(0.000)	(0.000)		(0.008)	(0.012)	(0.000)	(0.000)
-0.3	0.730	0.770	0.970	0.972	-0.3	0.642	0.654	0.940	0.926
	(0.048)	(0.043)	(0.007)	(0.006)		(0.079)	(0.067)	(0.012)	(0.013)
-0.1	0.198	0.202	0.282	0.340	-0.1	0.146	0.156	0.280	0.284
	(0.292)	(0.287)	(0.230)	(0.168)		(0.320)	(0.316)	(0.228)	(0.217)

续表

ρ	$n=100$		$n=225$		λ	$n=100$		$n=225$	
	M3.1	M3.2	M3.1	M3.2		M3.3	M3.4	M3.3	M3.4
0	0.062	0.058	0.054	0.040	0	0.046	0.038	0.046	0.036
	(0.480)	(0.500)	(0.491)	(0.483)		(0.490)	(0.493)	(0.495)	(0.504)
0.1	0.200	0.186	0.278	0.290	0.1	0.144	0.162	0.262	0.240
	(0.291)	(0.291)	(0.223)	(0.224)		(0.321)	(0.334)	(0.235)	(0.236)
0.3	0.772	0.812	0.968	0.956	0.3	0.688	0.676	0.948	0.928
	(0.048)	(0.042)	(0.007)	(0.009)		(0.072)	(0.074)	(0.014)	(0.015)
0.5	0.994	0.994	1.000	1.000	0.5	0.958	0.962	1.000	1.000
	(0.001)	(0.001)	(0.000)	(0.000)		(0.007)	(0.007)	(0.000)	(0.000)
0.7	1.000	1.000	1.000	1.000	0.7	1.000	1.000	1.000	1.000
	(0.000)	(0.000)	(0.000)	(0.000)		(0.000)	(0.000)	(0.000)	(0.000)
0.9	1.000	1.000	1.000	1.000	0.9	1.000	1.000	1.000	1.000
	(0.000)	(0.000)	(0.000)	(0.000)		(0.000)	(0.000)	(0.000)	(0.000)

表 3.4 $\varepsilon \sim \frac{1}{2}\chi^2(2) - 1$ 时,1000 次重复下拒绝原假设的频率及 p-值平均值

ρ	$n=100$		$n=225$		λ	$n=100$		$n=225$	
	M3.1	M3.2	M3.1	M3.2		M3.3	M3.4	M3.3	M3.4
-0.9	1.000	1.000	1.000	1.000	-0.9	1.000	1.000	1.000	1.000
	(0.000)	(0.000)	(0.000)	(0.000)		(0.000)	(0.000)	(0.000)	(0.000)
-0.7	1.000	1.000	1.000	1.000	-0.7	0.924	0.924	1.000	1.000
	(0.000)	(0.000)	(0.000)	(0.000)		(0.018)	(0.020)	(0.000)	(0.000)
-0.5	0.986	0.992	1.000	1.000	-0.5	0.680	0.634	0.926	0.912
	(0.003)	(0.003)	(0.000)	(0.000)		(0.101)	(0.117)	(0.020)	(0.019)
-0.3	0.746	0.764	0.956	0.940	-0.3	0.394	0.378	0.644	0.662
	(0.052)	(0.049)	(0.009)	(0.011)		(0.209)	(0.224)	(0.105)	(0.092)
-0.1	0.174	0.214	0.342	0.316	-0.1	0.152	0.146	0.230	0.222
	(0.288)	(0.287)	(0.210)	(0.199)		(0.342)	(0.370)	(0.277)	(0.275)
0	0.028	0.050	0.046	0.056	0	0.064	0.046	0.070	0.042
	(0.528)	(0.494)	(0.489)	(0.500)		(0.499)	(0.497)	(0.490)	(0.500)
0.1	0.188	0.230	0.362	0.348	0.1	0.188	0.186	0.308	0.372
	(0.307)	(0.282)	(0.187)	(0.179)		(0.287)	(0.301)	(0.187)	(0.189)
0.3	0.722	0.782	0.984	0.984	0.3	0.948	0.926	1.000	1.000
	(0.052)	(0.041)	(0.003)	(0.003)		(0.010)	(0.015)	(0.000)	(0.000)
0.5	0.986	0.996	1.000	1.000	0.5	1.000	1.000	1.000	1.000
	(0.003)	(0.001)	(0.000)	(0.000)		(0.000)	(0.000)	(0.000)	(0.000)
0.7	1.000	1.000	1.000	1.000	0.7	1.000	1.000	1.000	1.000
	(0.000)	(0.000)	(0.000)	(0.000)		(0.000)	(0.000)	(0.000)	(0.000)
0.9	1.000	1.000	1.000	1.000	0.9	1.000	1.000	1.000	1.000
	(0.000)	(0.000)	(0.000)	(0.000)		(0.000)	(0.000)	(0.000)	(0.000)

进一步, 我们给出在不同误差项分布下采用 Bootstrap 方法计算得到的 Moran's I 指标检验水平结果, 如表 3.5 所示。可以看出, 采用 Bootstrap 方法得到的检验统计量的检验水平与名义显著性水平相差不大, 检验结果合理, 这些现象综合反映了 Bootstrap 方法的有效性。显然, 基于三阶矩 χ^2 逼近以及 Bootstrap 方法所得到的检验统计量均有较为良好的检验水平, 两种方法都可用于回归模型的空间相关性检验。不过, 在实际蒙特卡罗模拟中, Bootstrap 方法往往会涉及较大计算量, 需要消耗较长时间, 这也是其固有的不足之处, 特别在样本容量较大时体现得更为明显。

表 3.5　不同误差项分布下 Bootstrap 方法的检验水平

误差项分布	样本容量	M1	M2	M3	M4
$N(0,1)$	100	0.060 (0.504)	0.058 (0.502)	0.044 (0.508)	0.040 (0.501)
	225	0.044 (0.512)	0.062 (0.480)	0.058 (0.504)	0.048 (0.500)
$\varepsilon \sim U(-\sqrt{3},\sqrt{3})$	100	0.058 (0.501)	0.060 (0.498)	0.058 (0.498)	0.400 (0.486)
	255	0.046 (0.515)	0.058 (0.501)	0.040 (0.500)	0.052 (0.513)
$\varepsilon \sim \frac{1}{\sqrt{2}}t(4)$	100	0.040 (0.513)	0.044 (0.501)	0.048 (0.490)	0.056 (0.478)
	255	0.044 (0.496)	0.050 (0.499)	0.054 (0.495)	0.054 (0.492)

3.3　半参数变系数空间滞后回归模型的估计

3.3.1　模型设定

基本设定的半参数变系数空间滞后回归模型表示为

$$Y = \rho WY + X\beta + M + \varepsilon \tag{3.11}$$

其中, $Y = (y_1, y_2, \cdots, y_n)^{\mathrm{T}}$ 为被解释变量, $M = \alpha^{\mathrm{T}}(U)Z$, ρ 为待估的空间滞后相关系数, W 为预先给定的空间权重矩阵, (U, X, Z) 为协变量, 且 $U = (u_1, u_2, \cdots, u_n)^{\mathrm{T}}$, 这里, 为避免 "维数灾难" 问题, 不失一般性, 不妨将 U 设定为单变量; $X = (x_1, x_2, \cdots, x_n)^{\mathrm{T}}$, $x_i = (x_{i1}, x_{i2}, \cdots, x_{iq})^{\mathrm{T}}$; $Z = (z_1, z_2, \cdots, z_n)^{\mathrm{T}}$, $z_i = (z_{i1}, z_{i2}, \cdots, z_{ip})^{\mathrm{T}}$; $\beta = (\beta_1, \beta_2, \cdots, \beta_q)^{\mathrm{T}}$ 为待估的未知参数向量; $M = (\alpha^{\mathrm{T}}(u_1)z_1, \alpha^{\mathrm{T}}(u_2)z_2, \cdots, \alpha^{\mathrm{T}}(u_n)z_n)^{\mathrm{T}}$ 为非参数部分, $\alpha(u_i) = (\alpha_1(u_i), \alpha_2(u_i), \cdots, \alpha_p(u_i))^{\mathrm{T}}$ 为函数形式未知的变系数部分, 也是我们关注的重要部分之一; $\varepsilon = (\varepsilon_1, \varepsilon_2, \cdots, \varepsilon_n)^{\mathrm{T}}$ 为随机误差向量, 且 $\varepsilon \sim N(0, \sigma^2 I)$, I 为单位阵, $i = 1, 2, \cdots, n$。这里, 记主要感兴趣的待估参数

向量 $\theta = (\beta^{\mathrm{T}}, \rho, \sigma^2)^{\mathrm{T}} \in \Theta$, Θ 为有限维的参数空间, 并令 $\theta_0 = (\beta_0^{\mathrm{T}}, \rho_0, \sigma_0^2)^{\mathrm{T}}$, θ_0, M_0 和 $\alpha_0(u_i)$ 分别为真实的参数部分和非参数部分。相比变系数空间滞后回归模型, 模型 (3.11) 的主要优点在于允许一部分解释变量的系数固定, 而其他解释变量的系数随着 U 变化而变化, 因此模型在设定形式上更具灵活性, 参数部分的估计也将更有效。

模型 (3.11) 的对数似然函数为

$$
\begin{aligned}
L(\theta, \alpha^{\mathrm{T}}(U)) = & -\frac{n}{2}\ln(2\pi\sigma^2) + \ln|A(\rho)| \\
& -\frac{1}{2\sigma^2}[A(\rho)Y - X\beta - M]^{\mathrm{T}}[A(\rho)Y - X\beta - M]
\end{aligned}
\tag{3.12}
$$

其中, $\alpha(U) = (\alpha^{\mathrm{T}}(u_1), \cdots, \alpha^{\mathrm{T}}(u_n))^{\mathrm{T}}$。对于模型中的非参数部分, 不能直接采用极大似然估计得到, 因此, 借鉴 Severini 和 Wong (1992) 建立的截面似然估计理论, 我们引入了最佳偏差曲线 (Least Favorite Curve) 的概念: 若平滑曲线 $\theta \to \alpha_\theta(u)$ 为最佳偏差曲线, 则对任意 $\theta \to \alpha_{1\theta}(u)$, $\alpha_{1\theta}(u) \in \mathbf{R}^p$, 满足条件:

$$
\begin{aligned}
& E_0\left(\frac{\partial L(\theta, \alpha_\theta^{\mathrm{T}}(u))}{\partial\theta}\frac{\partial L(\theta, \alpha_\theta^{\mathrm{T}}(u))}{\partial\theta^{\mathrm{T}}}\right)\bigg|_{\theta=\theta_0} \\
& \leqslant E_0\left(\frac{\partial L(\theta, \alpha_{1\theta}^{\mathrm{T}}(u))}{\partial\theta}\frac{\partial L(\theta, \alpha_{1\theta}^{\mathrm{T}}(u))}{\partial\theta^{\mathrm{T}}}\right)\bigg|_{\theta=\theta_0}
\end{aligned}
\tag{3.13}
$$

其中, E_0 代表参数部分为真实值时的期望; $L(\cdot)$ 为对数似然函数。这里设 $\alpha_\theta(u)$ 为真实变系数部分 $\alpha(u)$ 的最佳偏差曲线, 那么取 $\delta_\theta = \alpha_\theta(u)$, $\alpha_{\theta_0}(u) = \alpha_0(u)$ 时, 有

$$
\frac{\partial}{\partial\delta_\theta}E_0[L(\theta, \delta_\theta)]\bigg|_{\delta_\theta=\alpha_{\theta_0}(u)} = 0
$$

此时, 模型 (3.11) 可转化为

$$
Y = \rho WY + X\beta + M_\theta + \varepsilon
\tag{3.14}
$$

其中,

$$
M_\theta = (\alpha_\theta^{\mathrm{T}}(u_1)z_1, \alpha_\theta^{\mathrm{T}}(u_2)z_2, \cdots, \alpha_\theta^{\mathrm{T}}(u_n)z_n)^{\mathrm{T}}
$$

$$
\alpha_\theta(u_i) = (\alpha_{\theta1}(u_i), \alpha_{\theta2}(u_i), \cdots, \alpha_{\theta p}(u_i))^{\mathrm{T}}
$$

这里记 M_{θ_0} 和 $\alpha_{\theta_0}(u_i)$ 均为真实的非参数部分。那么, 对于给定参数 θ, 即可得到模型 (3.14) 的截面对数似然函数为

$$
\begin{aligned}
L(\theta) = & -\frac{n}{2}\ln(2\pi\sigma^2) + \ln|A(\rho)| \\
& -\frac{1}{2\sigma^2}[A(\rho)Y - X\beta - M_\theta]^{\mathrm{T}}[A(\rho)Y - X\beta - M_\theta]
\end{aligned}
\tag{3.15}
$$

通过最佳偏差曲线的定义, 如果 $\alpha_\theta(u)$ 已知, 则感兴趣参数 θ 的估计可通过替代 $\alpha(u)$, 进而对函数 $L(\theta)$ 最大化来得到, 然而实际中 $\alpha_\theta(u)$ 往往是未知的, 因此, 我们需要给出可行的非参数估计方法。

3.3.2   模型估计

在引入最佳偏差曲线后，本章将考虑采用局部线性估计法得到 $\alpha_\theta(u)$ 的初始估计 $\hat{\alpha}_\theta(u)$，接着用 $\hat{\alpha}_\theta(u)$ 替代式 (3.14) 中的 $\alpha_\theta(u)$，进而得到有关参数 θ 的空间滞后回归模型，这时可运用熟知的极大似然估计得到 θ 的最终估计 $\hat{\theta}$，最后将估计值代入 $\hat{\alpha}_\theta(u)$ 即可得到 $\alpha_\theta(u)$ 的最终估计 $\hat{\alpha}_{\hat{\theta}}(u)$。具体估计步骤如下：

第一步，假设 θ 已知，模型 (3.14) 可写成

$$y_i^* = \alpha_\theta^{\mathrm{T}}(u_i)z_i + \varepsilon_i$$

其中，$y_i^* = y_i - \rho\left(\sum_{j=1}^n w_{ij}y_j\right) - \sum_{j=1}^q \beta_j x_{ij}$。对于任一点 u，借鉴 Lam 和 Fan (2008) 的文献，我们通过构建局部极大似然函数，运用局部线性估计法可以得到 $\alpha_\theta(u)$ 的初始估计 $\hat{\alpha}_\theta(u) = (\hat{\alpha}_1(u), \cdots, \hat{\alpha}_p(u))^{\mathrm{T}}$，并将此作为最佳偏差曲线的一个近似估计量。令

$$Y^* = (y_1^*, y_2^*, \cdots, y_n^*)$$
$$W_u = \mathrm{diag}(K_h(u_1 - u), \cdots, K_h(u_n - u))$$
$$\delta_\theta(u) = (\alpha_1(u), \cdots, \alpha_p(u), h\alpha_1'(u), \cdots, h\alpha_p'(u))^{\mathrm{T}}$$
$$D_u = \begin{pmatrix} z_1^{\mathrm{T}} & h^{-1}(u_1 - u)z_1^{\mathrm{T}} \\ \vdots & \vdots \\ z_n^{\mathrm{T}} & h^{-1}(u_n - u)z_n^{\mathrm{T}} \end{pmatrix}$$

其中，$K_h(u_i - u) = h^{-1}K((u_i - u)/h)$，$K((u_i - u)/h)$ 为核函数，h 为窗宽。那么，对于点 u 处，我们构建的局部极大似然函数为

$$L(\delta_\theta(u)) = -\frac{n}{2}\ln(2\pi\sigma^2) + \ln|A(\rho)|$$
$$- \frac{1}{2\sigma^2}\{Y^* - D_u\delta_\theta(u)\}^{\mathrm{T}}W_u\{Y^* - D_u\delta_\theta(u)\}$$

显然，最大化该似然函数可得到 $\delta_\theta(u)$ 的估计值，简化得到

$$\hat{\delta}_\theta(u) = \arg \max_{\{\delta_\theta(u)\}} \{Y^* - D_u\delta_\theta(u)\}^{\mathrm{T}}W_u\{Y^* - D_u\delta_\theta(u)\} \tag{3.16}$$

式 (3.16) 经过简单计算可得到

$$\hat{\delta}_\theta(u) = [D_u^{\mathrm{T}}W_u D_u]^{-1}D_u^{\mathrm{T}}W_u Y^* = R^{-1}(u)T(u)$$

其中，

$$R(u) = D_u^{\mathrm{T}}W_u D_u$$

$$
= \begin{pmatrix}
\displaystyle\sum_{i=1}^{n} z_i z_i^{\mathrm{T}} K_h(u_i - u) & \displaystyle\sum_{i=1}^{n} z_i z_i^{\mathrm{T}} \left(\frac{u_i - u}{h}\right) K_h(u_i - u) \\
\displaystyle\sum_{i=1}^{n} z_i z_i^{\mathrm{T}} \left(\frac{u_i - u}{h}\right) K_h(u_i - u) & \displaystyle\sum_{i=1}^{n} z_i z_i^{\mathrm{T}} \left(\frac{u_i - u}{h}\right)^2 K_h(u_i - u)
\end{pmatrix}
$$

$$
T(u) = D_u^{\mathrm{T}} W_u Y^* = \begin{pmatrix}
\displaystyle\sum_{i=1}^{n} z_i y_i^* K_h(u_i - u) \\
\displaystyle\sum_{i=1}^{n} z_i y_i^* \left(\frac{u_i - u}{h}\right) K_h(u_i - u)
\end{pmatrix}
$$

易知, $\hat\delta_\theta(u)$ 实际上为参数 β 和 ρ 的函数。若令 $e = (I_p, O_p)^{\mathrm{T}}$, I_p 和 O_p 分别为 $p \times p$ 单位阵和元素全部为 0 的 $p \times p$ 矩阵。此时有

$$
\hat\alpha_\theta(u) = e^{\mathrm{T}} \hat\delta_\theta(u) = e^{\mathrm{T}} R^{-1}(u) T(u)
$$

$$
\hat M_\theta = \begin{pmatrix}
[z_1^{\mathrm{T}} \ 0] & \{D_{u_1}^{\mathrm{T}} W_{u_1} D_{u_1}\}^{-1} D_{u_1}^{\mathrm{T}} W_{u_1} \\
\vdots & \vdots \\
[z_n^{\mathrm{T}} \ 0] & \{D_{u_n}^{\mathrm{T}} W_{u_n} D_{u_n}\}^{-1} D_{u_n}^{\mathrm{T}} W_{u_n}
\end{pmatrix} (A(\rho)Y - X\beta) = S Y^*
$$

其中,

$$
S = \begin{pmatrix}
[z_1^{\mathrm{T}} \ 0] & \{D_{u_1}^{\mathrm{T}} W_{u_1} D_{u_1}\}^{-1} D_{u_1}^{\mathrm{T}} W_{u_1} \\
\vdots & \vdots \\
[z_n^{\mathrm{T}} \ 0] & \{D_{u_n}^{\mathrm{T}} W_{u_n} D_{u_n}\}^{-1} D_{u_n}^{\mathrm{T}} W_{u_n}
\end{pmatrix}
$$

第二步, 用第一步中得到的 $\hat\alpha_\theta(u_i)$ 替代式 (3.14) 中的 $\alpha_\theta(u_i)$, 可得模型 (3.11) 的近似对数似然函数为

$$
\begin{aligned}
\hat L(\theta) = & -\frac{n}{2} \ln 2\pi - \frac{n}{2} \ln \sigma^2 + \ln |A(\rho)| \\
& - \frac{1}{2\sigma^2} [(A(\rho)Y - X\beta)^{\mathrm{T}} (I - S)^{\mathrm{T}} (I - S)(A(\rho)Y - X\beta)]
\end{aligned} \tag{3.17}
$$

实际求解中, 我们先假定 ρ 已知, 然后对上式 (3.17) 关于 β 和 σ^2 求解最大化问题, 分别得到 β 和 σ^2 的初始估计为

$$
\begin{cases}
\hat\beta(\rho) = (X^{\mathrm{T}} P X)^{-1} X^{\mathrm{T}} P A(\rho) Y \\
\hat\sigma^2(\rho) = \dfrac{1}{n} (A(\rho)Y)^{\mathrm{T}} (I - S)^{\mathrm{T}} H (I - S)(A(\rho)Y)
\end{cases} \tag{3.18}
$$

其中,

$$
\begin{aligned}
P = & (I - S)^{\mathrm{T}} (I - S) \\
H = & I - (I - S)X [X^{\mathrm{T}} (I - S)^{\mathrm{T}} (I - S)X]^{-1} X^{\mathrm{T}} (I - S)^{\mathrm{T}}
\end{aligned}
$$

将 $\hat{\beta}$ 和 $\hat{\sigma}^2$ 分别代入式 (3.17) 中的 $\hat{L}(\theta)$, 得到关于 ρ 的集中对数似然函数 (Concentrated Log Likelihood Function):

$$\hat{L}(\rho) = -\frac{n}{2}(\ln 2\pi + 1) - \frac{n}{2}\ln \hat{\sigma}^2(\rho) + \ln|A(\rho)| \tag{3.19}$$

式 (3.19) 是参数 ρ 的非线性函数, 运用优化算法将其极大化可得到 ρ 的估计 $\hat{\rho}$。

第三步, 根据第二步得到的参数 ρ 的估计 $\hat{\rho}$, 进而可得到参数 θ 的最终估计 $\hat{\theta} = (\hat{\beta}^{\mathrm{T}}, \hat{\rho}, \hat{\sigma}^2)^{\mathrm{T}}$, 以及变系数部分 $\alpha(u)$ 的最终估计 $\hat{\alpha}_{\hat{\theta}}(u)$。

3.3.3　估计的大样本性质

为方便讨论, 将模型 (3.14) 改写为如下简化形式:

$$Y = X\beta + M_\theta + \rho G(X\beta + M_\theta) + A^{-1}(\rho)\varepsilon \tag{3.20}$$

其中, $A^{-1}(\rho) = I + \rho G$, $G = WA^{-1}(\rho)$。进一步定义 $Q = G(X\beta + M_\theta)$, 并且 G_0 和 Q_0 分别代表参数取真值时的情况, 这些符号将出现在后面的推导中。

1. 假设条件

假设 3.1　关于模型中变量的假设条件:

(1) $\{u_i\}_{i=1}^n$ 为独立同分布随机序列, 具有二阶连续可微的概率密度函数 $f(u)$, 且对支撑集上任意 u, 都有 $0 < f(u) < +\infty$; $\Omega_{11}(u) = E(z_i z_i^{\mathrm{T}} | u_i = u)$ 存在且非奇异, 其每一个元素都二阶连续可微; $\Omega_{12}(u) = E(z_i x_i^{\mathrm{T}} | u_i = u)$ 和 $\Omega_{22}(u) = E(x_i x_i^{\mathrm{T}} | u_i = u)$ 中每一个元素都二阶连续可微;

(2) $\{x_i\}_{i=1}^n, \{z_i\}_{i=1}^n$ 为独立同分布随机序列, 且拥有有界支撑集; $\{\varepsilon_i\}_{i=1}^n$ 为独立同分布随机序列, 且与 $\{x_i\}_{i=1}^n, \{z_i\}_{i=1}^n$ 无关, 满足

$$E(\varepsilon_i | x_j, z_j) = 0, \quad \mathrm{var}(\varepsilon_i | x_j, z_j) = \sigma^2 < +\infty$$

并且有

$$E(\|\varepsilon_i x_j\|) < +\infty, \quad E(\|\varepsilon_i z_j\|) < +\infty, \quad i = 1, \cdots, n, j = 1, \cdots, n$$

(3) 存在 $s > 2$, $E|x_{ij}|^{2s} < +\infty$, $E|z_{ij}|^{2s} < +\infty$, 并且存在 $\xi < 2 - s^{-1}$, 使得

$$\lim_{n \to +\infty} n^{2\xi - 1}h = +\infty$$

其中, $i = 1, \cdots, n, j = 1, \cdots, q$;

(4) 实值函数 $\{\alpha_i(\cdot), i = 1, \cdots, p\}$ 为二阶连续可微的有界函数, 最佳偏差曲线 $\alpha_\theta(u)$ 对 θ 和 u 分别存在三阶连续的偏导数, 并对任意定义域上的 u 满足条件

$|z_i^\mathrm{T}\alpha_\theta(u_i)| \leqslant m_\alpha < +\infty$；进一步，对于真实 β_0 邻域附近的参数 $\beta \in \mathbf{R}^q$，满足条件 $|x_i^\mathrm{T}\beta| \leqslant m_\beta < +\infty$。

假设 3.2 关于模型中常量的假设条件：

(1) 空间权重矩阵 W 中各元素非随机，且绝对行和与绝对列和一致有界，其中 $w_{ij} = O_p(1/l_n)$，$\lim\limits_{n\to+\infty} l_n/n = 0$；

(2) $A(\rho)$ 为非奇异矩阵，对任意的 $\rho \in \Theta$ 可逆，Θ 为紧参数空间，且 $A(\rho)$ 和 $A^{-1}(\rho)$ 的绝对行和与绝对列和在 $\rho \in \Theta$ 一致有界。

假设 3.3 关于核函数的假设条件：

(1) $K(\cdot)$ 为连续非负对称密度函数，$\mu_i = \int uK(u)\mathrm{d}u$，$v_i = \int uK^2(u)\mathrm{d}u$；

(2) $nh^8 \to 0$ 且 $nh^2(\log n)^2 \to +\infty$。

假设 3.4 参数 θ 存在唯一真实值 θ_0 位于紧参数空间 Θ 内部，且在 Θ 上一致有界。

假设 3.5 对于截面对数似然函数 $L(\theta)$，满足 $\Sigma_{\theta_0} = -\lim\limits_{n\to\infty} E\left(\frac{1}{n}\frac{\partial^2 L(\theta)}{\partial\theta\partial\theta^\mathrm{T}}|_{\theta=\theta_0}\right)$ 存在且非奇异。

假设 3.6

$$\phi_{Q_0Q_0} - \phi_{XQ_0}^\mathrm{T}\phi_{XX}^{-1}\phi_{XQ_0} > 0$$

其中，

$$\phi_{Q_0Q_0} = \lim_{n\to\infty}\left(\frac{1}{n}Q_0^\mathrm{T}PQ_0\right)$$

$$\phi_{XX} = \lim_{n\to\infty}\left(\frac{1}{n}X^\mathrm{T}PX\right), \quad \phi_{XQ_0} = \lim_{n\to\infty}\left(\frac{1}{n}X^\mathrm{T}PQ_0\right)$$

评论 3.1 对于矩阵绝对行和与绝对列和一致有界，我们做出简单的说明：矩阵 $E = (E_{ij})_{n\times n}$ 绝对行和与绝对列和一致有界是指存在某一非负常数 m_E，能够使得 $\sum\limits_{j=1}^{n}|E_{ij}| \leqslant m_E$ 及 $\sum\limits_{i=1}^{n}|E_{ij}| \leqslant m_E$，常数 m_E 在本书中会根据不同的矩阵进行不同定义。

评论 3.2 空间权重矩阵 W 和矩阵 $A^{-1}(\rho)$ 分别满足绝对行和与绝对列和一致有界，这也意味着 $G = WA^{-1}(\rho)$ 同样满足绝对行和与绝对列和一致有界。

评论 3.3 假设 3.1、假设 3.3 为 Fan 和 Huang (2005) 给定的半参数变系数回归模型中的一些基本假设条件。假设 3.2 为空间计量经济学中的常见假设，Kelejian 和 Prucha (1998)，Lee (2004) 等建议采用。假设 3.4 为参数估计唯一性识别条件。假设 3.5 用来保证信息矩阵满足非奇异性，可参见 Michel 等 (2003) 的文献。假设 3.6 用来证明估计量的渐近正态性。总之，这些假设条件的提出都是用来确保估计量大样本性质的完整推导。

2. 参数估计量和非参数估计量的大样本性质

下面讨论截面似然估计量 $\hat{\theta}$ 和变系数部分 $\hat{\alpha}_\theta(u)$ 的渐近性质。

定理 3.1　在假设 3.1—假设 3.4 满足的条件下, 若存在 $\hat{L}(\hat{\theta}) = \max\limits_{\{\theta \in \Theta\}} \hat{L}(\theta)$, 那么 $\hat{\theta} \xrightarrow{P} \theta_0$。

定理 3.2　在假设 3.1—假设 3.5 满足的条件下, $\hat{\theta}$ 具有渐近正态性, 即

$$\sqrt{n}(\hat{\theta} - \theta_0) \xrightarrow{L} N(0, \Sigma_{\theta_0}^{-1}) \tag{3.21}$$

其中, $\Sigma_{\theta_0} = -\lim\limits_{n \to \infty} E\left(\dfrac{1}{n} \dfrac{\partial^2 L(\theta)}{\partial \theta \partial \theta^{\mathrm{T}}}\Big|_{\theta = \theta_0}\right)$。

由于 $L(\theta)$ 中真实的 $\alpha_\theta(u)$ 未知, 这里并不能直接计算得到 $\Sigma_{\theta_0}^{-1}$。正如 Severini 和 Wong (1992) 指出, 要得到 $\hat{\theta}$ 的渐近方差, 可从截面对数似然函数 $\hat{L}(\theta)$ 入手得到 Σ_{θ_0} 的一个渐近估计量, Su 和 Jin (2010) 采用了同样的处理, 于是我们将 $\hat{L}(\theta)$ 看作 θ 的似然函数推导其渐近方差。

定理 3.3　在假设 3.1—假设 3.6 满足的条件下, 可以得到 $\hat{\Sigma}_{\theta_0} \xrightarrow{P} \Sigma_{\theta_0}$。其中 $\hat{\Sigma}_{\theta_0} = -\lim\limits_{n \to \infty}\left[\dfrac{1}{n} \dfrac{\partial^2 \hat{L}(\theta)}{\partial \theta \partial \theta^{\mathrm{T}}}\Big|_{\theta = \theta_0}\right]$, 满足非奇异性, 并且有

$$-\frac{1}{n} \frac{\partial^2 \hat{L}(\theta)}{\partial \theta \partial \theta^{\mathrm{T}}}\Big|_{\theta = \theta_0}$$

$$= \begin{pmatrix} \dfrac{1}{\sigma_0^2}\left(\dfrac{1}{n} X^{\mathrm{T}} P X\right) & \dfrac{1}{\sigma_0^2}\left(\dfrac{1}{n} X^{\mathrm{T}} P Q_0\right) & 0 \\[3mm] \dfrac{1}{\sigma_0^2}\left(\dfrac{1}{n} X^{\mathrm{T}} P Q_0\right) & \dfrac{1}{\sigma_0^2}\left(\dfrac{1}{n} Q_0^{\mathrm{T}} P Q_0\right) + \dfrac{\mathrm{tr}(G_0^2) + \mathrm{tr}(G_0^{\mathrm{T}} G_0)}{n} & \dfrac{\mathrm{tr}(G_0)}{n\sigma_0^2} \\[3mm] 0 & \dfrac{\mathrm{tr}(G_0)}{n\sigma_0^2} & \dfrac{1}{2\sigma_0^4} \end{pmatrix} + o_p(1)$$

进一步, 对于截面对数似然函数 $\hat{L}(\theta)$, 令

$$\hat{\Sigma}_{\hat{\theta}} = \begin{pmatrix} \dfrac{X^{\mathrm{T}} P X}{n\hat{\sigma}^2} & \dfrac{X^{\mathrm{T}} P \hat{Q}}{n\hat{\sigma}^2} & 0 \\[3mm] \dfrac{(X^{\mathrm{T}} P \hat{Q})^{\mathrm{T}}}{n\hat{\sigma}^2} & \dfrac{\hat{Q}^{\mathrm{T}} P \hat{Q}}{n\hat{\sigma}^2} + \dfrac{\mathrm{tr}(\hat{G}^2 + \hat{G}^{\mathrm{T}}\hat{G})}{n} & \dfrac{\mathrm{tr}(\hat{G})}{n\hat{\sigma}^2} \\[3mm] 0 & \dfrac{\mathrm{tr}(\hat{G})}{n\hat{\sigma}^2} & \dfrac{1}{2\hat{\sigma}^4} \end{pmatrix} \tag{3.22}$$

其中, $\hat{\theta} = (\beta^{\mathrm{T}}, \hat{\rho}, \hat{\sigma}^2)$, $\hat{G} = W A^{-1}(\hat{\rho})$, $\hat{Q} = \hat{G}(X\hat{\beta} + M_{\hat{\theta}})$。根据定理 3.1—定理 3.3, 可知 $\hat{\Sigma}_{\hat{\theta}}$ 为 Σ_{θ_0} 的一个渐近估计量。

定理 3.4　在假设 3.1—假设 3.6 满足的条件下, $\hat{\alpha}_{\hat{\theta}}(u) \xrightarrow{P} \alpha_{\theta_0}(u)$。

定理 3.5 在假设 3.1—假设 3.6 满足的条件下, 有

$$\sqrt{nh}\left[\hat{\delta}_{\hat{\theta}}(u) - \delta_{\theta_0}(u) - 2^{-1}h^2\mu_2\begin{pmatrix} \alpha''_{\theta_0}(u) \\ 0 \end{pmatrix}\right] \xrightarrow{L} N(0, \Sigma_\alpha) \tag{3.23}$$

其中,

$$\Sigma_\alpha = \sigma_0^2 f^{-1}(u)\begin{pmatrix} \nu_0\Omega_{11}^{-1}(u) & 0 \\ 0 & \dfrac{\nu_2}{\mu_2^2}\Omega_{11}^{-1}(u) \end{pmatrix}$$

特别地, 有

$$\sqrt{nh}[\hat{\alpha}_{\hat{\theta}}(u) - \alpha_{\theta_0}(u) - 2^{-1}h^2\mu_2\alpha''_{\theta_0}(u)] \xrightarrow{L} N(0, \nu_0\sigma_0^2 f^{-1}(u)\Omega_{11}^{-1}(u))$$

3.3.4 蒙特卡罗模拟结果

本节对上述所推导的半参数变系数空间滞后回归模型在小样本情况下的表现进行蒙特卡罗模拟。模拟结果的评估分为参数部分和非参数部分两个方面。对于参数部分, 计算了每个估计量的样本标准差 (Standard Deviation, SD) 和渐近分布得到的标准差均值 (Standard Error, SE); 对于非参数部分, 采取的是均方根误 (Root Mean Square Error, $RASE$) 作为评价标准, 计算公式为

$$RASE = \left\{ n_0^{-1}\sum_{k=1}^{n_0}\|\hat{\alpha}(u_k) - \alpha(u_k)\|^2 \right\}^{1/2}$$

其中 $\{u_k\}_{k=1}^{n_0}$ 为在 u 的支撑集内选取的 n_0 个固定网格点。此外, 在模拟中我们使用的核函数为常用的 Epanechnikov 核函数:

$$K(u) = (3/4\sqrt{5})(1 - 1/5u^2)I(u^2 \leqslant 5)$$

通常, 利用核光滑方法估计非参数回归函数或者其导数时, 确定窗宽 h 的值较为关键, 它直接控制着估计函数的光滑度。窗宽过大, 会使估计的曲线过于光滑而导致拟合不足, 从而不能正确反映曲线的真实趋势; 而窗宽过小, 则会使估计的曲线震荡加剧而导致过度拟合现象, 同样不能反映回归函数的真实趋势。一般常用确定窗宽的方法有拇指准则 (Rule of Thumb)、交叉验证法、广义交叉验证法, 以及 AIC 准则等。这里, 我们借鉴 Su 和 Jin (2010)、Su (2012) 对最优窗宽的选择, 采取交叉验证法。

考虑以下数据生成过程:

模型 M3.5: $Y = \rho WY + \alpha_1^{\mathrm{T}}(U)z_1 + \alpha_2^{\mathrm{T}}(U)z_2 + \beta_1 x_1 + \beta_2 x_2 + \varepsilon$, 其中 $\rho = 0.5$, $\beta_1 = 1.0$, $\beta_2 = 1.5$, $\alpha_1(U) = \sin(2\pi U)$, $\alpha_2(U) = 3.5[\exp(-(4U-1)^2) + \exp(-(4U-3)^2)] - 1.5$;

模型 M3.6: $Y = \rho WY + \alpha_1^{\mathrm{T}}(U)z_1 + \alpha_2^{\mathrm{T}}(U)z_2 + \beta_1 x_1 + \beta_2 x_2 + \varepsilon$, 其中 $\rho = 0.5$, $\beta_1 = 1.0$, $\beta_2 = 1.5$, $\alpha_1(U) = \sin(2\pi U)$, $\alpha_2(U) = \cos(2\pi U)$。

这里，具体做出如下设定：

(1) (U, x_1, x_2, z_1, z_2) 为协变量，其中 U 为一维随机变量，产生于均匀分布 $U(0,1)$，协变量 (x_1, x_2, z_1, z_2) 产生于均值为 0，方差为 1 的多元正态分布，并且四个随机变量之间的相关系数都为 2/3，随机误差项服从正态分布 $N(0, \sigma^2)$。

(2) 为了考察空间权重矩阵对估计效果的影响，分别将权重矩阵设定为 Case (1991) 所提出的空间权重矩阵 [①] 和 Rook 空间权重矩阵，其中 Case (1991) 所用的权重矩阵在空间理论的研究中较为常见 (Lee，2004；Su，Jin，2010)。对于 Case (1991) 空间权重矩阵，分别取 $m = 10, 15, 20$ 和 $r = 10, 20$，而对 Rook 权重矩阵，分别取样本数 $n = 100, n = 144$ 和 $n = 225$。

(3) 为了比较不同的方差设定对估计效果的影响，分别考虑方差 $\sigma^2 = 0.25$ 和 $\sigma^2 = 1$ 两种情况。

(4) 为了考察非参数部分的估计效果，我们在 U 的取值范围 $(0,1)$ 内等距选取了 100 个固定点，以 $n_0 = 100$ 个格点的估计作为模型估计效果的评估依据。

1. Case (1991) 空间权重矩阵下的模拟结果

依据上述设计，我们对每种模型的设定情况分别进行了 1000 次模拟，具体结果如表 3.6 所示。表 3.6 为空间权重矩阵为 Case (1991) 时的蒙特卡罗模拟结果，通过观察，可以得到：

(1) 对于模型 M3.5 和模型 M3.6，在有限样本情况下，参数部分 β_1，β_2 和 σ^2 的样本标准差随着地区数 R 和成员数 m 的增加不断减小，然而，对于空间滞后相关系数 ρ 而言，却呈现出明显的差异性。当 m 固定时，参数 ρ 的样本标准差随着地区数 R 的增加而减小。以模型 M3.5 为例，取 $m=15$，方差为 0.25，这时在 $R = 10$ 和 $R = 20$ 的情况下，参数 ρ 的样本标准差分别为 0.025 和 0.017；而当 R 固定时，参数 ρ 的样本标准差并没有随着成员数 m 的增加出现较多变化，同样以模型 M3.5 为例，取 $R = 10$，方差为 0.25 时，成员数 m 由个数 10 增加至 20，参数 ρ 的样本标准差分别为 0.026 和 0.024，基本没有发生太多变动，这些与 Lee (2004)，Su 和 Jin (2010) 的模拟结论相一致。

(2) 对于模型 M3.5 和模型 M3.6，参数部分 ρ，β_1，β_2 和 σ^2 的样本标准差与渐近分布得到的标准差，随着地区数 R 和成员数 m 的增加逐步趋于一致。以模拟中最大样本容量为例进行说明，取 $m = 20$，$R = 20$，此时不论模型 M3.5 还是模型 M3.6，在方差为 0.25 的情况下，其参数部分的样本标准差均非常接近于渐近分布得到的标准差。例如，在模型 M3.5 中，当 $m = 20$，$R = 20$ 时，参数 β_1 和 β_2 的样

---

① 在 Case (1991) 中使用，假设有 R 个地区，每个地区有 m 个成员，同一地区的成员之间都是"邻居"并且任意成员之间具有相同的权重，即满足：$W = I_R \otimes B_m$，$B_m(l_m l_m^{\mathrm{T}} - l_m)/(m-1)$，$l_m$ 为元素全为 1 的列向量。

本标准差分别为 0.057 和 0.056，而渐近分布得到的标准差分别为 0.055 和 0.054。

表 3.6 权重矩阵为 Case (1991) 的参数估计结果

m	模型	方差 σ^2	$R=10$				$R=20$			
			ρ	β_1	β_2	σ^2	ρ	β_1	β_2	σ^2
10	M3.5	0.25	0.496	1.006	1.493	0.210	0.498	1.001	1.502	0.225
			(0.026)	(0.089)	(0.084)	(0.038)	(0.018)	(0.057)	(0.058)	(0.028)
			[0.024]	[0.078]	[0.078]	[0.030]	[0.016]	[0.054]	[0.055]	[0.022]
		1	0.490	0.993	1.509	0.844	0.497	0.996	1.498	0.918
			(0.048)	(0.165)	(0.166)	(0.154)	(0.031)	(0.111)	(0.114)	(0.106)
			[0.045]	[0.154]	[0.154]	[0.120]	[0.031]	[0.109]	[0.109]	[0.092]
	M3.6	0.25	0.497	1.003	1.497	0.210	0.497	0.999	1.499	0.229
			(0.038)	(0.086)	(0.084)	(0.035)	(0.024)	(0.056)	(0.059)	(0.027)
			[0.033]	[0.077]	[0.077]	[0.030]	[0.023]	[0.054]	[0.054]	[0.023]
		1	0.492	1.003	1.497	0.850	0.495	1.003	1.495	0.923
			(0.067)	(0.178)	(0.173)	(0.138)	(0.043)	(0.110)	(0.114)	(0.105)
			[0.058]	[0.153]	[0.154]	[0.121]	[0.040]	[0.109]	[0.107]	[0.093]
15	M3.5	0.25	0.497	1.007	1.496	0.216	0.498	1.003	1.502	0.229
			(0.025)	(0.070)	(0.066)	(0.030)	(0.017)	(0.047)	(0.047)	(0.022)
			[0.024]	[0.063]	[0.063]	[0.025]	[0.016]	[0.044]	[0.044]	[0.019]
		1	0.487	1.003	1.497	0.890	0.497	1.006	1.501	0.937
			(0.051)	(0.132)	(0.137)	(0.121)	(0.032)	(0.091)	(0.087)	(0.083)
			[0.046]	[0.125]	[0.126]	[0.103]	[0.031]	[0.088]	[0.089]	[0.077]
	M3.6	0.25	0.494	1.000	1.501	0.223	0.498	1.000	1.500	0.233
			(0.036)	(0.067)	(0.067)	(0.030)	(0.023)	(0.045)	(0.045)	(0.021)
			[0.033]	[0.063]	[0.063]	[0.026]	[0.022]	[0.044]	[0.044]	[0.019]
		1	0.489	0.992	1.499	0.891	0.495	1.006	1.501	0.944
			(0.066)	(0.139)	(0.135)	(0.116)	(0.040)	(0.091)	(0.087)	(0.082)
			[0.058]	[0.125]	[0.125]	[0.103]	[0.040]	[0.088]	[0.089]	[0.077]
20	M3.5	0.25	0.498	1.001	1.499	0.224	0.499	1.000	1.500	0.235
			(0.024)	(0.057)	(0.056)	(0.025)	(0.017)	(0.039)	(0.039)	(0.018)
			[0.024]	[0.055]	[0.054]	[0.022]	[0.016]	[0.038]	[0.038]	[0.017]
		1	0.493	1.000	1.508	0.911	0.495	0.997	1.499	0.953
			(0.048)	(0.116)	(0.112)	(0.100)	(0.032)	(0.081)	(0.077)	(0.071)
			[0.045]	[0.109]	[0.108]	[0.091]	[0.031]	[0.076]	[0.077]	[0.068]
	M3.6	0.25	0.496	1.002	1.498	0.228	0.498	0.998	1.499	0.238
			(0.037)	(0.057)	(0.060)	(0.027)	(0.024)	(0.041)	(0.039)	(0.018)
			[0.033]	[0.054]	[0.054]	[0.023]	[0.022]	[0.038]	[0.038]	[0.017]
		1	0.488	0.994	1.507	0.920	0.494	0.996	1.499	0.959
			(0.064)	(0.120)	(0.109)	(0.102)	(0.042)	(0.081)	(0.077)	(0.069)
			[0.065]	[0.108]	[0.108]	[0.092]	[0.040]	[0.076]	[0.077]	[0.068]

注: 圆括号中的数值代表估计系数的样本标准差, 方括号中的数值代表由渐近分布得到的估计系数的标准差。

(3) 随着扰动项方差的增大, 对参数部分估计的干扰性增强, 即方差越大, 参数估计的偏误也就越大。不过, 显然, 样本容量的增大在一定程度上缓解了方差对参数部分估计的影响效果, 模拟中我们分别以方差为 0.25 和 1.0 两种情况进行了比较说明。

同时, 表 3.7 给出了空间权重矩阵为 Case (1991) 时, 变系数函数 $\alpha_1(u)$ 和 $\alpha_2(u)$ 在 100 个固定格点处估计值的 1000 个 $RASE$ 值的中位数和标准差。从表中可以判断, 在同一参数设定下, 变系数函数部分的估计效果都会受到地区数 R 和成员数 m 的影响, 地区数 R 和成员数 m 的增加会使得变系数函数 $\alpha_1(u)$ 和 $\alpha_2(u)$ 的 $RASE$ 值的中位数和标准差呈现不同程度的减少。例如, 对于模型为 M3.5, 方差为 0.25 的情形, 当地区数 $R = 20$ 时, 变系数部分 $\alpha_1(u)$ 和 $\alpha_2(u)$ 的 $RASE$ 值的中位数分别从成员数 m 为 10 的 0.143 和 0.160 下降到 m 为 20 的 0.104 和 0.115, 标准差也

表 3.7　权重矩阵为 Case (1991) 时 1000 个 $RASE$ 值的中位数和标准差

m	模型	方差 σ^2	$R = 10$		$R = 20$	
			$\alpha_1(u)$	$\alpha_2(u)$	$\alpha_1(u)$	$\alpha_2(u)$
10	M3.5	0.25	0.202 (0.063)	0.227 (0.068)	0.143 (0.046)	0.160 (0.045)
		1.0	0.370 (0.143)	0.387 (0.137)	0.263 (0.084)	0.280 (0.084)
	M3.6	0.25	0.194 (0.062)	0.189 (0.065)	0.138 (0.040)	0.134 (0.040)
		1.0	0.347 (0.128)	0.348 (0.127)	0.239 (0.079)	0.229 (0.083)
15	M3.5	0.25	0.164 (0.055)	0.185 (0.053)	0.119 (0.033)	0.131 (0.033)
		1.0	0.297 (0.096)	0.322 (0.096)	0.206 (0.064)	0.223 (0.063)
	M3.6	0.25	0.160 (0.049)	0.152 (0.056)	0.114 (0.031)	0.110 (0.033)
		1.0	0.280 (0.101)	0.274 (0.105)	0.198 (0.064)	0.194 (0.066)
20	M3.5	0.25	0.140 (0.041)	0.157 (0.043)	0.104 (0.025)	0.115 (0.026)
		1.0	0.256 (0.081)	0.282 (0.078)	0.179 (0.055)	0.207 (0.050)
	M3.6	0.25	0.139 (0.040)	0.137 (0.042)	0.097 (0.028)	0.100 (0.026)
		1.0	0.241 (0.079)	0.243 (0.079)	0.173 (0.054)	0.179 (0.053)

注: 圆括号中的数值代表 1000 个 $RASE$ 值的标准差。

分别从 0.046 和 0.045 下降到 0.025 和 0.026。这些特征均表明, 随着样本容量的增加, 模型中非参数部分的估计值与真实值之间的偏离在逐渐减小, 呈收敛之势。

图 3.1—图 3.4 展现的是空间权重矩阵为 Case (1991), 样本容量为 $R - 20$ 和 $m = 20$, 方差分别取 0.25 和 1.0 时, 模型 M3.5 和 M3.6 中变系数函数 $\alpha_1(u)$ 和 $\alpha_2(u)$ 的估计效果。借鉴 Su (2012) 的文献的模拟中所采用的提取方法, 我们选取的是 1000 次模拟中处于中位数位置的那次估计, 当然, 运用这一方法, 同样可以得到处于 5% 和 95% 两个分位点或其他分位点上的拟合曲线。依据图中体现的信息, 可以看到变系数函数的估计曲线具有较好的拟合效果, 并没有出现明显的拟合不足或者过度拟合现象, 模拟结果表明我们的估计方法在有限样本情况下表现良好, 这种估计方法是合理的。

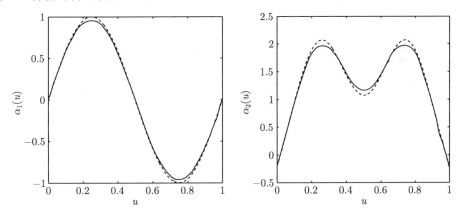

图 3.1 Case (1991) 矩阵下 M3.5 的变系数函数 $\alpha_1(u)$ 和 $\alpha_2(u)$ 的估计值 $(\sigma^2 = 0.25)$

这里选取的是地区数 $R = 20$, 成员数 $m = 20$ 的情况, 图中虚线为真实的变系数函数曲线, 实线为拟合的变系数函数曲线, 其中左侧为 $\alpha_1(u)$ 的回归函数曲线, 右侧为 $\alpha_2(u)$ 的回归函数曲线, 下同。

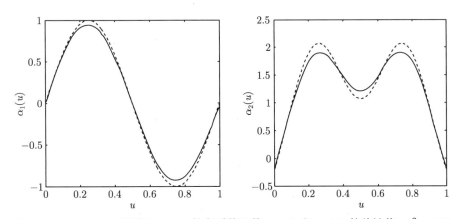

图 3.2 Case (1991) 矩阵下 M3.5 的变系数函数 $\alpha_1(u)$ 和 $\alpha_2(u)$ 的估计值 $(\sigma^2 = 1.0)$

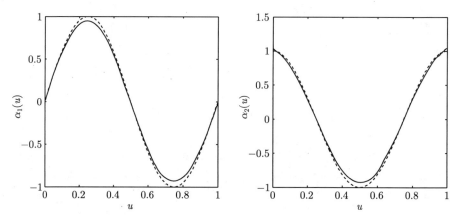

图 3.3　Case (1991) 矩阵下 M3.6 的变系数函数 $\alpha_1(u)$ 和 $\alpha_2(u)$ 的估计值 ($\sigma^2 = 0.25$)

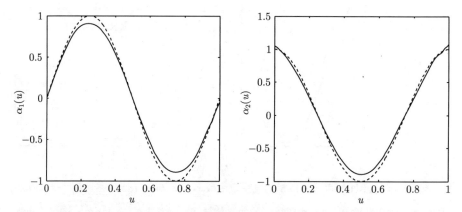

图 3.4　Case (1991) 矩阵下 M3.6 的变系数函数 $\alpha_1(u)$ 和 $\alpha_2(u)$ 的估计值 ($\sigma^2 = 1.0$)

2. Rook 空间权重矩阵下的模拟结果

表 3.8 给出了空间权重矩阵为 Rook 矩阵时模型参数的蒙特卡罗模拟结果。从表中可以发现，Rook 矩阵下参数估计的表现规律与权重矩阵为 Case (1991) 的情况颇为相似。模型参数部分的估计值与真实值之间的偏差都非常小，体现出该模型估计方法的合理性，并且估计值的样本标准差也随样本容量的增加而减小，说明参数部分的估计值随着样本容量的增大而呈收敛之势，估计上体现出较强的稳定性。例如，对于真实方差为 0.25 的模型 M3.5，当样本容量为 100 时，参数部分 ρ 的样本标准差为 0.024，β_1 和 β_2 的样本标准差为 0.084 和 0.088，σ^2 的样本标准差为 0.039，而当样本容量增加到 225 时，ρ 的样本标准差减少为 0.016，β_1 和 β_2 的样本标准差分别为 0.052 和 0.057，σ^2 的样本标准差降低到 0.026。进一步，对比由渐近分布所推导的参数部分的标准差，显然，其与模拟所得到的样本标准差同样十分

接近，随着样本容量的增大，二者逐步趋于一致，可近似忽略，这些都表明本章中推导的参数部分的渐近分布是有效的；另外，随着随机误差项方差的增大，参数部分估计的偏误也在逐步增大，这点与 Case (1991) 权重矩阵的分析一致。

表 3.8 权重矩阵为 Rook 矩阵的参数估计结果

n	方差 σ^2	M3.5				M3.6			
		ρ	β_1	β_2	σ^2	ρ	β_1	β_2	σ^2
100	0.25	0.500 (0.024) [0.022]	0.998 (0.084) [0.078]	1.504 (0.088) [0.078]	0.208 (0.039) [0.029]	0.498 (0.035) [0.030]	0.999 (0.085) [0.077]	1.498 (0.087) [0.077]	0.210 (0.037) [0.030]
	1	0.501 (0.043) [0.041]	1.005 (0.174) [0.156]	1.496 (0.171) [0.156]	0.867 (0.151) [0.124]	0.494 (0.056) [0.053]	1.005 (0.167) [0.153]	1.503 (0.170) [0.153]	0.846 (0.141) [0.121]
144	0.25	0.499 (0.019) [0.018]	0.997 (0.067) [0.065]	1.499 (0.072) [0.065]	0.218 (0.032) [0.026]	0.498 (0.027) [0.025]	0.998 (0.069) [0.064]	1.501 (0.068) [0.068]	0.221 (0.031) [0.026]
	1	0.499 (0.035) [0.034]	1.004 (0.134) [0.129]	1.502 (0.143) [0.129]	0.892 (0.121) [0.106]	0.496 (0.046) [0.045]	1.008 (0.142) [0.128]	1.490 (0.137) [0.127]	0.889 (0.119) [0.105]
225	0.25	0.500 (0.016) [0.014]	1.000 (0.052) [0.051]	1.501 (0.057) [0.051]	0.224 (0.026) [0.021]	0.499 (0.022) [0.020]	0.998 (0.051) [0.051]	1.502 (0.052) [0.051]	0.229 (0.025) [0.022]
	1	0.499 (0.029) [0.028]	1.003 (0.104) [0.101]	1.497 (0.100) [0.102]	0.913 (0.095) [0.086]	0.498 (0.036) [0.036]	0.996 (0.107) [0.102]	1.498 (0.112) [0.103]	0.931 (0.097) [0.088]

注：圆括号中的数值代表估计系数的样本标准差，方括号中的数值代表由渐近分布得到的估计系数的标准差。

表 3.9 给出了不同样本容量下，当空间权重矩阵为 Rook 矩阵时，变系数函数 $\alpha_1(u)$ 和 $\alpha_2(u)$ 在 100 个固定格点处的估计值的 1000 个 $RASE$ 值的中位数和标准差。从表中可以判断，在同一参数设定下，非参数部分的拟合效果较好，随着样本容量的扩大，$RASE$ 的中位数和标准差都在减小。例如，对模型为 M3.5，方差为 0.25 的情形，变系数 $\alpha_1(u)$ 和 $\alpha_2(u)$ 的 $RASE$ 值的中位数分别从样本容量为 100 时的 0.205 和 0.231 下降到样本容量为 225 时的 0.145 和 0.152，标准差也分别从 0.068 和 0.071 下降到 0.043 和 0.041，这些均表明模型中非参数部分的估计是收敛的，其与真实值的偏离逐渐减小。

表 3.9　权重矩阵为 Rook 矩阵时 1000 个 $RASE$ 值的中位数和标准差

n	方差 σ^2	M3.5		M3.6	
		$\alpha_1(u)$	$\alpha_2(u)$	$\alpha_1(u)$	$\alpha_2(u)$
100	0.25	0.205	0.231	0.196	0.186
		(0.068)	(0.071)	(0.065)	(0.062)
	1	0.353	0.396	0.337	0.339
		(0.131)	(0.120)	(0.136)	(0.136)
144	0.25	0.171	0.192	0.161	0.157
		(0.071)	(0.063)	(0.048)	(0.050)
	1	0.303	0.324	0.280	0.286
		(0.103)	(0.101)	(0.095)	(0.100)
225	0.25	0.145	0.152	0.130	0.128
		(0.043)	(0.041)	(0.038)	(0.036)
	1	0.241	0.265	0.232	0.228
		(0.082)	(0.076)	(0.075)	(0.068)

注: 圆括号中的数值代表 1000 个 $RASE$ 值的标准差。

　　图 3.5—图 3.8 展现的是空间权重矩阵为 Rook 矩阵, 样本容量为 $n = 225$, 方差分别为 0.25 和 1.0 时, 模型 M3.5 和 M3.6 中变系数函数 $\alpha_1(u)$ 和 $\alpha_2(u)$ 的估计效果。同样, 我们选取的是 1000 次模拟中处于中位数位置的估计, 从图中的模拟结果可以看出, 变系数函数的估计曲线具有较好的拟合效果, 这一结果表明我们提出的估计方法在有限样本情况下表现良好, 说明该方法是合理的。

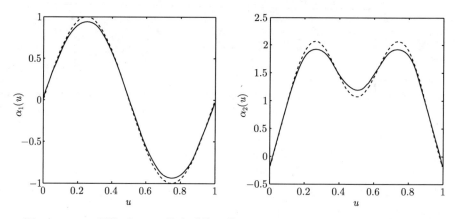

图 3.5　Rook 矩阵下 M3.5 的变系数函数 $\alpha_1(u)$ 和 $\alpha_2(u)$ 的估计值 ($\sigma^2 = 0.25$)

　　这里选取的是样本容量为 225 的情况, 图中虚线为真实的变系数函数曲线, 实线为拟合的变系数函数曲线, 其中左侧为 $\alpha_1(u)$ 的回归函数曲线, 右侧为 $\alpha_2(u)$ 的回归函数曲线, 下同。

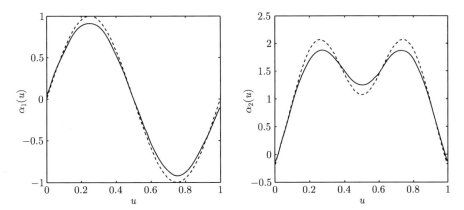

图 3.6 Rook 矩阵下 M3.5 的变系数函数 $\alpha_1(u)$ 和 $\alpha_2(u)$ 的估计值 ($\sigma^2 = 1.0$)

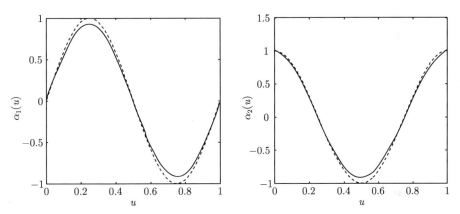

图 3.7 Rook 矩阵下 M3.6 的变系数函数 $\alpha_1(u)$ 和 $\alpha_2(u)$ 的估计值 ($\sigma^2 = 0.25$)

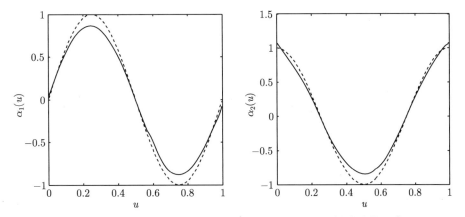

图 3.8 Rook 矩阵下 M3.6 的变系数函数 $\alpha_1(u)$ 和 $\alpha_2(u)$ 的估计值 ($\sigma^2 = 1.0$)

3. 空间滞后相关性大小对参数估计的影响

为衡量不同的空间相关性大小对参数估计效果产生的影响，表 3.10 给出了当空间权重矩阵为 Rook 矩阵，方差 $\sigma^2 = 1$ 时，模型参数部分在不同空间相关性大小以及不同样本容量下的估计结果。可以看到，空间相关性大小对系数 ρ 的标准差影响显著，空间相关性较强时的标准差要明显低于相关性较弱时的标准差，这表明面对空间相关性强弱的变化，空间滞后相关系数的估计并非十分稳健；不过，参数部分 β_1 和 β_2 的估计效果对空间相关性的变化并不敏感，估计结果体现了较强的稳健性。

表 3.10　空间滞后相关性大小对参数估计的影响

n	系数 ρ	M3.5				M3.6			
		ρ	β_1	β_2	σ^2	ρ	β_1	β_2	σ^2
100	0.3	0.298 (0.051) [0.047]	1.004 (0.158) [0.153]	1.496 (0.168) [0.154]	0.847 (0.145) [0.120]	0.293 (0.070) [0.062]	1.000 (0.165) [0.153]	1.503 (0.168) [0.152]	0.850 (0.130) [0.121]
	0.9	0.897 (0.017) [0.016]	1.005 (0.181) [0.154]	1.503 (0.173) [0.155]	0.851 (0.141) [0.122]	0.898 (0.023) [0.020]	1.009 (0.165) [0.153]	1.530 (0.168) [0.153]	0.845 (0.137) [0.122]
144	0.3	0.296 (0.042) [0.040]	0.991 (0.135) [0.128]	1.492 (0.144) [0.128]	0.891 (0.128) [0.105]	0.299 (0.058) [0.052]	0.993 (0.139) [0.127]	1.503 (0.136) [0.129]	0.892 (0.120) [0.105]
	0.9	0.898 (0.014) [0.013]	0.993 (0.146) [0.128]	1.510 (0.135) [0.128]	0.889 (0.119) [0.106]	0.898 (0.018) [0.017]	0.994 (0.134) [0.128]	1.494 (0.132) [0.128]	0.893 (0.119) [0.107]
225	0.3	0.299 (0.035) [0.032]	1.000 (0.111) [0.102]	1.499 (0.106) [0.102]	0.920 (0.092) [0.087]	0.301 (0.042) [0.042]	1.004 (0.111) [0.102]	1.498 (0.109) [0102]	0.926 (0.095) [0.088]
	0.9	0.899 (0.011) [0.011]	1.003 (0.102) [0.102]	1.503 (0.108) [0.103]	0.924 (0.0.092) [0.088]	0.851 (0.036) [0.035]	1.002 (0.107) [0.107]	1.510 (0.104) [0.107]	1.235 (0.181) [0.123]

注：圆括号中的数值代表估计系数的样本标准差，方括号中的数值代表由渐近分布得到的估计系数的标准差。

3.3.5　回归模型的比较分析

为了进一步比较本章提出的半参数变系数空间滞后回归模型与普通半参数变系数回归模型、全局空间滞后回归模型之间估计效果的差异性，考虑以下数据生成过程：

模型 M3.7：$Y = \rho WY + \alpha_1^{\mathrm{T}}(U)z_1 + \alpha_2^{\mathrm{T}}(U)z_2 + \beta_1 x_1 + \beta_2 x_2 + \varepsilon$，其中 $\rho = 0.5$，$\beta_1 = 1.0$，$\beta_2 = 1.5$，$\alpha_1(U) = 2.0$，$\alpha_2(U) = 2.5$；

模型 M3.8：$Y = \rho WY + \alpha_1^{\mathrm{T}}(U)z_1 + \alpha_2^{\mathrm{T}}(U)z_2 + \beta_1 x_1 + \beta_2 x_2 + \varepsilon$，其中 $\rho = 0.5$，$\beta_1 = 1.0$，$\beta_2 = 1.5$，$\alpha_1(U) = \sin(2\pi U)$，$\alpha_2(U) = 3.5[\exp(-(4U-1)^2 + \exp(-(4U-3)^2)] - 1.5$；

这里，具体做出如下设定：

(1) (U, x_1, x_2, z_1, z_2) 为协变量，其中 U 为一维随机变量，产生于均匀分布 $U(0,1)$，协变量 (x_1, x_2, z_1, z_2) 产生于均值为 0、方差为 1 的多元正态分布，并且四个随机变量之间的相关系数都为 2/3，随机误差项服从正态分布 $N(0, \sigma^2)$；

(2) 设定空间相关性结构为 Rook 空间权重矩阵，方差 $\sigma^2 = 1$，分别取样本数 $n = 100$，$n = 144$，$n = 225$ 和 $n = 400$。

表 3.11 和表 3.12 分别列出了在不同的数据生成过程下 (模型 M3.7 和模型 M3.8)，半参数变系数空间滞后回归模型、半参数变系数回归模型以及全局空间滞后回归模型参数部分 β 的估计效果。其中 Bias 表示偏差 (参数部分估计值减去真值) 的样本均值，SD 表示偏差的样本标准差，Median 表示偏差的样本中位数，MAD 由估计量绝对偏差的中位数除以常量 0.6745 得到 (Fan et al.，2007)。

表 3.11　数据生成过程为 M3.7 时，不同模型下参数部分 β 的估计效果

n	估计方法	β_1				β_2			
		SD	Bias	MAD	Median	SD	Bias	MAD	Median
100	SV_SL	163.5	−1.579	166.1	4.883	174.1	3.895	178.0	1.621
	SV	392.7	97.49	405.1	76.27	391.4	115.6	383.0	111.4
	SL	153.0	3.311	163.9	−0.313	166.8	2.796	159.0	6.082
144	SV_SL	130.4	−9.415	135.3	−8.130	129.3	5.497	138.5	1.215
	SV	306.5	79.85	320.6	70.52	299.8	136.0	320.6	126.6
	SL	124.1	−6.262	128.6	0.224	126.2	3.168	134.3	−0.885
225	SV_SL	100.6	−0.895	91.01	−0.928	108.3	1.794	105.3	3.291
	SV	227.5	84.55	234.7	79.41	248.0	141.0	291.5	140.8
	SL	98.88	−0.286	91.82	−3.763	106.6	1.209	104.4	0.534
400	SV_SL	77.78	0.808	75.77	−4.115	76.63	−0.760	73.03	−4.728
	SV	180.9	73.82	183.2	59.87	174.5	108.4	217.3	114.0
	SL	76.71	0.490	77.66	−5.930	75.77	−0.328	72.75	−3.334

注：SV_SL 表示半参数变系数空间滞后回归模型，SV 表示半参数变系数回归模型，SL 表示全局空间滞后回归模型，并且表中数值为原始结果扩大 1000 倍，下表同。

表 3.12　数据生成过程为 M3.8 时, 不同模型下参数部分 β 的估计效果

n	估计方法	β_1				β_2			
		SD	$Bias$	MAD	$Median$	SD	$Bias$	MAD	$Median$
100	SV_SL	170.2	−3.405	181.1	−2.972	172.0	−2.085	163.2	−9.340
	SV	259.5	68.93	274.2	78.85	277.9	143.8	323.7	143.9
	SL	215.0	−14.55	214.7	−28.23	214.7	1.599	216.4	12.54
144	SV_SL	131.5	−8.486	135.3	−4.782	137.6	−5.297	132.2	−7.992
	SV	224.4	71.90	249.0	74.32	223.8	118.6	248.7	103.5
	SL	179.0	−7.673	163.9	−2.012	176.3	−8.708	167.5	−6.371
225	SV_SL	104.6	6.313	97.29	10.81	103.4	5.823	110.3	9.735
	SV	181.8	86.83	206.1	85.71	178.4	122.5	242.8	123.4
	SL	133.8	−7.439	131.7	−11.81	145.9	3.022	145.3	9.042
400	SV_SL	78.83	1.466	77.61	−2.553	77.05	−1.474	73.65	−2.283
	SV	131.6	74.61	143.4	66.55	126.2	110.4	177.2	109.1
	SL	105.7	5.150	108.6	2.634	102.4	2.920	103.9	5.635

　　根据模拟结果, 对比发现:

　　(1) 当数据生成过程为模型 M3.7 时, 可知模型中的系数全部为常值系数, 通常最合适的回归模型应为全局空间滞后回归模型。显然, 从表中的模拟结果也可看出这点, 总体上基于全局空间滞后回归模型得到的参数 β_1 和 β_2 偏差部分的样本标准差和 MAD 取值要小于其他两种模型。例如, 当样本容量为 400 时, 对于参数 β_1 部分, 全局空间滞后回归模型得到的样本标准差和 MAD 取值分别为 76.61 和 77.66, 半参数变系数空间滞后回归模型的样本标准差和 MAD 值分别为 77.78 和 75.77, 二者差别不大, 但全局空间滞后模型要远小于半参数变系数回归模型。当然, 从表中可以看出, 相比全局空间滞后回归模型, 半参数变系数空间滞后回归模型对参数部分的估计确实也取得了较好的效果, 偏差的样本标准差和 MAD 值与全局空间滞后回归模型并没有产生太大差异, 这表明当变量之间存在线性关系时, 半参数变系数空间滞后回归模型在估计上同样具有较高的准确性。

　　(2) 当数据生成过程为模型 M3.8 时, 清晰可见, 半参数变系数空间滞后回归模型要明显优于半参数变系数回归模型和全局空间滞后回归模型。例如, 当样本容量为 400 时, 对于参数 β_1 部分, 全局空间滞后回归模型得到的样本标准差和 MAD 取值分别为 105.7 和 108.6, 半参数变系数回归模型得到的样本标准差和 MAD 值分别为 131.6 和 143.4, 而半参数变系数空间滞后回归模型的样本标准差和 MAD 值分别为 78.83 和 77.61。显然, 基于半参数变系数空间滞后回归模型得到的参数 β_1 和 β_2 偏差部分的样本标准差和 MAD 取值均小于其他两种模型, 这表明考虑到因变量滞后项之间存在的空间相关性结构时, 本节提出的估计方法对参数部分的估计更为有效。

3.4 一类半参数空间滞后回归模型的估计

3.4.1 模型设定

在 3.3 节中，我们讨论了半参数变系数空间滞后回归模型的估计方法，进一步，将此模型作出适当调整，可以得到一种很有意义的模型，即一类特别的半参数空间滞后回归模型。具体调整如下所述。

对于半参数变系数空间滞后回归模型：

$$y_i = \rho \left(\sum_{j=1}^{n} w_{ij} y_j \right) + \sum_{j=1}^{p} \alpha_j(u_i) z_{ij} + \sum_{j=1}^{q} \beta_j x_{ij} + \varepsilon_i, \quad i = 1, 2, \cdots, n$$

如果令 $p = 1$，那么变系数部分的解释变量 Z 简化为 n 维列向量，若令 Z 的元素全部为 1，可知模型变为

$$y_i = \rho \left(\sum_{j=1}^{n} w_{ij} y_j \right) + \alpha(u_i) + \sum_{j=1}^{q} \beta_j x_{ij} + \varepsilon_i, \quad i = 1, 2, \cdots, n$$

重新记 $\alpha(u_i) = g(u_i)$，则有如下回归模型：

$$y_i = \rho \left(\sum_{j=1}^{n} w_{ij} y_j \right) + \sum_{j=1}^{q} \beta_j x_{ij} + g(u_i) + \varepsilon_i, \quad i = 1, 2, \cdots, n$$

写成矩阵形式：

$$Y = \rho W Y + X\beta + g(U) + \varepsilon \tag{3.24}$$

其中，$Y = (y_1, y_2, \cdots, y_n)^{\mathrm{T}}$ 为被解释变量；ρ 为待估空间滞后相关系数；W 为给定的空间权重矩阵；$X = (x_1, x_2, \cdots, x_n)^{\mathrm{T}}$，$x_i = (x_{i1}, x_{i2}, \cdots, x_{iq})^{\mathrm{T}}$，$\beta = (\beta_1, \beta_2, \cdots, \beta_q)^{\mathrm{T}}$ 为待估参数向量；$g(U)$ 为未知的非参数部分，也是模型 "特殊" 的部分，并有 $U = (u_1, u_2, \cdots, u_n)^{\mathrm{T}}$；$\varepsilon = (\varepsilon_1, \varepsilon_2, \cdots, \varepsilon_n)^{\mathrm{T}}$ 为随机误差向量，且 $\varepsilon \sim N(0, \sigma^2 I)$，$I$ 为单位阵，$i = 1, 2, \cdots, n$。此时模型 (3.24) 即为半参数空间滞后回归模型。事实上，当不涉及被解释变量的空间滞后项时，部分线性模型在 1986 年最早由 Engle 等提出，迄今，该模型从拟合方法到统计推断都得到了广泛的研究并应用于许多实际数据的分析中。而涉及空间滞后项时，Su 和 Jin (2010) 首次提出了半参数空间滞后回归模型的设定形式及估计方法，在他们的文章中，非参数部分 U 为多维变量，显然，本章提出的模型 (3.24) 为 Su 和 Jin (2010) 所提出模型的特殊形式，其中的 U 设定为一维变量，当然，当 U 为多维变量时，同样可得到相应扩展。下面的分析中，我们将给出在半参数变系数空间滞后回归模型的估计框架下，这类特殊的半参数空间滞后回归模型的小样本表现。

3.4.2　蒙特卡罗模拟结果

这里主要给出当空间权重矩阵为 Rook 矩阵时的蒙特卡罗模拟结果。主要的数据生成过程为：

模型 M3.9：$Y = \rho WY + \beta_1 x_1 + \beta_2 x_2 + g(U) + \varepsilon$，其中 $\rho = 0.5$，$\beta_1 = 1.0$，$\beta_2 = 1.5$，$g(U) = \sin(2\pi U)$；

模型 M3.10：$Y = \rho WY + \beta_1 x_1 + \beta_2 x_2 + g(U) + \varepsilon$，其中 $\rho = 0.5$，$\beta_1 = 1.0$，$\beta_2 = 1.5$，$g(U) = 3.5[\exp(-(4U - 1)^2) + \exp(-(4U - 3)^2)] - 1.5$。

具体做出如下设定：

(1) (U, x_1, x_2) 为协变量，其中 U 为一维随机变量，产生于均匀分布 $U(0, 1)$，协变量 (x_1, x_2) 产生于均值为 0、方差为 1 的多元正态分布，并且随机变量之间的相关系数为 2/3，随机误差项服从正态分布 $N(0, \sigma^2)$；

(2) 设定空间权重矩阵为 Rook 空间权重矩阵，分别取样本数 $n = 100, n = 144$ 和 $n = 225$；

(3) 为了比较不同的方差设定对估计效果的影响，分别考虑 $\sigma^2 = 0.25$ 和 $\sigma^2 = 1$ 两种情况；

(4) 为了考察非参数部分的估计效果，在 U 的取值范围 $(0, 1)$ 内等距选取了 100 个固定点，以 $n_0 = 100$ 个格点的估计作为模型估计效果的评估依据。

表 3.13 给出了当空间权重矩阵为 Rook 矩阵时，不同样本容量下模型参数部分的蒙特卡罗模拟结果，相应地，表 3.14 给出了非参数部分 $g(u)$ 在 100 个固定格点处的估计值的 1000 个 $RASE$ 值的中位数和标准差。整体来看，不论模型 M3.9 还

表 3.13　权重矩阵为 Rook 矩阵的参数估计结果

n	方差 σ^2	M3.9				M3.10			
		ρ	β_1	β_2	σ^2	ρ	β_1	β_2	σ^2
100	0.25	0.496	1.003	1.501	0.222	0.496	1.003	1.498	0.220
		(0.035)	(0.076)	(0.074)	(0.037)	(0.033)	(0.075)	(0.073)	(0.037)
		[0.032]	[0.067]	[0.067]	[0.031]	[0.032]	[0.068]	[0.068]	[0.031]
	1	0.489	0.999	1.501	0.901	0.492	1.005	1.494	0.881
		(0.062)	(0.139)	(0.143)	(0.149)	(0.062)	(0.148)	(0.156)	(0.145)
		[0.057]	[0.135]	[0.135]	[0.128]	[0.057]	[0.133]	[0.135]	[0.126]
144	0.25	0.495	1.001	1.504	0.228	0.499	0.998	1.499	0.226
		(0.027)	(0.058)	(0.059)	(0.031)	(0.029)	(0.057)	(0.059)	(0.029)
		[0.026]	[0.056]	[0.056]	[0.027]	[0.027]	[0.056]	[0.056]	[0.027]
	1	0.491	0.997	1.502	0.930	0.490	1.004	1.501	0.912
		(0.052)	(0.120)	(0.124)	(0.123)	(0.049)	(0.116)	(0.121)	(0.121)
		[0.048]	[0.112]	[0.113]	[0.111]	[0.048]	[0.111]	[0.112]	[0.108]

续表

n	方差 σ^2	M3.9				M3.10			
		ρ	β_1	β_2	σ^2	ρ	β_1	β_2	σ^2
225	0.25	0.499 (0.021) [0.021]	1.004 (0.047) [0.045]	1.498 (0.045) [0.045]	0.230 (0.025) [0.022]	0.499 (0.022) [0.021]	1.002 (0.047) [0.045]	1.496 (0.049) [0.045]	0.233 (0.025) [0.022]
	1	0.494 (0.041) [0.038]	1.004 (0.089) [0.089]	1.488 (0.092) [0.089]	0.945 (0.096) [0.090]	0.495 (0.039) [0.038]	1.002 (0.088) [0.089]	1.490 (0.095) [0.090]	0.938 (0.096) [0.089]

注：圆括号中的数值代表估计系数的样本标准差，方括号中的数值代表由渐近分布得到的估计系数的标准差。

表 3.14 权重矩阵为 Rook 矩阵时 1000 个 $RASE$ 值的中位数和标准差

n	方差 σ^2	M3.9 $g(u)$	M3.10 $g(u)$
100	0.25	0.138 (0.040)	0.174 (0.049)
	1	0.256 (0.076)	0.300 (0.101)
144	0.25	0.118 (0.032)	0.147 (0.041)
	1	0.210 (0.068)	0.256 (0.084)
225	0.25	0.097 (0.027)	0.120 (0.035)
	1	0.175 (0.054)	0.210 (0.063)

注：圆括号中的数值代表 1000 个 $RASE$ 值的标准差。

是 M3.10，随着样本容量的增加，参数部分和非参数部分的估计值均表现出向真实值收敛的趋势，并逐步趋于稳定，这与上文模型估计的大样本性质相一致。

图 3.9 和图 3.10 分别给出了当空间权重矩阵为 Rook 矩阵时，模型 M3.9 和 M3.10 非参数部分 $g(u)$ 的估计曲线。将两个模型的估计曲线与真实曲线进行比较，可以看到，在相同样本容量下，误差项方差的增大能够扩大函数曲线的偏误程度，较明显的地方体现在曲线的"峰"处被"低估"或者"谷"处被"高估"，不过，随着样本的不断增加，"波峰"与"波谷"处与真实曲线的缺口将被逐步"熨平"。

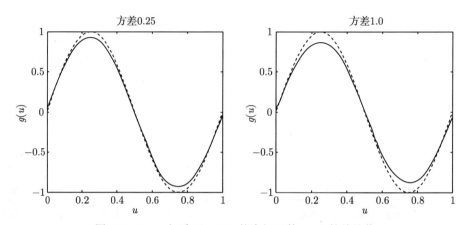

图 3.9　Rook 矩阵下 M3.9 的未知函数 $g(u)$ 的估计值

这里选取的是样本容量为 225 的情况, 图中虚线为真实的系数函数曲线, 实线为拟合的系数函数曲线, 下同。

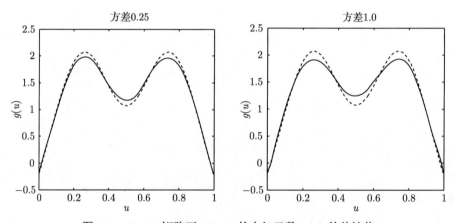

图 3.10　Rook 矩阵下 M3.10 的未知函数 $g(u)$ 的估计值

3.5　变系数函数的稳定性检验

3.5.1　广义似然比统计量

对于半参数变系数空间滞后回归模型的变系数部分, 人们感兴趣的通常是其中某些系数是否可视为常数, 为便于描述, 我们不妨假设前 $l\,(l \leqslant p)$ 个系数函数为常数, 从而有如下假设:

$H_0 : \alpha_j(u) = \alpha_j, 1 \leqslant j \leqslant l$;

$H_1 : \alpha_j(u) \neq \alpha_j$, 至少存在一个 $j, 1 \leqslant j \leqslant l$,

其中，$\alpha_1, \alpha_2, \cdots, \alpha_l$ 为未知常数。特别当 $l = p$ 时，即检验通常的线性空间滞后回归模型是否适合所分析的数据。在此，我们将提出关于该假设的广义似然比 (Generalized Likelihood Ratio, GLR) 检验。

首先，在 H_1 下，采用前面部分的截面似然估计法拟合半参数变系数空间滞后回归模型：

$$y_i = \rho \left(\sum_{j=1}^{n} w_{ij} y_j \right) + \sum_{j=1}^{p} \alpha_j(u_i) z_{ij} + \sum_{j=1}^{q} \beta_j x_{ij} + \varepsilon_i, \quad i = 1, 2, \cdots, n \tag{3.25}$$

得到集中的截面对数似然函数为

$$l(H_1) = -\frac{n}{2}[\ln(2\pi) + 1] - \frac{n}{2}\ln(\hat{\sigma}^2(\hat{\rho})) + \ln(|A(\hat{\rho})|)$$

其中，

$$\hat{\sigma}^2(\hat{\rho}) = \frac{1}{n}(A(\hat{\rho})Y)^{\mathrm{T}}(I - S)^{\mathrm{T}}H(I - S)(A(\hat{\rho})Y)$$

其次，在 H_0 下，相应的模型变为

$$y_i = \rho \left(\sum_{j=1}^{n} w_{ij} y_j \right) + \sum_{j=1}^{l} \alpha_j z_{ij} + \sum_{j=l+1}^{p} \alpha_j(u_i) z_{ij}$$
$$+ \sum_{j=1}^{q} \beta_j x_{ij} + \varepsilon_i, \quad i = 1, 2, \cdots, n \tag{3.26}$$

当 $l < p$ 时，该模型仍是半参数变系数空间滞后回归模型；当 $l = p$ 时，相应的零假设模型为

$$y_i = \rho \left(\sum_{j=1}^{n} w_{ij} y_j \right) + \sum_{j=1}^{p} \alpha_j z_{ij} + \sum_{j=1}^{q} \beta_j x_{ij} + \varepsilon_i, \quad i = 1, 2, \cdots, n \tag{3.27}$$

此时为通常的空间滞后回归模型，这里就此情况展开讨论。模型 (3.27) 转化为矩阵形式为

$$Y = \rho WY + Z\alpha + X\beta + \varepsilon \tag{3.28}$$

其中，$Z = (z_1, z_2, \cdots, z_n)^{\mathrm{T}}$，$\alpha = (\alpha_1, \alpha_2, \cdots, \alpha_p)^{\mathrm{T}}$。

不妨令 $\bar{X} = (Z, X)$，$\bar{\beta} = (\alpha^{\mathrm{T}}, \beta^{\mathrm{T}})^{\mathrm{T}}$，$\bar{\theta} = (\bar{\beta}^{\mathrm{T}}, \rho, \sigma^2)^{\mathrm{T}}$，模型 (3.28) 可重新写成如下形式：

$$Y = \rho WY + \bar{X}\bar{\beta} + \varepsilon \tag{3.29}$$

模型 (3.29) 的集中对数似然函数为

$$l(\bar{\theta}) = -\frac{n}{2}\ln(2\pi) - \frac{n}{2}\ln(\sigma^2) + \ln(|A(\rho)|)$$

$$-\frac{1}{2\sigma^2}[A(\rho)Y - \bar{X}\bar{\beta}]^{\mathrm{T}}[A(\rho)Y - \bar{X}\bar{\beta}] \qquad (3.30)$$

给定 ρ，两边分别对 $\bar{\beta}$ 和 σ^2 求偏导，简单计算可得

$$\begin{cases} \tilde{\bar{\beta}}(\rho) = (\bar{X}^{\mathrm{T}}P\bar{X})^{-1}\bar{X}^{\mathrm{T}}A(\rho)Y \\ \tilde{\sigma}^2(\rho) = \dfrac{1}{n}(A(\rho)Y)^{\mathrm{T}}[I - \bar{X}(\bar{X}^{\mathrm{T}}\bar{X})^{-1}\bar{X}^{\mathrm{T}}](A(\rho)Y) \end{cases}$$

将 $\tilde{\bar{\beta}}(\rho)$ 和 $\tilde{\sigma}^2(\rho)$ 代入式 (3.30) 得到集中对数似然函数：

$$\tilde{l}(\rho) = -\frac{n}{2}[\ln(2\pi) + 1] - \frac{n}{2}\ln(\tilde{\sigma}^2(\rho)) + \ln(|A(\rho)|)$$

上式为参数 ρ 的非线性函数，运用优化算法将其极大化可得 ρ 的估计 $\tilde{\rho}$。于是得到

$$\begin{cases} \tilde{\bar{\beta}}(\tilde{\rho}) = (\bar{X}^{\mathrm{T}}\bar{X})^{-1}\bar{X}^{\mathrm{T}}A(\tilde{\rho})Y \\ \tilde{\sigma}^2(\tilde{\rho}) = \dfrac{1}{n}(A(\tilde{\rho})Y)^{\mathrm{T}}[I - \bar{X}(\bar{X}^{\mathrm{T}}\bar{X})^{-1}\bar{X}^{\mathrm{T}}](A(\tilde{\rho})Y) \end{cases}$$

进而，在零假设下的集中对数似然函数表示为

$$l(H_0) = -\frac{n}{2}[\ln(2\pi) + 1] - \frac{n}{2}\ln(\tilde{\sigma}^2(\tilde{\rho})) + \ln(|A(\tilde{\rho})|)$$

根据上述推导得到的 $l(H_1)$ 和 $l(H_0)$，我们构造的广义似然比统计量为

$$T = l(H_1) - l(H_0) = \frac{n}{2}\ln\left(\frac{\tilde{\sigma}^2(\tilde{\rho})}{\hat{\sigma}^2(\hat{\rho})}\right) + \ln\left(\frac{|A(\hat{\rho})|}{|A(\tilde{\rho})|}\right) \qquad (3.31)$$

显然，当 H_0 不为真时，T 有偏大的趋势，因而检验的 p-值为

$$p = P_{H_0}(T \geqslant t)$$

其中，t 为式 (3.31) 计算的 T 的观测值。给定显著性水平 α，如果 $p < \alpha$，则拒绝原假设 H_0；反之，不拒绝原假设 H_0。需要指出的是，这里采用的广义似然比统计量并不同于 Fan 等 (2001) 提出的统计量，主要区别在于第二项 $\ln\left(\dfrac{|A(\hat{\rho})|}{|A(\tilde{\rho})|}\right)$。

为了计算统计量 T 的 p-值，通常采用的方法是推导出零假设情况下 T 的渐近分布，然而，空间滞后项的存在使得寻求统计量渐近分布的过程变得较为复杂，正如许多学者所指出，统计量的渐近分布在有限样本下可能存在较大扭曲 (Hall, Hart, 1990；Anselin, Kelejian, 1997；Fan, Zhang, 2008)，因此，在实际应用中，我们采用 Bootstrap 方法逼近统计量 T 的检验 p-值 (Stute et al., 1998；Cai et al., 2000；Cai, 2007)。通常情况下，标准 Bootstrap 方法是常用的方法，而为了取得较理想的小样本表现并且允许模型可能存在异方差情况，非对称 Wild Bootstrap

方法则较为适用。因此，本节将根据不同的情况来估计统计量 T 的样本分布。具体步骤如下：

(1) 基于观测数据 $(y_i; z_{i1}, \cdots, z_{ip}, x_{i1}, \cdots, x_{iq}, u_i)$, $i = 1, 2, \cdots, n$, 拟合备择假设 H_1 下的模型 (3.25), 求得残差向量 $\hat{\varepsilon}_1 = (\hat{\varepsilon}_{11}, \hat{\varepsilon}_{21}, \cdots, \hat{\varepsilon}_{n1})^{\mathrm{T}}$, 将残差向量中心化后表示为 $\hat{\varepsilon} = (\hat{\varepsilon}_{11} - \bar{\hat{\varepsilon}}_1, \hat{\varepsilon}_{21} - \bar{\hat{\varepsilon}}_1, \cdots, \hat{\varepsilon}_{n1} - \bar{\hat{\varepsilon}}_1)^{\mathrm{T}}$, 其中 $\bar{\hat{\varepsilon}}_1 = \dfrac{1}{n}\sum\limits_{i=1}^{n} \hat{\varepsilon}_{i1}$。同样, 估计零假设 H_0 下的模型 (3.26), 得到 $\bar{\beta}$ 的估计值 $\tilde{\beta}$。根据原假设和备择假设下的估计结果, 计算统计量 T 的观测值 t。

(2) 对中心化的残差向量 $\hat{\varepsilon}$ 进行 Bootstrap 抽样, 采用的是标准 Bootstrap 和非对称 Wild Bootstrap 方法。其中构造 Wild Bootstrap 残差 $\{\hat{\varepsilon}_i^*\}_{i=1}^{n}$ 时, $\hat{\varepsilon}_i^* = \hat{\varepsilon}_i \eta_i$, 并且随机变量 η_i 的主要分布形式如下：

$$\eta_i = \begin{cases} -(\sqrt{5} - 1)/2, & p = (\sqrt{5} + 1)/2\sqrt{5} \\ (\sqrt{5} + 1)/2, & p = (\sqrt{5} - 1)/2\sqrt{5} \end{cases}$$

(3) 根据新生成的残差向量, 计算 $Y^* = (I - \tilde{\rho}W)^{-1}(\bar{X}\hat{\tilde{\beta}} + \hat{\varepsilon}^*)$, 可以得到相应的 Bootstrap 样本 $(y_i^*; z_{i1}, \cdots, z_{ip}, x_{i1}, \cdots, x_{iq}, u_i)$。

(4) 基于步骤 (3) 得到的 Bootstrap 样本, 分别拟合零假设模型和备择假设模型, 计算得到新的统计量值 T^* 如下：

$$T^* = \frac{n}{2} \ln\left(\frac{\tilde{\sigma}_*^2(\tilde{\rho}^*)}{\hat{\sigma}_*^2(\hat{\rho}^*)}\right) + \ln\left(\frac{|A(\hat{\rho}^*)|}{|A(\tilde{\rho}^*)|}\right)$$

其中, $\tilde{\rho}^*$ 和 $\hat{\rho}^*$ 分别是零假设和备择假设情况下 ρ 的估计值。

(5) 重复步骤 (2)—(4) 共 m 次, 得到检验统计量 T 的 m 个 Bootstrap 观测值 $T_1^*, T_2^*, \cdots, T_m^*$, 那么, 检验 p-值的 Bootstrap 逼近为

$$\hat{p} \approx \frac{1}{m}\sum_{i=1}^{m} I(T_i^* > t)$$

其中, $I(\cdot)$ 为指示函数。

进一步, 上述检验方法也适合于备择假设为变系数空间滞后回归模型的情况, 变系数空间滞后回归模型定义如下：

$$y_i = \rho\left(\sum_{j=1}^{n} w_{ij} y_j\right) + \sum_{j=1}^{p} \alpha_j(u_i) z_{ij} + \varepsilon_i, \quad i = 1, 2, \cdots, n$$

此时变系数空间滞后回归模型的估计同样可采用截面似然估计 (李坤明, 陈建宝, 2013), 而零假设模型为半参数变系数空间滞后回归模型或通常的线性空间滞后回归模型 (即检验变系数空间滞后回归模型中的所有系数均为常值)。在实际应

用中, 如果事先并不能判断哪些系数为常值, 哪些系数随 U 而变化, 这时, 可以先拟合变系数空间滞后回归模型, 进而检验可认为常值的系数, 从而建立相应的半参数变系数空间滞后回归模型; 如果仅对一部分系数为常值有所判断, 那么此时的初步模型为半参数变系数空间滞后模型, 利用上述方法可对半参数变系数空间滞后回归模型进行有效辨识。

3.5.2　蒙特卡罗模拟结果

本节通过设计一系列蒙特卡罗模拟来检验所提出广义似然比统计量的有限样本表现, 包括采用 Bootstrap 方法对统计量的水平检验和功效检验, 同时考虑了不同误差项分布对统计量性质的影响。构造的数据生成过程如下:

M3.11: $Y = \rho W Y + \alpha_1^{\mathrm{T}}(U) z_1 + \alpha_2^{\mathrm{T}}(U) z_2 + \beta_1 x_1 + \beta_2 x_2 + \varepsilon$, 其中, $\rho = 0.5$, $\beta_1 = 1.0$, $\beta_2 = 1.5$, $\alpha_1(U) = 0.5 + c\sin(2\pi U)$, $\alpha_2(U) = 1.0 + c\{3.5[\exp(-(4U-1)^2) + \exp(-(4U-3)^2)] - 1.5\}$。

这里, 通过 c 取不同的数值来决定模型的表现形式。显然, 当 $c = 0$ 时, 模型为普通的空间滞后回归模型, 对应系数稳定性检验的原假设 H_0 部分, 而当 $c \neq 0$ 时, 模型转化为半参数变系数空间滞后回归模型, 对应备择假设 H_1 部分。模拟过程中, 我们初步设定 c 的取值分别为 $0, 0.5$ 和 1, 进而对统计量进行水平检验和功效检验。其余部分的设定如下:

(1) (U, x_1, x_2, z_1, z_2) 为协变量, 其中 U 为一维随机变量, 产生于均匀分布 $U(0,1)$, 协变量 (x_1, x_2, z_1, z_2) 产生于均值为 0、方差为 1 的多元正态分布, 并且四个随机变量之间的相关系数都为 $2/3$, 随机误差项服从正态分布 $N(0,1)$。

(2) 空间权重矩阵 W 设定为 Rook 空间权重矩阵, 分别取样本数 $n = 100$ 和 $n = 225$。

(3) 为了考察误差项 ε 的分布可能对检验统计量 I_0 产生的影响, 我们同时给出了以下几种误差分布情况下的蒙特卡罗模拟结果。误差项 ε 的主要分布类型包括: ① $\varepsilon \sim U(-\sqrt{3}, \sqrt{3})$; ② $\varepsilon \sim \frac{1}{\sqrt{2}} t(4)$; ③ $\varepsilon \sim \frac{1}{2}\chi^2(2) - 1$, 其中各分布满足均值为 0, 方差为 1, 这样可使得模拟结果具有一定的可比性。

针对上述设定的每一种模拟情况, 重复试验各 1000 次, 在给定显著性水平 $\alpha(0.01, 0.05$ 和 $0.10)$ 下, 分别记录 $c = 0$ 和 $c \neq 0$ 时拒绝原假设的频率, 用来反映广义似然比统计量的水平检验, 以及功效检验情况。其中对每一次模拟, 统计量 p-值都是基于 500 次 Bootstrap 模拟计算得到, 具体结果如表 3.15 所示。

从表 3.15 的模拟结果可以看出, 采用 Bootstrap 方法得到的检验统计量的检验水平与名义显著性水平相差不大, 虽然存在轻微的过度拒绝现象, 但这有可能是窗宽选择使检验精确性有所降低造成的; 从检验功效来看, 当数据生成过程存在非线性影响时，统计量的检验功效随着影响程度的增加迅速向 1 靠拢，并且样本量的增加也会明显提高检验功效。整体来看，模拟结果说明我们的系数稳定性检验无论在原假设还是备择假设下，都具有较好的模拟结果，这些现象综合反映了本章提出的统计量具有合理的检验水平和优秀的检验功效性质。

表 3.15 不同误差项分布下广义似然比统计量的检验水平和检验功效

误差项分布	样本容量	显著性水平 α	c			
			0	0.2	0.5	1.0
$N(0,1)$	100	0.01	0.014	0.036	0.570	0.998
		0.05	0.074	0.182	0.792	1.000
		0.10	0.136	0.292	0.852	1.000
	255	0.01	0.010	0.154	0.950	1.000
		0.05	0.062	0.372	0.994	1.000
		0.10	0.110	0.506	0.998	1.000
$U(-\sqrt{3},\sqrt{3})$	100	0.01	0.010	0.066	0.588	0.996
		0.05	0.068	0.190	0.800	0.998
		0.10	0.140	0.276	0.862	0.998
	255	0.01	0.016	0.150	0.972	1.000
		0.05	0.072	0.386	0.988	1.000
		0.10	0.122	0.516	0.996	1.000
$\frac{1}{\sqrt{2}}t(4)$	100	0.01	0.024	0.054	0.544	0.972
		0.05	0.078	0.162	0.740	0.994
		0.10	0.132	0.274	0.838	0.998
	255	0.01	0.018	0.156	0.948	1.000
		0.05	0.072	0.352	0.990	1.000
		0.10	0.128	0.512	0.998	1.000
$\frac{1}{2}\chi^2(2)-1$	100	0.01	0.024	0.058	0.524	0.988
		0.05	0.082	0.170	0.766	0.998
		0.10	0.150	0.262	0.838	1.000
	255	0.01	0.020	0.146	0.960	1.000
		0.05	0.072	0.344	0.996	1.000
		0.10	0.138	0.486	0.998	1.000

3.6 引理和定理证明

引理 3.1 $(X_1,Y_1),\cdots,(X_n,Y_n)$ 为独立同分布的随机变量，并且满足 $E|y|^s < +\infty$，$\sup\limits_x \int |y|^s f(x,y)\mathrm{d}y < +\infty$，其中 $f(\cdot)$ 为 (X,Y) 的联合密度函数，K 为连续非负有界密度函数，符合 Lipschitz 连续条件，那么，对于 $n^{2\xi-1}h \to +\infty$，$\xi < 1-s^{-1}$，将有

$$\sup_x \left| \frac{1}{n} \sum_{i=1}^{n} [K_h(X_i - x)Y_i - E\{K_h(X_i - x)Y_i\}] \right| = O_p \left(\left\{ \frac{\ln(1/h)}{nh} \right\}^{1/2} \right)$$

证明　可参见 Mack 和 Silverman (1982) 的文献。

引理 3.2　在假设 3.1 和假设 3.3 满足的条件下，有 $\hat{\alpha}_\theta(u) \xrightarrow{P} \alpha_\theta(u)$。

证明　根据引理 3.1，可得

$$R(u) = nf(u) \begin{pmatrix} \Omega_{11}(u) & 0 \\ 0 & \mu_2 \Omega_{11}(u) \end{pmatrix} \{1 + O_p(c_n)\}$$

$$T(u) = nf(u) \begin{pmatrix} \Omega_{11}(u)\alpha_\theta(u) \\ 0 \end{pmatrix} \{1 + O_p(c_n)\}$$

其中，$c_n = \left\{ \frac{\ln(1/h)}{nh} \right\}^{1/2} + h^2$。于是有 $\hat{\alpha}_\theta(u) = e^{\mathrm{T}} R^{-1}(u)T(u) \xrightarrow{P} \alpha_\theta(u)$。

引理 3.3　在假设 3.1—假设 3.4 满足的条件下，对于给定的参数部分 β 和 ρ，可以得到

$$n^{-1}[\hat{L}(\beta^{\mathrm{T}}, \rho) - L(\beta^{\mathrm{T}}, \rho)] = o_p(1) \tag{3.32}$$

证明　在估计过程中，若事先给定参数 β 和 ρ，那么模型 (3.4) 的近似集中对数似然函数可表示为

$$\hat{L}(\beta^{\mathrm{T}}, \rho) = -\frac{n}{2} \ln(2\pi + 1) + \ln|A(\rho)| - \frac{n}{2} \ln(\hat{\sigma}_{IN}^2)$$

其中，

$$\hat{\sigma}_{IN}^2 = n^{-1} \sum_{i=1}^{n} [y_i^* - \hat{\alpha}_\theta^{\mathrm{T}}(u_i)z_i]^2, \quad y_i^* = y_i - \rho \left(\sum_{j=1}^{n} w_{ij} y_j \right) - \sum_{j=1}^{q} \beta_j x_{ij}$$

而模型真正的集中对数似然函数为

$$L(\beta^{\mathrm{T}}, \rho) = -\frac{n}{2} \ln(2\pi + 1) + \ln|A(\rho)| - \frac{n}{2} \ln(\hat{\sigma}_T^2) \tag{3.33}$$

其中，$\hat{\sigma}_T^2 = n^{-1} \sum_{i=1}^{n} [y_i^* - \alpha_\theta^{\mathrm{T}}(u_i)z_i]^2$。

参考 Lee (2004) 的文献中定理 1 的证明，这里只需再证：

$$n^{-1}[\hat{L}(\beta^{\mathrm{T}}, \rho) - L(\beta^{\mathrm{T}}, \rho)] = o_p(1)$$

由式 (3.32) 和式 (3.33) 可得

$$n^{-1}[\hat{L}(\beta^{\mathrm{T}}, \rho) - L(\beta^{\mathrm{T}}, \rho)] = \frac{1}{2} [\ln(\hat{\sigma}_T^2) - \ln(\hat{\sigma}_{IN}^2)]$$

又因

$$\hat{\sigma}_{IN}^2 = n^{-1} \sum_{i=1}^n [y_i^* - \hat{\alpha}_\theta^T(u_i)z_i]^2$$

$$= n^{-1} \sum_{i=1}^n [y_i^* - \alpha_\theta^T(u_i)z_i + (\alpha_\theta^T(u_i) - \hat{\alpha}_\theta^T(u_i))z_i]^2$$

$$= n^{-1} \sum_{i=1}^n [y_i^* - \alpha_\theta^T(u_i)z_i]^2 + 2n^{-1} \sum_{i=1}^n [y_i^* - \alpha_\theta^T(u_i)z_i][(\alpha_\theta^T(u_i) - \hat{\alpha}_\theta^T(u_i))z_i]$$

$$+ n^{-1} \sum_{i=1}^n [(\alpha_\theta^T(u_i) - \hat{\alpha}_\theta^T(u_i))z_i]^2$$

$$= \hat{\sigma}_T^2 + 2n^{-1} \sum_{i=1}^n \varepsilon_i[(\alpha_\theta^T(u_i) - \hat{\alpha}_\theta^T(u_i))z_i] + n^{-1} \sum_{i=1}^n [(\alpha_\theta^T(u_i) - \hat{\alpha}_\theta^T(u_i))z_i]^2$$

所以有

$$\hat{\sigma}_{IN}^2 - \hat{\sigma}_T^2 = 2n^{-1} \sum_{i=1}^n \varepsilon_i[(\alpha_\theta^T(u_i) - \hat{\alpha}_\theta^T(u_i))z_i] + n^{-1} \sum_{i=1}^n [(\alpha_\theta^T(u_i) - \hat{\alpha}_\theta^T(u_i))z_i]^2$$

结合引理 3.2, 可知 $\hat{\alpha}_\theta(u) - \alpha_\theta(u) = o_p(1)$。因而

$$\left\| n^{-1} \sum_{i=1}^n \varepsilon_i[(\alpha_\theta^T(u_i) - \hat{\alpha}_\theta^T(u_i))z_i] \right\| \leqslant o_p(1) \left\| n^{-1} \sum_{i=1}^n \varepsilon_i z_i \right\| \leqslant o_p(1) n^{-1} \sum_{i=1}^n \|\varepsilon_i z_i\|$$

由假设 3.1, 可得

$$2n^{-1} \sum_{i=1}^n \varepsilon_i[(\alpha_\theta^T(u_i) - \hat{\alpha}_\theta^T(u_i))z_i] = o_p(1)$$

同理有

$$n^{-1} \sum_{i=1}^n [(\alpha_\theta^T(u_i) - \hat{\alpha}_\theta^T(u_i))z_i]^2 = o_p(1)$$

易得 $\hat{\sigma}_{IN}^2 - \hat{\sigma}_T^2 = o_p(1)$。

从而由 $\ln(\cdot)$ 的连续性可知

$$n^{-1}[\hat{L}(\beta^T, \rho) - L(\beta^T, \rho)] = \frac{1}{2}[\ln(\hat{\sigma}_T^2) - \ln(\hat{\sigma}_{IN}^2)] = o_p(1) \tag{3.34}$$

引理得证。

引理 3.4 在假设 3.1 和假设 3.3 满足的条件下, 可以得到

$$\frac{1}{n}(X^T P X) \xrightarrow{P} \Omega_{22}(u) - \Omega_{12}^T(u)\Omega_{11}^{-1}(u)\Omega_{12}(u)$$

其中, $P = (I - S)^{\mathrm{T}}(I - S)$。

证明　根据引理 3.2 可知

$$D_u^{\mathrm{T}} W_u D_u = nf(u)\begin{pmatrix} \Omega_{11}(u) & 0 \\ 0 & \mu_2\Omega_{11}(u) \end{pmatrix}\{1 + O_p(c_n)\}$$

$$D_u^{\mathrm{T}} W_u X = nf(u)\begin{pmatrix} \Omega_{12}(u) \\ 0 \end{pmatrix}\{1 + O_p(c_n)\}$$

$$[z_i^{\mathrm{T}}\ 0]\{D_u^{\mathrm{T}} W_u D_u\}^{-1} D_u^{\mathrm{T}} W_u X = z_i^{\mathrm{T}}\Omega_{11}^{-1}(u)\Omega_{12}(u)\{1 + O_p(c_n)\}$$

于是

$$SX = \begin{pmatrix} z_1^{\mathrm{T}}\Omega_{11}^{-1}(u_1)\Omega_{12}(u_1) \\ \vdots \\ z_n^{\mathrm{T}}\Omega_{11}^{-1}(u_n)\Omega_{12}(u_n) \end{pmatrix}\{1 + O_p(c_n)\}$$

易得

$$\frac{1}{n}(X^{\mathrm{T}}PX) = \frac{1}{n}\sum_{i=1}^{n}[x_i - \Omega_{12}^{\mathrm{T}}(u_i)\Omega_{11}^{-1}(u_i)z_i]$$

$$\times [x_i^{\mathrm{T}} - z_i^{\mathrm{T}}\Omega_{11}^{-1}(u_i)\Omega_{12}(u_i)]\{1 + O_p(c_n)\} \tag{3.35}$$

从而依据大数定律, 结论得证。

引理 3.5　在假设 3.1—假设 3.4 满足的条件下, 有 $(I - S)M_\theta = o_p(1)$, 且 $(I - S)GM_\theta = e_n O_p(c_1)$, 其中 c_1 为大于零的常数, e_n 为元素全部为 1 的 n 维列向量。

证明　相似于引理 3.4, 可得到

$$(I - S)M_\theta = \begin{pmatrix} z_1^{\mathrm{T}}\alpha_\theta(u_1) - [z_1^{\mathrm{T}}\ 0]\{D_{u_1}^{\mathrm{T}} W_{u_1} D_{u_1}\}^{-1} D_{u_1}^{\mathrm{T}} W_{u_1} M_\theta \\ \vdots \\ z_n^{\mathrm{T}}\alpha_\theta(u_n) - [z_n^{\mathrm{T}}\ 0]\{D_{u_n}^{\mathrm{T}} W_{u_n} D_{u_n}\}^{-1} D_{u_n}^{\mathrm{T}} W_{u_n} M_\theta \end{pmatrix}$$

$$= \begin{pmatrix} z_1^{\mathrm{T}}\alpha_\theta(u_1) - z_1^{\mathrm{T}}\alpha_\theta(u_1)\{1 + O_p(c_n)\} \\ \vdots \\ z_n^{\mathrm{T}}\alpha_\theta(u_n) - z_n^{\mathrm{T}}\alpha_\theta(u_n)\{1 + O_p(c_n)\} \end{pmatrix} = \begin{pmatrix} z_1^{\mathrm{T}}\alpha_\theta(u_1)O_p(c_n) \\ \vdots \\ z_n^{\mathrm{T}}\alpha_\theta(u_n)O_p(c_n) \end{pmatrix}$$

$$= O_p(c_n) \tag{3.36}$$

由假设 3.1(3) 和假设 3.2 可知, W 和 $A^{-1}(\rho)$ 绝对行和与绝对列和一致有界, 因此有矩阵 G 绝对行和与绝对列和一致有界, 进一步矩阵 GM_θ 绝对行和与绝对

列和一致有界, 则有

$$\left| \sum_{j=1}^{n} g_{ij} z_j^{\mathrm{T}} \alpha_\theta(u_j) \right| \leqslant m_g m_\alpha < +\infty$$

和

$$SGM_\theta = \begin{pmatrix} [z_1^{\mathrm{T}} \ 0]\{D_{u_1}^{\mathrm{T}} W_{u_1} D_{u_1}\}^{-1} D_{u_1}^{\mathrm{T}} W_{u_1} \left(\sum_{j=1}^{n} g_{1j} z_j^{\mathrm{T}} \alpha_\theta(u_j), \cdots, \sum_{j=1}^{n} g_{nj} z_j^{\mathrm{T}} \alpha_\theta(u_j) \right)^{\mathrm{T}} \\ \vdots \\ [z_n^{\mathrm{T}} \ 0]\{D_{u_n}^{\mathrm{T}} W_{u_n} D_{u_n}\}^{-1} D_{u_n}^{\mathrm{T}} W_{u_n} \left(\sum_{j=1}^{n} g_{1j} z_j^{\mathrm{T}} \alpha_\theta(u_j), \cdots, \sum_{j=1}^{n} g_{nj} z_j^{\mathrm{T}} \alpha_\theta(u_j) \right)^{\mathrm{T}} \end{pmatrix}$$

其中, 对于 SGM_θ 中第 i 个分量

$$[z_i^{\mathrm{T}} \ 0]\{D_{u_i}^{\mathrm{T}} W_{u_i} D_{u_i}\}^{-1} D_{u_i}^{\mathrm{T}} W_{u_i} \left(\sum_{j=1}^{n} g_{1j} z_j^{\mathrm{T}} \alpha_\theta(u_j), \cdots, \sum_{j=1}^{n} g_{nj} z_j^{\mathrm{T}} \alpha_\theta(u_j) \right)^{\mathrm{T}}$$
$$\leqslant [z_i^{\mathrm{T}} \ 0]\{D_{u_i}^{\mathrm{T}} W_{u_i} D_{u_i}\}^{-1} D_{u_i}^{\mathrm{T}} W_{u_i} e_n m_g m_\alpha$$

于是, 可得到

$$[z_i^{\mathrm{T}} \ 0]\{D_{u_i}^{\mathrm{T}} W_{u_i} D_{u_i}\}^{-1} D_{u_i}^{\mathrm{T}} W_{u_i} \left(\sum_{j=1}^{n} g_{1j} z_j^{\mathrm{T}} \alpha_\theta(u_j), \cdots, \sum_{j=1}^{n} g_{nj} z_j^{\mathrm{T}} \alpha_\theta(u_j) \right)^{\mathrm{T}}$$
$$= z_i^{\mathrm{T}} \Omega_{11}^{-1}(u_i) e_p m_g m_\alpha \{1 + O_p(c_n)\}$$

其中, e_p 为元素全部为 1 的 p 维列向量. 不妨假定 $z_i^{\mathrm{T}} \Omega_{11}^{-1}(u_i) e_p \leqslant m_k$, 那么有

$$SGM_\theta = e_n O_p(m_k m_g m_\alpha)$$

又因

$$GM_\theta = \left(\sum_{j=1}^{n} g_{1j} z_j^{\mathrm{T}} \alpha_\theta(u_j), \cdots, \sum_{j=1}^{n} g_{nj} z_j^{\mathrm{T}} \alpha_\theta(u_j) \right)^{\mathrm{T}}$$

可得 $GM_\theta = e_n O_p(m_g m_\alpha)$。

令 $c_1 = \max\{m_g m_\alpha, m_k m_g m_\alpha\}$, 则有 $(I - S)GM_\theta = e_n O_p(c_1)$, 得证.

引理 3.6 在假设 3.1—假设 3.4 满足的条件下, 有 $S\varepsilon = o_p(1)$, 且 $SG\varepsilon = o_p(1)$。

证明

$$S\varepsilon = \begin{pmatrix} [z_1^{\mathrm{T}} \ 0]\{D_{u_1}^{\mathrm{T}} W_{u_1} D_{u_1}\}^{-1} D_{u_1}^{\mathrm{T}} W_{u_1} \varepsilon \\ \vdots \\ [z_n^{\mathrm{T}} \ 0]\{D_{u_n}^{\mathrm{T}} W_{u_n} D_{u_n}\}^{-1} D_{u_n}^{\mathrm{T}} W_{u_n} \varepsilon \end{pmatrix} \quad (3.37)$$

其中，

$$
D_{u_i}^{\mathrm{T}} W_{u_i} \varepsilon = \begin{pmatrix} \sum\limits_{i=1}^{n} z_i \varepsilon_i K_h(u_i - u) \\ \sum\limits_{i=1}^{n} z_i \varepsilon_i \dfrac{u_i - u}{h} K_h(u_i - u) \end{pmatrix}
$$

由假设条件 3.1(2)，并结合引理 3.1 和引理 3.2，易得

$$
[z_i^{\mathrm{T}}\ 0]\{D_{u_i}^{\mathrm{T}} W_{u_i} D_{u_i}\}^{-1} D_{u_i}^{\mathrm{T}} W_{u_i} \varepsilon = o_p(1)
$$

进而有 $S\varepsilon = o_p(1)$。

类似证明可得

$$
SG\varepsilon = \begin{pmatrix} [z_1^{\mathrm{T}}\ 0]\{D_{u_1}^{\mathrm{T}} W_{u_1} D_{u_1}\}^{-1} D_{u_1}^{\mathrm{T}} W_{u_1} \left(\sum\limits_{j=1}^{n} g_{1j}\varepsilon_j, \cdots, \sum\limits_{j=1}^{n} g_{nj}\varepsilon_j \right)^{\mathrm{T}} \\ \vdots \\ [z_n^{\mathrm{T}}\ 0]\{D_{u_n}^{\mathrm{T}} W_{u_n} D_{u_n}\}^{-1} D_{u_n}^{\mathrm{T}} W_{u_n} \left(\sum\limits_{j=1}^{n} g_{1j}\varepsilon_j, \cdots, \sum\limits_{j=1}^{n} g_{nj}\varepsilon_j \right)^{\mathrm{T}} \end{pmatrix} = o_p(1)
$$

其中，g_{ij} 为矩阵 G 中的第 i 行 j 列元素。

引理 3.7　在假设 3.1—假设 3.4 满足的条件下，有 $(I-S)Q = e_n O_p(c_2)$，其中 c_2 为大于零的常数，e_n 为元素全部为 1 的 n 维列向量。

证明

$$
(I-S)Q = (I-S)[G(X\beta + M_\theta)] = (I-S)GX\beta + (I-S)GM_\theta \tag{3.38}
$$

根据引理 3.5，可知 $(I-S)GM_\theta = e_n O_p(c_1)$。就此，进一步分析 $(I-S)GX\beta$，这里的证明过程类似引理 3.5，由假设 3.1(3) 和假设 3.2，可知矩阵 $GX\beta$ 绝对行和与绝对列和一致有界，则有

$$
\left| \sum_{j=1}^{n} g_{ij} x_j^{\mathrm{T}} \beta \right| \leqslant m_g m_\beta < +\infty
$$

$$
SGX\beta = \begin{pmatrix} [z_1^{\mathrm{T}}\ 0]\{D_{u_1}^{\mathrm{T}} W_{u_1} D_{u_1}\}^{-1} D_{u_1}^{\mathrm{T}} W_{u_1} \left(\sum\limits_{j=1}^{n} g_{1j} x_j^{\mathrm{T}}\beta, \cdots, \sum\limits_{j=1}^{n} g_{nj} x_j^{\mathrm{T}}\beta \right)^{\mathrm{T}} \\ \vdots \\ [z_n^{\mathrm{T}}\ 0]\{D_{u_n}^{\mathrm{T}} W_{u_n} D_{u_n}\}^{-1} D_{u_n}^{\mathrm{T}} W_{u_n} \left(\sum\limits_{j=1}^{n} g_{1j} x_j^{\mathrm{T}}\beta, \cdots, \sum\limits_{j=1}^{n} g_{nj} x_j^{\mathrm{T}}\beta \right)^{\mathrm{T}} \end{pmatrix}
$$

其中, 对于 $SGX\beta$ 中第 i 个分量

$$[z_i^{\mathrm{T}} \ 0]\{D_{u_i}^{\mathrm{T}}W_{u_i}D_{u_i}\}^{-1}D_{u_i}^{\mathrm{T}}W_{u_i}\left(\sum_{j=1}^n g_{1j}x_j^{\mathrm{T}}\beta, \cdots, \sum_{j=1}^n g_{nj}x_j^{\mathrm{T}}\beta\right)^{\mathrm{T}}$$

$$\leqslant [z_i^{\mathrm{T}} \ 0]\{D_{u_i}^{\mathrm{T}}W_{u_i}D_{u_i}\}^{-1}D_{u_i}^{\mathrm{T}}W_{u_i}e_n m_g m_\beta$$

于是, 可得到

$$[z_i^{\mathrm{T}} \ 0]\{D_{u_i}^{\mathrm{T}}W_{u_i}D_{u_i}\}^{-1}D_{u_i}^{\mathrm{T}}W_{u_i}\left(\sum_{j=1}^n g_{1j}x_j^{\mathrm{T}}\beta, \cdots, \sum_{j=1}^n g_{nj}x_j^{\mathrm{T}}\beta\right)^{\mathrm{T}}$$

$$=z_i^{\mathrm{T}}\Omega_{11}^{-1}(u_i)e_p m_g m_\beta\{1+O_p(c_n)\}$$

其中, e_p 为元素全部为 1 的 p 维列向量。那么, $SGX\beta = e_n O_p(m_k m_g m_\beta)$。

又因

$$GX\beta = \left(\sum_{j=1}^n g_{1j}x_j^{\mathrm{T}}\beta, \cdots, \sum_{j=1}^n g_{nj}x_j^{\mathrm{T}}\beta\right)^{\mathrm{T}}$$

可得 $GX\beta = e_n O_p(m_g m_\beta)$。

令 $c_2 = \max\{m_g m_\beta, m_k m_g m_\beta, c_1\}$, 则有 $(I-S)Q = e_n O_p(c_2)$, 得证。

引理 3.8 在假设 3.1—假设 3.4 满足的条件下, 可以得到 $\frac{1}{n}A^{\mathrm{T}}PM_\theta = o_p(1)$,

对于 $A = M_\theta, \varepsilon, X, Q, G\varepsilon$ 都成立, 且 $\frac{1}{n}(GM_\theta)^{\mathrm{T}}PGM_\theta = O_p(c_3)$, c_3 为大于零的常数, 其中 $P = (I-S)^{\mathrm{T}}(I-S)$。

证明 相似于引理 3.4, 结合引理 3.5—引理 3.7, 可得到

$$\frac{1}{n}M_\theta^{\mathrm{T}}(I-S)^{\mathrm{T}}(I-S)M_\theta = \frac{1}{n}\sum_{i=1}^n \{z_i^{\mathrm{T}}\alpha_\theta(u_i) - [z_i^{\mathrm{T}} \ 0]\{D_u^{\mathrm{T}}W_uD_u\}^{-1}D_u^{\mathrm{T}}W_uM_\theta\}^{\mathrm{T}}$$

$$\times \{z_i^{\mathrm{T}}\alpha_\theta(u_i) - [z_i^{\mathrm{T}} \ 0]\{D_u^{\mathrm{T}}W_uD_u\}^{-1}D_u^{\mathrm{T}}W_uM_\theta\}$$

$$= \frac{1}{n}\sum_{i=1}^n \{z_i^{\mathrm{T}}\alpha_\theta(u_i)\}^{\mathrm{T}}\{z_i^{\mathrm{T}}\alpha_\theta(u_i)\}O_p(c_n^2)$$

$$= O_p(c_n^2)$$

可知, 当 $A = M_\theta$ 时, 有 $\frac{1}{n}M_\theta^{\mathrm{T}}PM_\theta = o_p(1)$。

当 $A = \varepsilon$ 时, 有

$$\varepsilon^{\mathrm{T}}(I-S)^{\mathrm{T}}(I-S)M_\theta = \sum_{i=1}^n \varepsilon_i\{z_i^{\mathrm{T}}\alpha_\theta(u_i) - [z_i^{\mathrm{T}}0]\{D_u^{\mathrm{T}}W_uD_u\}^{-1}D_u^{\mathrm{T}}W_uM_\theta\}$$

$$= \sum_{i=1}^n \varepsilon_i\{z_i^{\mathrm{T}}\alpha_\theta(u_i) - z_i^{\mathrm{T}}\alpha_\theta(u_i)\{1+O_p(c_n)\}\}$$

$$= o_p(1)$$

当 $A = X$ 时, 有

$$\frac{1}{n} X^{\mathrm{T}} (I-S)^{\mathrm{T}} (I-S) M_\theta$$

$$= \frac{1}{n} \sum_{i=1}^{n} \{x_i - \Omega_{12}^{\mathrm{T}}(u_i) \Omega_{11}^{-1}(u_i) z_i\} \{1 + O_p(c_n)\}$$

$$\times \{z_i^{\mathrm{T}} \alpha_\theta(u_i) - [z_i^{\mathrm{T}} \ 0] \{D_u^{\mathrm{T}} W_u D_u\}^{-1} D_u^{\mathrm{T}} W_u M_\theta\}$$

$$= \frac{1}{n} \sum_{i=1}^{n} \{x_i - \Omega_{12}^{\mathrm{T}}(u_i) \Omega_{11}^{-1}(u_i) z_i\} z_i^{\mathrm{T}} \alpha_\theta(u_i) O_p(c_n) \{1 + O_p(c_n)\}$$

$$= O_p(c_n^2)$$

当 $A = Q$ 时, 有

$$\frac{1}{n} Q^{\mathrm{T}} (I-S)^{\mathrm{T}} (I-S) M_\theta = \frac{1}{n} (e_n O_p(c_2))^{\mathrm{T}} (I-S) M_\theta$$

$$= \frac{1}{n} \sum_{i=1}^{n} e_i z_i^{\mathrm{T}} \alpha_\theta(u_i) O_p(c_n) O_p(c_2)$$

$$= O_p(c_n)$$

当 $A = G\varepsilon$ 时, 有

$$\frac{1}{n} (G\varepsilon)^{\mathrm{T}} (I-S)^{\mathrm{T}} (I-S) M_\theta$$

$$= \frac{1}{n} \sum_{i=1}^{n} \left(\sum_{j=1}^{n} g_{ij} \varepsilon_j (1 + o_p(1)) \right) \{z_i^{\mathrm{T}} \alpha_\theta(u_i) - [z_i^{\mathrm{T}} \ 0] \{D_u^{\mathrm{T}} W_u D_u\}^{-1} D_u^{\mathrm{T}} W_u M_\theta\}$$

$$= \frac{1}{n} \sum_{i=1}^{n} \left(\sum_{j=1}^{n} g_{ij} \varepsilon_j (1 + o_p(1)) \right) z_i^{\mathrm{T}} \alpha_\theta(u_i) O_p(c_n)$$

$$= O_p(c_n)$$

因此, 对于 $A = M_\theta, \varepsilon, X, Q, G\varepsilon$, $\frac{1}{n} A^{\mathrm{T}} P M_\theta = o_p(1)$ 都成立。

进一步, 由引理 3.5 可得

$$\frac{1}{n} (GM_\theta)^{\mathrm{T}} P G M_\theta = \frac{1}{n} [e_n O_p(c_1)]^{\mathrm{T}} [e_n O_p(c_1)] = O_p(c_3)$$

其中, $c_3 = c_1^2$。引理得证。

引理 3.9　在假设 3.1—假设 3.4 满足的条件下, 可以得到 $\frac{1}{n} A^{\mathrm{T}} P \varepsilon = o_p(1)$,

对于 $A = M_\theta, X, Q$ 都成立; $\frac{1}{n} A^{\mathrm{T}} P G \varepsilon = o_p(1)$, 对于 $A = M_\theta, X, Q$ 都成立。

证明 引理 3.9 的证明类似于引理 3.8。

当 $A = M_\theta$ 时，根据引理 3.8，显然 $\frac{1}{n} M_\theta^{\mathrm{T}} P \varepsilon = o_p(1)$；

当 $A = X$ 时，有

$$\frac{1}{n} X^{\mathrm{T}} (I-S)^{\mathrm{T}} (I-S) \varepsilon = \frac{1}{n} \sum_{i=1}^{n} \{x_i - \Omega_{12}^{\mathrm{T}}(u_i) \Omega_{11}^{-1}(u_i) z_i\} \{1 + O_p(c_n)\} \varepsilon_i \{1 + o_p(1)\}$$

$$= \frac{1}{n} \sum_{i=1}^{n} \{x_i - \Omega_{12}^{\mathrm{T}}(u_i) \Omega_{11}^{-1}(u_i) z_i\} \varepsilon_i \{1 + o_p(1)\} \{1 + O_p(c_n)\}$$

$$= o_p(1)$$

当 $A = Q$ 时，有

$$\frac{1}{n} Q^{\mathrm{T}} (I-S)^{\mathrm{T}} (I-S) \varepsilon = \frac{1}{n} (e_n O_p(c_2))^{\mathrm{T}} (I-S) \varepsilon$$

$$= \frac{1}{n} \sum_{i=1}^{n} e_i \varepsilon_i (1 + o_p(1)) O_p(c_2)$$

$$= o_p(1)$$

同理，容易证得 $\frac{1}{n} A^{\mathrm{T}} P G \varepsilon = o_p(1)$，对于 $A = M_\theta, X, Q$ 都成立。

引理 3.10 在假设 3.1—假设 3.4 满足的条件下，有

$$\frac{1}{n} \varepsilon^{\mathrm{T}} P \varepsilon = \sigma^2 + o_p(1)$$

$$\frac{1}{n} \varepsilon^{\mathrm{T}} G^{\mathrm{T}} P \varepsilon = \frac{1}{n} \mathrm{tr}(G) \sigma^2 + o_p(1)$$

$$\frac{1}{n} \varepsilon^{\mathrm{T}} G^{\mathrm{T}} P G \varepsilon = \frac{1}{n} \mathrm{tr}(G^{\mathrm{T}} G) \sigma^2 + o_p(1)$$

证明 在满足假设条件下，有

$$\frac{1}{n} \varepsilon^{\mathrm{T}} P \varepsilon = \frac{1}{n} \varepsilon^{\mathrm{T}} (I-S)^{\mathrm{T}} (I-S) \varepsilon$$

$$= \frac{1}{n} (\varepsilon^{\mathrm{T}} \varepsilon + \varepsilon^{\mathrm{T}} S \varepsilon + \varepsilon^{\mathrm{T}} S^{\mathrm{T}} \varepsilon + \varepsilon^{\mathrm{T}} S^{\mathrm{T}} S \varepsilon) = \sigma^2 + o_p(1)$$

$$\frac{1}{n} \varepsilon^{\mathrm{T}} G^{\mathrm{T}} P \varepsilon = \frac{1}{n} \varepsilon^{\mathrm{T}} G^{\mathrm{T}} (I-S)^{\mathrm{T}} (I-S) \varepsilon$$

$$= \frac{1}{n} (\varepsilon^{\mathrm{T}} G^{\mathrm{T}} \varepsilon + \varepsilon^{\mathrm{T}} G^{\mathrm{T}} S \varepsilon + \varepsilon^{\mathrm{T}} G^{\mathrm{T}} S^{\mathrm{T}} \varepsilon + \varepsilon^{\mathrm{T}} G^{\mathrm{T}} S^{\mathrm{T}} S \varepsilon)$$

$$= \frac{1}{n} \mathrm{tr}(G) \sigma^2 + o_p(1)$$

其中, 对于 $\frac{1}{n}(\varepsilon^{\mathrm{T}} G^{\mathrm{T}} \varepsilon)$, 能够证明:

$$E\left(\frac{1}{n}\varepsilon^{\mathrm{T}} G^{\mathrm{T}} \varepsilon\right) = \frac{1}{n}\mathrm{tr}(G)\sigma^2$$

$$\mathrm{var}\left(\frac{1}{n}\varepsilon^{\mathrm{T}} G^{\mathrm{T}} \varepsilon\right) = \frac{1}{n^2}\{\sigma^4[\mathrm{tr}^2(G) + \mathrm{tr}(G^{\mathrm{T}} G) + \mathrm{tr}(G^2)] - \sigma^4\mathrm{tr}^2(G)\}$$

$$= \frac{1}{n^2}\sigma^4[\mathrm{tr}(G^{\mathrm{T}} G) + \mathrm{tr}(G^2)]$$

$$= \frac{1}{n}\sigma^4\left[\frac{1}{n}\mathrm{tr}(G^{\mathrm{T}} G) + \frac{1}{n}\mathrm{tr}(G^2)\right]$$

$$= \frac{1}{n}\sigma^4[O_p(1/l_n) + O_p(1/l_n)] = o_p(1)$$

同理有

$$\frac{1}{n}\varepsilon^{\mathrm{T}} G^{\mathrm{T}} PG\varepsilon = \frac{1}{n}\varepsilon^{\mathrm{T}} G^{\mathrm{T}}(I - S)^{\mathrm{T}}(I - S)G\varepsilon$$

$$= \frac{1}{n}(\varepsilon^{\mathrm{T}} G^{\mathrm{T}} G\varepsilon + \varepsilon^{\mathrm{T}} G^{\mathrm{T}} SG\varepsilon + \varepsilon^{\mathrm{T}} G^{\mathrm{T}} S^{\mathrm{T}} G\varepsilon + \varepsilon^{\mathrm{T}} G^{\mathrm{T}} S^{\mathrm{T}} SG\varepsilon)$$

$$= \frac{1}{n}\mathrm{tr}(G^{\mathrm{T}} G)\sigma^2 + o_p(1)$$

其中, 对于 $\frac{1}{n}(\varepsilon^{\mathrm{T}} G^{\mathrm{T}} G\varepsilon)$, 能够证明:

$$E\left(\frac{1}{n}\varepsilon^{\mathrm{T}} G^{\mathrm{T}} G\varepsilon\right) = \frac{1}{n}\mathrm{tr}(G^{\mathrm{T}} G)\sigma^2$$

$$\mathrm{var}\left(\frac{1}{n}\varepsilon^{\mathrm{T}} G^{\mathrm{T}} G\varepsilon\right) = \frac{1}{n^2}\sigma^4[\mathrm{tr}(G^{\mathrm{T}} G)^2 + \mathrm{tr}(G^{\mathrm{T}} G)^2]$$

$$= \frac{1}{n}\sigma^4[O_p(1/l_n) + O_p(1/l_n)] = o_p(1)$$

引理 3.11　设 A 为 n 阶方阵 A, 则有

(1) $\mathrm{tr}(A^2) \leqslant \mathrm{tr}(A^{\mathrm{T}} A)$;

(2) 若 A 的 n 个特征值均为实数, 其中存在 k 个为非零, 那么有 $\mathrm{tr}(A^2) > 0$, 并满足 $\frac{(\mathrm{tr}A)^2}{\mathrm{tr}(A^2)} \leqslant k$。

证明　由于

$$(A - A^{\mathrm{T}})^2 = (A - A^{\mathrm{T}})(A - A^{\mathrm{T}}) = A^2 - A^{\mathrm{T}} A - AA^{\mathrm{T}} + (A^{\mathrm{T}})^2$$

且 $A - A^{\mathrm{T}}$ 为反对称矩阵, 则 $\mathrm{tr}((A - A^{\mathrm{T}})^2) \leqslant 0$, 显然有 $\mathrm{tr}(A^2) \leqslant \mathrm{tr}(A^{\mathrm{T}} A)$。

设 A 的特征根为 $\lambda_1, \lambda_2, \cdots, \lambda_n$，满足

$$
\begin{cases}
\lambda_i \neq 0, & 1 \leqslant i \leqslant k \\
\lambda_i = 0, & k+1 \leqslant i \leqslant n
\end{cases}
$$

则有 A^2 的特征值 $\lambda_1^2, \lambda_2^2, \cdots, \lambda_n^2$ 满足

$$
\begin{cases}
\lambda_i^2 \neq 0, & 1 \leqslant i \leqslant k \\
\lambda_i^2 = 0, & k+1 \leqslant i \leqslant n
\end{cases}
$$

易知

$$
M = \sum_{i=1}^{k} \left(\lambda_i - \frac{1}{k} \sum_{j=1}^{k} \lambda_j \right)^2 \geqslant 0
$$

利用

$$
\operatorname{tr}(A^2) = \frac{1}{k} \sum_{i=1}^{k} \lambda_i^2, \quad \operatorname{tr}(A) = \frac{1}{k} \sum_{i=1}^{k} \lambda_i
$$

则有 $\operatorname{tr}(A^2) - \dfrac{1}{k}(\operatorname{tr}A)^2 \geqslant 0$。引理得证。

定理 3.1 的证明　在通常的正则假设条件下，$\hat{L}(\theta)$ 在 θ 和 Y 的可度量函数上连续，因此 $\hat{\theta}$ 是可度量的。不妨设 $\gamma(\theta) = n^{-1} E_0\{L(\theta)\}$，其中 $L(\theta)$ 为最初的截面对数似然函数，并对任何 $\theta \in \Theta$，$\theta \neq \theta_0$，有 $\gamma(\theta) < \gamma(\theta_0)$。这里，我们假设对于通常误差项分布已知的空间计量回归模型，在常规条件下，满足 $n^{-1} L(\theta) \xrightarrow{P} \gamma(\theta)$。

下面首先证明参数部分 β 和 ρ 的一致性。

根据引理 3.3，在参数 β 和 ρ 给定的情况下，我们有

$$
n^{-1}[\hat{L}(\beta^{\mathrm{T}}, \rho) - L(\beta^{\mathrm{T}}, \rho)] = o_p(1) \tag{3.39}
$$

又因为 $n^{-1} L(\beta^{\mathrm{T}}, \rho) \xrightarrow{P} \gamma(\beta^{\mathrm{T}}, \rho)$，可知 $n^{-1}[\hat{L}(\beta^{\mathrm{T}}, \rho) - \gamma(\beta^{\mathrm{T}}, \rho)] = o_p(1)$。根据 White (1994) 的极端估计量一致性引理 (Consistency of Extrema Estimators)，在满足条件 $\{\hat{\beta}^{\mathrm{T}}, \hat{\rho}\} = \arg\max\limits_{\{\beta^{\mathrm{T}}, \rho\}} \hat{L}(\beta^{\mathrm{T}}, \rho)$ 和 $\{\beta_0^{\mathrm{T}}, \rho_0\} = \arg\max\limits_{\{\beta^{\mathrm{T}}, \rho\}} \gamma(\beta^{\mathrm{T}}, \rho)$ 的情况下，结合式 (3.39)，可知参数 β 和 ρ 的最终估计量 $\hat{\beta} \xrightarrow{P} \beta_0$，$\hat{\rho} \xrightarrow{P} \rho_0$。

其次，证明参数 σ^2 的一致性。

注意到，对于真正的集中对数似然函数式 (3.33)，显然有 $\hat{\sigma}_T^2 \xrightarrow{P} \sigma_0^2$，而由引理 3.3 的证明可知 $\hat{\sigma}_{IN}^2 \xrightarrow{P} \sigma_T^2$，因而要得到参数 σ^2 的最终估计量 $\hat{\sigma}^2 \xrightarrow{P} \sigma_0^2$，只需证明 $\hat{\sigma}^2 \xrightarrow{P} \hat{\sigma}_{IN}^2$。

$$
\hat{\sigma}^2 = n^{-1} \sum_{i=1}^{n} [\hat{y}_i^* - \hat{\alpha}_{\hat{\theta}}^{\mathrm{T}}(u_i) z_i]^2 \tag{3.40}
$$

其中，

$$\hat{y}_i^* = y_i - \hat{\rho} \left(\sum_{j=1}^n w_{ij} y_j \right) - \sum_{j=1}^q \hat{\beta}_j x_{ij}$$

$$= y_i - (\rho + \hat{\rho} - \rho) \left(\sum_{j=1}^n w_{ij} y_j \right) - \sum_{j=1}^q (\beta_j + \hat{\beta}_j - \beta_j) x_{ij}$$

$$= [1 + o_p(1)] \left[y_i - \rho \left(\sum_{j=1}^n w_{ij} y_j \right) - \sum_{j=1}^q \beta_j x_{ij} \right]$$

$$= [1 + o_p(1)] y_i^*$$

$$\hat{\alpha}_{\hat{\theta}}(u) = [1 + o_p(1)] \hat{\alpha}_\theta(u)$$

因此可得

$$\hat{\sigma}^2 = [1 + o_p(1)] n^{-1} \sum_{i=1}^n [y_i^* - \hat{\alpha}_\theta^{\mathrm{T}}(u_i) z_i]^2$$

$$= [1 + o_p(1)] \hat{\sigma}_{IN}^2 \tag{3.41}$$

结合 $\hat{\sigma}_{IN}^2 \xrightarrow{P} \sigma_T^2$，可知 $\hat{\sigma}^2 \xrightarrow{P} \sigma_0^2$。

综上，我们得到 $\hat{\beta} \xrightarrow{P} \beta_0$，$\hat{\rho} \xrightarrow{P} \rho_0$ 和 $\hat{\sigma}^2 \xrightarrow{P} \sigma_0^2$，因而参数 θ 的估计量 $\hat{\theta}$ 满足 $\hat{\theta} \xrightarrow{P} \theta_0$。定理得证。

定理 3.2 的证明　对于最初的截面对数似然函数 $L(\theta)$，在通常的假设条件下，可以满足

$$E \left(\frac{1}{n} \frac{\partial L(\theta)}{\partial \theta} |_{\theta=\theta_0} \right) = 0, \quad E \left(\frac{1}{n} \frac{\partial L(\theta)}{\partial \theta} \frac{\partial L(\theta)}{\partial \theta^{\mathrm{T}}} |_{\theta=\theta_0} \right) = -E \left(\frac{1}{n} \frac{\partial^2 L(\theta)}{\partial \theta \partial \theta^{\mathrm{T}}} |_{\theta=\theta_0} \right)$$

而关于截面似然估计量 $\hat{\theta}$ 的渐近分布，对 $\frac{\partial \hat{L}(\theta)}{\partial \theta} |_{\theta=\hat{\theta}} = 0$ 在 θ_0 处进行泰勒展开：

$$\sqrt{n}(\hat{\theta} - \theta_0) = - \left(\frac{1}{n} \frac{\partial^2 \hat{L}(\theta)}{\partial \theta \partial \theta^{\mathrm{T}}} |_{\theta=\tilde{\theta}} \right)^{-1} \frac{1}{\sqrt{n}} \frac{\partial \hat{L}(\theta)}{\partial \theta} |_{\theta=\theta_0} \tag{3.42}$$

其中，$\tilde{\theta}$ 处于 $\hat{\theta}$ 和 θ_0 之间，$\tilde{\theta} \xrightarrow{P} \theta_0$。

这里，对于截面对数似然函数 $\hat{L}(\theta)$，借鉴截面似然估计框架下的一些常规结论，可知

$$\frac{1}{\sqrt{n}} \frac{\partial \hat{L}(\theta)}{\partial \theta} |_{\theta=\theta_0} = \frac{1}{\sqrt{n}} \frac{\partial L(\theta)}{\partial \theta} |_{\theta=\theta_0} + o_p(1) \tag{3.43}$$

$$\sup_\theta \left| \frac{1}{n} \frac{\partial^2 \hat{L}(\theta)}{\partial \theta \partial \theta^{\mathrm{T}}} - \frac{1}{n} \frac{\partial^2 L(\theta)}{\partial \theta \partial \theta^{\mathrm{T}}} \right| = o_p(1) \tag{3.44}$$

具体细节可参见 Severini 和 Wong (1992) 的文献中的命题 2，以及 Lam 和 Fan (2008) 的文献中的引理 2 和引理 3。于是，式 (3.42) 变为

$$\sqrt{n}(\hat{\theta} - \theta_0)$$
$$= -\left(\frac{1}{n}\frac{\partial^2 \hat{L}(\theta)}{\partial\theta\partial\theta^{\mathrm{T}}}\Big|_{\theta=\tilde{\theta}}\right)^{-1}\frac{1}{\sqrt{n}}\frac{\partial \hat{L}(\theta)}{\partial\theta}\Big|_{\theta=\theta_0} \xrightarrow{P} -\left(\frac{1}{n}\frac{\partial^2 L(\theta)}{\partial\theta\partial\theta^{\mathrm{T}}}\Big|_{\theta=\theta_0}\right)^{-1}\frac{1}{\sqrt{n}}\frac{\partial L(\theta)}{\partial\theta}\Big|_{\theta=\theta_0}$$

又

$$\frac{1}{\sqrt{n}}\frac{\partial L(\theta)}{\partial\theta}\Big|_{\theta=\theta_0} \xrightarrow{L} N(0, \Sigma_{\theta_0})$$

其中，

$$\Sigma_{\theta_0} = -\lim_{n\to\infty} E\left(\frac{1}{n}\frac{\partial^2 L(\theta)}{\partial\theta\partial\theta^{\mathrm{T}}}\Big|_{\theta=\theta_0}\right)$$

可知 $\sqrt{n}(\hat{\theta} - \theta_0) \xrightarrow{L} N\left(0, \sum_{\theta_0}^{-1}\right)$。定理得证。

定理 3.3 的证明 由

$$\sup_{\theta}\left|\frac{1}{n}\frac{\partial^2 \hat{L}(\theta)}{\partial\theta\partial\theta^{\mathrm{T}}} - \frac{1}{n}\frac{\partial^2 L(\theta)}{\partial\theta\partial\theta^{\mathrm{T}}}\right| = o_p(1)$$

可知

$$-\frac{1}{n}\frac{\partial^2 \hat{L}(\theta)}{\partial\theta\partial\theta^{\mathrm{T}}}\Big|_{\theta=\theta_0} \xrightarrow{P} -\frac{1}{n}\frac{\partial^2 L(\theta)}{\partial\theta\partial\theta^{\mathrm{T}}}\Big|_{\theta=\theta_0} \qquad (3.45)$$

那么，对于最初的截面对数似然函数 $L(\theta)$，在通常的假设条件下，存在

$$\frac{1}{n}\frac{\partial^2 L(\theta)}{\partial\theta\partial\theta^{\mathrm{T}}}\Big|_{\theta=\theta_0} \xrightarrow{P} E\left[\frac{1}{n}\frac{\partial^2 L(\theta)}{\partial\theta\partial\theta^{\mathrm{T}}}\Big|_{\theta=\theta_0}\right]$$

可得到

$$-\frac{1}{n}\frac{\partial^2 \hat{L}(\theta)}{\partial\theta\partial\theta^{\mathrm{T}}}\Big|_{\theta=\theta_0} \xrightarrow{P} -E\left[\frac{1}{n}\frac{\partial^2 L(\theta)}{\partial\theta\partial\theta^{\mathrm{T}}}\Big|_{\theta=\theta_0}\right]$$

于是有 $\hat{\Sigma}_{\theta_0} \xrightarrow{P} \Sigma_{\theta_0}$。

进一步，对于截面对数似然函数：

$$\hat{L}(\theta) = -\frac{n}{2}\ln 2\pi - \frac{n}{2}\ln\sigma^2 + \ln|A(\rho)|$$
$$-\frac{1}{2\sigma^2}[(A(\rho)Y - X\beta)^{\mathrm{T}}(I - S)^{\mathrm{T}}(I - S)(A(\rho)Y - X\beta)]$$

两边分别对 θ 求二阶偏导，可得

$$-\frac{1}{n}\frac{\partial^2 \hat{L}(\theta)}{\partial\beta\partial\beta^{\mathrm{T}}} = \frac{1}{\sigma^2}\frac{1}{n}X^{\mathrm{T}}PX$$

$$-\frac{1}{n}\frac{\partial^2 \hat{L}(\theta)}{\partial \sigma^2 \partial \sigma^2} = -\frac{1}{2\sigma^4} + \frac{1}{n}\frac{1}{\sigma^6}(A(\rho)Y - X\beta)^{\mathrm{T}}P(A(\rho)Y - X\beta)$$

$$-\frac{1}{n}\frac{\partial^2 \hat{L}(\theta)}{\partial \rho^2} = \frac{1}{n}\mathrm{tr}(G^2) + \frac{1}{n}\frac{1}{\sigma^2}Y^{\mathrm{T}}W^{\mathrm{T}}PWY$$

$$-\frac{1}{n}\frac{\partial^2 \hat{L}(\theta)}{\partial \beta \partial \sigma^2} = \frac{1}{\sigma^4}\frac{1}{n}X^{\mathrm{T}}P(A(\rho)Y - X\beta)$$

$$-\frac{1}{n}\frac{\partial^2 \hat{L}(\theta)}{\partial \rho \partial \sigma^2} = \frac{1}{\sigma^4}\frac{1}{n}Y^{\mathrm{T}}WP(A(\rho)Y - X\beta)$$

$$-\frac{1}{n}\frac{\partial^2 \hat{L}(\theta)}{\partial \beta \partial \rho} = \frac{1}{\sigma^2}\frac{1}{n}X^{\mathrm{T}}PWY$$

结合引理 3.4—引理 3.10 的结论及证明过程, 可得

$$-\frac{1}{n}\frac{\partial^2 \hat{L}(\theta)}{\partial \beta \partial \beta^{\mathrm{T}}}\Big|_{\theta=\theta_0} = \frac{1}{\sigma_0^2}\frac{1}{n}X^{\mathrm{T}}PX$$

$$-\frac{1}{n}\frac{\partial^2 \hat{L}(\theta)}{\partial \sigma^2 \partial \sigma^2}\Big|_{\theta=\theta_0} = \frac{1}{n\sigma_0^6}(M_{\theta_0} + \varepsilon)^{\mathrm{T}}P(M_{\theta_0} + \varepsilon) - \frac{1}{2\sigma_0^4}$$

$$= \frac{1}{\sigma_0^6}\left(\frac{1}{n}M_{\theta_0}^{\mathrm{T}}PM_{\theta_0} + \frac{1}{n}M_{\theta_0}^{\mathrm{T}}P\varepsilon + \frac{1}{n}\varepsilon^{\mathrm{T}}PM_{\theta_0} + \frac{1}{n}\varepsilon^{\mathrm{T}}P\varepsilon\right) - \frac{1}{2\sigma_0^4}$$

$$= \frac{1}{2\sigma_0^4} + o_p(1)$$

$$-\frac{1}{n}\frac{\partial^2 \hat{L}(\theta)}{\partial \rho^2}\Big|_{\theta=\theta_0} = \frac{1}{n}\mathrm{tr}(G_0^2) + \frac{1}{n}\frac{1}{\sigma_0^2}(Q_0^{\mathrm{T}}PQ_0 + Q_0^{\mathrm{T}}PG_0\varepsilon + \varepsilon^{\mathrm{T}}G_0^{\mathrm{T}}PQ_0 + \varepsilon^{\mathrm{T}}G_0^{\mathrm{T}}PG_0\varepsilon)$$

$$= \frac{1}{n}\mathrm{tr}(G_0^2) + \frac{1}{n}\frac{1}{\sigma_0^2}(Q_0^{\mathrm{T}}PQ_0) + \frac{1}{n}\mathrm{tr}(G_0^{\mathrm{T}}G_0) + o_p(1)$$

$$-\frac{1}{n}\frac{\partial^2 \hat{L}(\theta)}{\partial \rho \partial \sigma^2}\Big|_{\theta=\theta_0} = \frac{1}{n\sigma_0^4}(Q_0 + G_0\varepsilon)^{\mathrm{T}}P(M_{\theta_0} + \varepsilon)$$

$$= \frac{1}{\sigma_0^4}\left(\frac{1}{n}Q_0^{\mathrm{T}}PM_{\theta_0} + \frac{1}{n}Q_0^{\mathrm{T}}P\varepsilon + \frac{1}{n}\varepsilon^{\mathrm{T}}G_0^{\mathrm{T}}PM_{\theta_0} + \frac{1}{n}\varepsilon^{\mathrm{T}}G_0^{\mathrm{T}}P\varepsilon\right)$$

$$= \sigma_0^2 \frac{1}{n}\mathrm{tr}(G_0) + o_p(1)$$

$$-\frac{1}{n}\frac{\partial^2 \hat{L}(\theta)}{\partial \beta \partial \rho}\Big|_{\theta=\theta_0} = \frac{1}{n\sigma_0^2}X^{\mathrm{T}}P(Q_0 + G_0\varepsilon)$$

$$= \frac{1}{\sigma_0^2}\left(\frac{1}{n}X^{\mathrm{T}}PQ_0 + \frac{1}{n}X^{\mathrm{T}}PG_0\varepsilon\right) = \frac{1}{\sigma_0^2}\left(\frac{1}{n}X^{\mathrm{T}}PQ_0\right) + o_p(1)$$

综上，可知

$$
-\frac{1}{n}\frac{\partial^2 \hat{L}(\theta)}{\partial\theta\partial\theta^{\mathrm{T}}}\Big|_{\theta=\theta_0}
$$

$$
=\begin{pmatrix}
\dfrac{1}{\sigma_0^2}\left(\dfrac{1}{n}X^{\mathrm{T}}PX\right) & \dfrac{1}{\sigma_0^2}\left(\dfrac{1}{n}X^{\mathrm{T}}PQ_0\right) & 0 \\[3mm]
\dfrac{1}{\sigma_0^2}\left(\dfrac{1}{n}X^{\mathrm{T}}PQ_0\right) & \dfrac{1}{\sigma_0^2}\left(\dfrac{1}{n}Q_0^{\mathrm{T}}PQ_0\right)+\dfrac{\mathrm{tr}(G_0^2)+\mathrm{tr}(G_0^{\mathrm{T}}G_0)}{n} & \dfrac{\mathrm{tr}(G_0)}{n\sigma_0^2} \\[3mm]
0 & \dfrac{\mathrm{tr}(G_0)}{n\sigma_0^2} & \dfrac{1}{2\sigma_0^4}
\end{pmatrix}+o_p(1)
$$

此时我们得到了 $\hat{\Sigma}_{\theta_0}$ 的表达式，为了证明 $\hat{\Sigma}_{\theta_0}$ 非奇异，只需证明 $\hat{\Sigma}_{\theta_0}\alpha=0$，当且仅当 $\alpha=0$。其中 $\alpha=(\alpha_1,\alpha_2,\alpha_3)^{\mathrm{T}}$，$\alpha_1$ 为 $q+2$ 维列向量，α_2 和 α_3 为 1 维向量。

由 $\hat{\Sigma}_{\theta_0}\alpha=0$ 可得

$$
\alpha_1=-\phi_{XX}^{-1}\phi_{XQ_0}\alpha_2,\quad \alpha_3=-2\sigma_0^2 n^{-1}\mathrm{tr}(G_0)\alpha_2
$$

进一步得到

$$
[\phi_{Q_0Q_0}-\phi_{XQ_0}^{\mathrm{T}}\phi_{XX}^{-1}\phi_{XQ_0}+\sigma_0^2(c_2-2c_1^2)]\alpha_2=0 \tag{3.46}
$$

其中，$c_1=n^{-1}\mathrm{tr}(G_0)$，$c_2=n^{-1}\mathrm{tr}[(G_0+G_0^{\mathrm{T}})G_0]$。结合引理 3.11，易得

$$
\begin{aligned}
c_2-2c_1^2 &= \lim_{n\to\infty}n^{-1}\mathrm{tr}[(G_0+G_0^{\mathrm{T}})G_0]-2\lim_{n\to\infty}n^{-2}[\mathrm{tr}(G_0)]^2 \\
&= \lim_{n\to\infty}n^{-1}\mathrm{tr}(C_sC_s^{\mathrm{T}})\geqslant 0
\end{aligned}
$$

其中，$C_s=C+C^{\mathrm{T}}$，$C^{\mathrm{T}}=G_0-(n^{-1}\mathrm{tr}(G_0))I$。显然，当 $\phi_{Q_0Q_0}-\phi_{XQ_0}^{\mathrm{T}}\phi_{XX}^{-1}\phi_{XQ_0}>0$ 成立时，有 $\alpha_2=0$，继而 $\alpha_1=0$ 和 $\alpha_3=0$，因此 $\hat{\Sigma}_{\theta_0}\alpha=0\Leftrightarrow\alpha=0$，$\hat{\Sigma}_{\theta_0}$ 非奇异得证。

定理 3.4 的证明

$$
\begin{aligned}
\hat{\alpha}_{\hat{\theta}}(u) &= e^{\mathrm{T}}\hat{\delta}_{\hat{\theta}}(u)=e^{\mathrm{T}}[D_u^{\mathrm{T}}W_uD_u]^{-1}D_u^{\mathrm{T}}W_u[A(\hat{\rho})Y-X\hat{\beta}] \\
&= e^{\mathrm{T}}[D_u^{\mathrm{T}}W_uD_u]^{-1}D_u^{\mathrm{T}}W_u[X\beta_0+M_{\theta_0}+\varepsilon+(\rho-\hat{\rho})(Q_0+G_0\varepsilon)-X\hat{\beta}] \\
&= e^{\mathrm{T}}[D_u^{\mathrm{T}}W_uD_u]^{-1}D_u^{\mathrm{T}}W_u[M_{\theta_0}+\varepsilon+(\rho-\hat{\rho})(Q_0+G_0\varepsilon)+X(\beta_0-\hat{\beta})] \\
&= e^{\mathrm{T}}(L_1+L_2+L_3+L_4) \tag{3.47}
\end{aligned}
$$

结合引理 3.4、引理 3.5 和引理 3.6，可知

$$
e^{\mathrm{T}}L_1=e^{\mathrm{T}}[D_u^{\mathrm{T}}W_uD_u]^{-1}D_u^{\mathrm{T}}W_uM_{\theta_0}=\alpha_{\theta_0}(u)\{1+o_p(1)\}
$$

$$
e^{\mathrm{T}}L_2=e^{\mathrm{T}}[D_u^{\mathrm{T}}W_uD_u]^{-1}D_u^{\mathrm{T}}W_u\varepsilon=o_p(1)
$$

$$e^{\mathrm{T}}L_3 = e^{\mathrm{T}}[D_u^{\mathrm{T}}W_uD_u]^{-1}D_u^{\mathrm{T}}W_u(\rho-\hat{\rho})(Q_0+G_0\varepsilon)$$

$$= e^{\mathrm{T}}[D_u^{\mathrm{T}}W_uD_u]^{-1}D_u^{\mathrm{T}}W_u(\rho-\hat{\rho})[G_0(X\beta_0+M_{\theta_0})+G_0\varepsilon]$$

$$= e^{\mathrm{T}}[D_u^{\mathrm{T}}W_uD_u]^{-1}D_u^{\mathrm{T}}W_u(\rho-\hat{\rho})G_0(X\beta_0)+[D_u^{\mathrm{T}}W_uD_u]^{-1}D_u^{\mathrm{T}}W_u(\rho-\hat{\rho})G_0M_{\theta_0}$$

$$+ [D_u^{\mathrm{T}}W_uD_u]^{-1}D_u^{\mathrm{T}}W_u(\rho-\hat{\rho})G_0\varepsilon = o_p(1)$$

由 $\left\|\hat{\beta}-\beta_0\right\| = O_p(n^{-1/2})$，得到

$$e^{\mathrm{T}}L_4 = e^{\mathrm{T}}[D_u^{\mathrm{T}}W_uD_u]^{-1}D_u^{\mathrm{T}}W_u[X(\beta_0-\hat{\beta})]$$

$$= e^{\mathrm{T}}\Omega_{11}^{-1}(u)\Omega_{12}(u)[1+O_p(c_n)]O_p(n^{-1/2}) = o_p(1)$$

因此，$\hat{\alpha}_{\hat{\theta}}(u)-\alpha_{\theta_0}(u)=o_p(1)$。定理得证。

定理 3.5 的证明 由定理 3.4 的证明过程，可知 $\hat{\delta}_{\hat{\theta}}(u)=L_1+L_2+L_3+L_4$。其中对 M_{θ_0} 在 u 处进行泰勒展开：

$$M_{\theta_0} = \begin{pmatrix} z_1^{\mathrm{T}}\alpha_{\theta_0}(u_1) \\ \vdots \\ z_n^{\mathrm{T}}\alpha_{\theta_0}(u_n) \end{pmatrix}$$

$$= \begin{pmatrix} z_1^{\mathrm{T}}\alpha_{\theta_0}(u)+(u_1-u)z_1^{\mathrm{T}}\alpha_{\theta_0}'(u)+2^{-1}(u_1-u)^2z_1^{\mathrm{T}}\alpha_{\theta_0}''(u) \\ \vdots \\ z_n^{\mathrm{T}}\alpha_{\theta_0}(u)+(u_n-u)z_n^{\mathrm{T}}\alpha_{\theta_0}'(u)+2^{-1}(u_n-u)^2z_n^{\mathrm{T}}\alpha_{\theta_0}''(u) \end{pmatrix} + o_p(h^2)$$

$$= D_u\begin{pmatrix} \alpha_{\theta_0}(u) \\ h\alpha_{\theta_0}(u) \end{pmatrix}$$

$$+ 2^{-1}h^2\left(\left(\frac{u_1-u}{h}\right)^2z_1^{\mathrm{T}}\alpha_{\theta_0}''(u)\cdots\left(\frac{u_n-u}{h}\right)^2z_n^{\mathrm{T}}\alpha_{\theta_0}''(u)\right)^{\mathrm{T}} + o_p(h^2)$$

$$= D_u\delta_{\theta_0}(u)+2^{-1}h^2A(u)+o_p(h^2) \tag{3.48}$$

其中，

$$\delta_{\theta_0}(u) = \begin{pmatrix} \alpha_{\theta_0}(u) \\ h\alpha_{\theta_0}(u) \end{pmatrix}$$

$$A(u) = \left(\left(\frac{u_1-u}{h}\right)^2z_1^{\mathrm{T}}\alpha_{\theta_0}''(u)\cdots\left(\frac{u_n-u}{h}\right)^2z_n^{\mathrm{T}}\alpha_{\theta_0}''(u)\right)^{\mathrm{T}}$$

$$L_1 = \delta_{\theta_0}(u)+2^{-1}h^2[D_u^{\mathrm{T}}W_uD_u]^{-1}D_u^{\mathrm{T}}W_uA(u)$$

$$+ o_p(h^2)[D_u^{\mathrm{T}}W_uD_u]^{-1}D_u^{\mathrm{T}}W_u1_n \tag{3.49}$$

其中，1_n 为元素全部为 1 的 n 维列向量，且

$$D_u^{\mathrm{T}} W_u A(u) = \begin{pmatrix} \sum_{i=1}^{n} z_i z_i^{\mathrm{T}} \left(\dfrac{u_i - u}{h} \right)^2 K_h(u_i - u) \\ \sum_{i=1}^{n} z_i z_i^{\mathrm{T}} \left(\dfrac{u_i - u}{h} \right)^3 K_h(u_i - u) \end{pmatrix} \alpha''_{\theta_0}(u)$$

$$= nf(u) \begin{pmatrix} \Omega_{11}(u)\alpha''_{\theta_0}(u)\mu_2 \\ 0 \end{pmatrix} \{1 + O_p(c_n)\}$$

则有

$$[D_u^{\mathrm{T}} W_u D_u]^{-1} D_u^{\mathrm{T}} W_u A(u) = (\mu_2, 0)^{\mathrm{T}} \otimes \alpha''_{\theta_0}(u)\{1 + O_p(c_n)\}$$

由

$$D_u^{\mathrm{T}} W_u 1_n = \begin{pmatrix} \sum_{i=1}^{n} z_i K_h(u_i - u) \\ \sum_{i=1}^{n} z_i \left(\dfrac{u_i - u}{h} \right) K_h(u_i - u) \end{pmatrix}$$

$$= nf(u)(1, 0)^{\mathrm{T}} \otimes E(z_i \,|\, u_i = u)\{1 + O_p(c_n)\}$$

则得

$$o_p(h^2)[D_u^{\mathrm{T}} W_u D_u]^{-1} D_u^{\mathrm{T}} W_u 1_n = o_p(h^2)$$

故

$$L_1 = \delta_{\theta_0}(u) + 2^{-1} h^2 \mu_2 \begin{pmatrix} \alpha''_{\theta_0}(u) \\ 0 \end{pmatrix} + o_p(h^2) \tag{3.50}$$

于是有

$$\sqrt{nh} \left[\hat{\delta}_{\hat{\theta}}(u) - \delta_{\theta_0}(u) - 2^{-1} h^2 \mu_2 \begin{pmatrix} \alpha''_{\theta_0}(u) \\ 0 \end{pmatrix} \right] = \sqrt{nh} L_2 + o_p(1) \tag{3.51}$$

这里, $L_2 = [D_u^{\mathrm{T}} W_u D_u]^{-1} D_u^{\mathrm{T}} W_u \varepsilon$, 其中,

$$n^{-1} D_u^{\mathrm{T}} W_u D_u = f(u) \begin{pmatrix} 1 & 0 \\ 0 & \mu_2 \end{pmatrix} \otimes \Omega_{11}(u)\{1 + O_p(c_n)\}$$

$$\sqrt{nh} n^{-1} D_u^{\mathrm{T}} W_u \varepsilon = n^{-1/2} h^{1/2} \begin{pmatrix} \sum_{i=1}^{n} z_i \varepsilon_i K_h(u_i - u) \\ \sum_{i=1}^{n} z_i \varepsilon_i \left(\dfrac{u_i - u}{h} \right) K_h(u_i - u) \end{pmatrix}$$

令 c 为任意的 $2p$ 维单位矢量, 定义

$$\varsigma_i = h^{1/2} c^{\mathrm{T}} \begin{pmatrix} z_i \varepsilon_i K_h(u_i - u) \\ z_i \varepsilon_i \left(\dfrac{u_i - u}{h} \right) K_h(u_i - u) \end{pmatrix}$$

可知 ς_i 为独立同分布的随机变量，通过运用 Cramer-Wold 机制和多元中心极限定理，可以得到

$$E(\varsigma_i) = 0$$

$$E(\varsigma_i^2) = hc^{\mathrm{T}}E\begin{pmatrix} z_iz_i^{\mathrm{T}}K_h^2(u_i-u)\varepsilon_i^2 & z_iz_i^{\mathrm{T}}\left(\dfrac{u_i-u}{h}\right)K_h^2(u_i-u)\varepsilon_i^2 \\ z_iz_i^{\mathrm{T}}\left(\dfrac{u_i-u}{h}\right)K_h^2(u_i-u)\varepsilon_i^2 & z_iz_i^{\mathrm{T}}\left(\dfrac{u_i-u}{h}\right)^2K_h^2(u_i-u)\varepsilon_i^2 \end{pmatrix}c$$

$$= \sigma_0^2 f(u)c^{\mathrm{T}}\begin{pmatrix} \nu_0\Omega_{11}(u) & 0 \\ 0 & \nu_2\Omega_{11}(u) \end{pmatrix}c\{1+O_p(c_n)\}$$

$$= c^{\mathrm{T}}\Sigma_1 c + O_p(c_n)$$

那么，

$$\sqrt{nh}n^{-1}c^{\mathrm{T}}D_u^{\mathrm{T}}W_u\varepsilon = n^{-1/2}\sum_{i=1}^n\varsigma_i \xrightarrow{L} N\left(0,c^{\mathrm{T}}\Sigma_1 c\right)$$

$$\sqrt{nh}n^{-1}D_u^{\mathrm{T}}W_u\varepsilon = n^{-1/2}h^{1/2}\begin{pmatrix} \sum\limits_{i=1}^n z_i\varepsilon_i K_h(u_i-u) \\ \sum\limits_{i=1}^n z_i\varepsilon_i\left(\dfrac{u_i-u}{h}\right)K_h(u_i-u) \end{pmatrix}$$

$$\xrightarrow{L} N(0,\Sigma_1) \tag{3.52}$$

其中，

$$\Sigma_1 = \sigma_0^2 f(u)\begin{pmatrix} \nu_0 & \Omega_{11}(u) & 0 \\ 0 & \nu_2 & \Omega_{11}(u) \end{pmatrix}$$

于是得到

$$\sqrt{nh}\left[\hat{\delta}_{\hat{\theta}}(u) - \delta_{\theta_0}(u) - 2^{-1}h^2\mu_2\begin{pmatrix} \alpha''_{\theta_0}(u) \\ 0 \end{pmatrix}\right]$$

$$= \sqrt{nh}[D_u^{\mathrm{T}}W_u D_u]^{-1}D_u^{\mathrm{T}}W_u\varepsilon + o_p(1)$$

$$= [n^{-1}D_u^{\mathrm{T}}W_u D_u]^{-1}\sqrt{nh}n^{-1}D_u^{\mathrm{T}}W_u\varepsilon + o_p(1) \xrightarrow{L} N(0,\Sigma_\alpha) \tag{3.53}$$

其中，

$$\Sigma_\alpha = \sigma_0^2 f^{-1}(u)\begin{pmatrix} \nu_0\Omega_{11}^{-1}(u) & 0 \\ 0 & \dfrac{\nu_2}{\mu_2^2}\Omega_{11}^{-1}(u) \end{pmatrix}$$

特别地，有

$$\sqrt{nh}[\hat{\alpha}_{\hat{\theta}}(u) - \alpha_{\theta_0}(u) - 2^{-1}h^2\mu_2\alpha''_{\theta_0}(u)] \xrightarrow{L} N(0,\nu_0\sigma_0^2 f^{-1}(u)\Omega_{11}^{-1}(u))$$

3.7 本章小结

目前，关于非参数空间计量模型的研究还处于起步阶段，考虑到该模型在经济研究中的重要作用，本章提出了一类最新的半参数变系数空间滞后回归模型进行分析。一方面，本章的工作是对前人研究的有益补充，相比 Su 和 Jin(2010) 提出的半参数空间滞后回归模型，本章所建立的模型在解决多元非参数方面具有更大优势，而相比李坤明和陈建宝 (2013) 提出的变系数空间滞后回归模型，这里的模型允许解释变量一部分为线性影响，一部分为非线性影响，使得模型在设定形式上更具灵活性；另一方面，探讨了模型的统计检验问题，这在以往非参数空间计量模型的研究中均鲜有涉及。具体来看，研究内容可概括为以下几个方面：

第一，实现了对半参数变系数回归模型的空间相关性检验。统计量选取的是 Moran's I 指标，采取的是一种计算检验 p-值的三阶矩 χ^2 逼近方法，蒙特卡罗模拟结果表明该检验统计量在有限样本情况下具有合理的检验水平性质和良好的检验功效性质。同时，我们还提出另一种检验 p-值的 Bootstrap 方法，在考察实际问题时，该方法的使用能够进一步增加检验统计量的稳健性。

第二，给出了半参数变系数空间滞后回归模型的模型设定、参数和非参数的估计方法以及估计量的大样本性质。一方面，根据所构建的半参数变系数空间滞后回归模型，提出了截面似然估计方法。首先，把模型中的空间滞后相关系数 ρ 和解释变量的系数 β 当作已知，此时模型转化为变系数回归模型，再用局部线性估计法得到变系数部分的初始估计，此时变系数部分的估计量成为 ρ 和 β 的函数；其次，采用变系数的初始估计值替代原始模型中的变系数部分，得到一个关于 ρ 和 β 的参数模型，进而可以得到模型参数部分的估计；最后，将得到的参数部分估计值代入变系数部分的初始估计量可得其最终估计。另一方面，证明了该模型参数和非参数估计的一致性和渐近正态性，并通过蒙特卡罗模拟方法探讨了上述估计方法的小样本表现。结果显示，参数和非参数估计的偏误和样本标准差均随样本容量的增加而下降，并且在样本容量较大时基本等价于由渐近分布得到的标准差，这些与理论结果相一致。同时，我们还通过数值模拟将本章提出的模型与普通半参数变系数回归模型、全局空间滞后回归模型进行了对比，结果表明半参数变系数空间滞后回归模型在捕捉非线性特征和处理空间效应两方面具有更大的优越性。

第三，构造了变系数函数部分稳定性检验的统计量。选取的是广义似然比统计量，并通过 Bootstrap 方法构建了该统计量的分布情况，计算其检验 p-值。这里，虽然我们没有进一步给出统计量的大样本性质，但 Bootstrap 方法的使用也具有一些明显优势，不仅可得到较理想的小样本表现，而且容许模型存在异方差的情况。

第 4 章　半参数变系数空间误差回归模型的估计

4.1　引　　言

第 3 章中我们探讨了半参数变系数空间滞后回归模型的截面似然估计，为处理空间滞后因变量带来的空间相关性提供了较好的理论分析工具。尽管这可能是处理空间依赖问题最常见且颇为有效的方法，但是，在通常的回归模型中，它并不是表示空间依赖关系的唯一方法。事实上，由空间滞后误差项引致的相关性同样是空间相关性结构的一种重要表现形式。为此，如何将线性设定下的空间误差回归模型扩展到非线性设定下的空间误差回归模型，依然是有待研究的重要工作。Su (2012) 基于 GMM 估计方法对包含空间滞后和误差滞后的非参数空间计量回归模型加以估计，其文章以截面似然估计的思想贯穿其中：首先，假定模型空间自回归系数给定，运用局部工具变量给出非参数部分的估计量，其次，由于非参数估计量为空间自回归系数的函数，可通过选取合适的全局工具变量实现对空间自回归系数的估计，进而得到非参数部分的最终估计，最后，蒙特卡罗模拟证实了估计方法的有效性；Robinson (2010, 2011) 同样作过相关探索，Robinson (2010) 探讨了一类误差项分布未知情况下的半参数空间滞后回归模型，并基于非参数序列估计技术给出了模型的适应性估计；随后，Robinson (2011) 进一步考察了非参数空间误差自回归移动平均模型的核估计方法，并证明了其渐近理论。可以看出，这些学者在理论上的贡献为非参数空间计量模型的发展提供了新的研究方向。

以此为契机，本章继续讨论一类全新的半参数变系数空间误差回归模型，旨在有效刻画由误差项滞后引起的空间相关性特征，并兼顾到模型中存在的非线性影响。值得一提的是，与 Su (2012) 提出的模型相比，我们的新模型具有明显优势：线性部分的引入使得模型形式更为灵活；变系数部分能够有效规避可能的"维数灾难"问题。

本章余下部分的内容安排如下：4.2 节提出一类新的半参数变系数空间误差回归模型，构建该模型的截面似然估计方法，并讨论模型参数估计量和非参数估计量的一致性与渐近正态性；4.3 节讨论一类特殊的半参数空间误差回归模型的估计；4.4 节研究当考虑空间相关性结构时非参数部分的估计，并探讨这种情况下参数估计量和非参数估计量的大样本性质；最后是主要结论总结。需要指出的是，对于上述提出的检验统计量和估计方法，我们同时采用蒙特卡罗模拟考察了它们的小样本表现。

4.2 半参数变系数空间误差回归模型的估计

4.2.1 模型设定

基本设定的半参数变系数空间误差回归模型表示为

$$
\begin{cases}
Y = X\beta + M + \eta \\
\eta = \lambda W\eta + \varepsilon
\end{cases}
\tag{4.1}
$$

其中, $Y = (y_1, y_2, \cdots, y_n)^{\mathrm{T}}$ 为被解释变量, $M = \alpha^{\mathrm{T}}(U)Z$, λ 为待估的空间误差相关系数, W 为预先给定的空间权重矩阵, (U, X, Z) 为协变量, 且 $U = (u_1, u_2, \cdots, u_n)^{\mathrm{T}}$。这里, 为避免 "维数灾难" 问题, 不失一般性, 不妨将 U 设定为单变量。$X = (x_1, x_2, \cdots, x_n)^{\mathrm{T}}$, $x_i = (x_{i1}, x_{i2}, \cdots, x_{iq})^{\mathrm{T}}$, $Z = (z_1, z_2, \cdots, z_n)^{\mathrm{T}}$, $z_i = (z_{i1}, z_{i2}, \cdots, z_{ip})^{\mathrm{T}}$, $\beta = (\beta_1, \beta_2, \cdots, \beta_q)^{\mathrm{T}}$ 为待估的未知参数向量, $M = (\alpha^{\mathrm{T}}(u_1)z_1, \alpha^{\mathrm{T}}(u_2)z_2, \cdots, \alpha^{\mathrm{T}}(u_n)z_n)^{\mathrm{T}}$ 为非参数部分, $\alpha(u_i) = (\alpha_1(u_i), \alpha_2(u_i), \cdots, \alpha_p(u_i))^{\mathrm{T}}$ 为函数形式未知的变系数部分, 也是模型关注的重要部分之一, $\varepsilon = (\varepsilon_1, \varepsilon_2, \cdots, \varepsilon_n)^{\mathrm{T}}$ 为随机误差向量, 且 $\varepsilon \sim N(0, \sigma^2 I)$, I 为单位阵, $i = 1, 2, \cdots, n$。这里, 记主要感兴趣的待估参数向量 $\theta = (\beta^{\mathrm{T}}, \lambda, \sigma^2)^{\mathrm{T}} \in \Theta$, Θ 为有限维的紧参数空间, 并令 $\theta_0 = (\beta_0^{\mathrm{T}}, \lambda_0, \sigma_0^2)^{\mathrm{T}}$, θ_0, M_0 和 $\alpha_0(u_i)$ 分别为真实的参数和非参数部分, 其中 θ_0 和 M_0 为真实的参数部分, $\alpha_0(u_i)$ 为非参数部分。相比普通的空间误差回归模型, 模型 (4.1) 的主要优点在于允许一部分解释变量的系数固定, 而其他解释变量的系数随着变量 U 变化而变化, 因此, 模型在设定形式上更具灵活性; 而相比普通的半参数变系数回归模型, 模型 (4.1) 则同时兼顾到了误差项可能存在的空间相关性, 参数部分的估计也将更有效。

模型 (4.1) 的对数似然函数为

$$
\begin{aligned}
& L(\theta, \alpha^{\mathrm{T}}(U)) \\
& = -\frac{n}{2}\ln(2\pi\sigma^2) + \ln|B(\lambda)| - \frac{1}{2\sigma^2}(Y - X\beta - M)^{\mathrm{T}}\Psi^{-1}(\lambda)(Y - X\beta - M)
\end{aligned}
\tag{4.2}
$$

其中, $\alpha(U) = (\alpha^{\mathrm{T}}(u_1), \cdots, \alpha^{\mathrm{T}}(u_n))^{\mathrm{T}}$, $\Psi(\lambda) = (B^{\mathrm{T}}(\lambda)B(\lambda))^{-1}$, $B(\lambda) = I - \lambda W$。对于模型中的非参数部分, 不能直接采用极大似然估计得到, 因此, 借鉴 Severini 和 Wong (1992) 建立的截面似然估计理论, 我们引入最佳偏差曲线, 不妨假定 $\alpha_\theta(u)$ 为真实变系数 $\alpha(u)$ 的最佳偏差曲线。此时, 模型 (4.1) 可转化为

$$
\begin{cases}
Y = X\beta + M_\theta + \eta \\
\eta = \lambda W\eta + \varepsilon
\end{cases}
\tag{4.3}
$$

其中,

$$
M_\theta = (\alpha_\theta^{\mathrm{T}}(u_1)z_1, \alpha_\theta^{\mathrm{T}}(u_2)z_2, \cdots, \alpha_\theta^{\mathrm{T}}(u_n)z_n)^{\mathrm{T}}
$$

$$\alpha_\theta(u_i) = (\alpha_{\theta_1}(u_i), \alpha_{\theta_2}(u_i), \cdots, \alpha_{\theta_p}(u_i))^{\mathrm{T}}$$

这里记 M_{θ_0} 和 $\alpha_{\theta_0}(u_i)$ 分别为真实参数。那么，对于给定参数 θ，即可得到模型 (4.3) 的截面对数似然函数为

$$L(\theta) = -\frac{n}{2}\ln(2\pi\sigma^2) + \ln|B(\lambda)| - \frac{1}{2\sigma^2}(Y - X\beta - M_\theta)^{\mathrm{T}}\Psi^{-1}(\lambda)(Y - X\beta - M_\theta) \quad (4.4)$$

通过最佳偏差曲线的定义，如果 $\alpha_\theta(u)$ 已知，则感兴趣参数 θ 的估计可以通过替代 $\alpha(u)$，进而对函数 $L(\theta)$ 的最大化来得到，然而实际中 $\alpha_\theta(u)$ 往往是未知的，因此，我们需要给出可行的非参数估计方法。

4.2.2　模型估计

在引入最佳偏差曲线后，本章将考虑采用局部线性估计法得到 $\alpha_\theta(u)$ 的初始估计 $\hat{\alpha}_\theta(u)$，接着用 $\hat{\alpha}_\theta(u)$ 替代式 (4.4) 中的 $\alpha_\theta(u)$，进而得到有关参数 θ 的空间误差回归模型，这时运用熟知的极大似然估计可得到 θ 的估计 $\hat{\theta}$，最后将估计值代入 $\hat{\alpha}_\theta(u)$ 即可得到 $\alpha_\theta(u)$ 的最终估计 $\hat{\alpha}_{\hat{\theta}}(u)$。具体的估计步骤如下：

第一步，假设 θ 已知，模型 (4.3) 可写成

$$\begin{cases} y_i^* = \alpha_\theta^{\mathrm{T}}(u_i)z_i + \eta_i \\ \eta_i = \lambda \sum_{j=1}^{n} w_{ij}\eta_j + \varepsilon_i \end{cases}$$

其中，$y_i^* = y_i - \sum_{j=1}^{q} \beta_j x_{ij}$。对于任一点 u，借鉴 Lam 和 Fan (2008) 的方法，我们通过构建局部极大似然函数，运用局部线性估计法可以得到 $\alpha_\theta(u)$ 的一个初始估计值为 $\hat{\alpha}_\theta(u) = (\hat{\alpha}_1(u), \cdots, \hat{\alpha}_p(u))^{\mathrm{T}}$，此即最佳偏差曲线的一个近似估计量。令

$$Y^* = (y_1^*, y_2^*, \cdots, y_n^*)$$
$$W_u = \mathrm{diag}(K_h(u_1 - u), \cdots, K_h(u_n - u))$$
$$\delta_\theta(u) = (\alpha_1(u), \cdots, \alpha_p(u), h\alpha_1'(u), \cdots, h\alpha_p'(u))^{\mathrm{T}}$$
$$D_u = \begin{pmatrix} z_1^{\mathrm{T}} & h^{-1}(u_1 - u)z_1^{\mathrm{T}} \\ \vdots & \vdots \\ z_n^{\mathrm{T}} & h^{-1}(u_n - u)z_n^{\mathrm{T}} \end{pmatrix}$$

其中，$K_h(u_i - u) = h^{-1}K((u_i - u)/h)$，$K((u_i - u)/h)$ 为核函数，h 为窗宽。那么，在 u 点处，我们构建的局部极大似然函数为

$$L(\delta_\theta(u)) = -\frac{n}{2}\ln(2\pi\sigma^2) + \ln|B(\lambda)|$$

$$-\frac{1}{2\sigma^2}\{Y^* - D_u\delta_\theta(u)\}^{\mathrm{T}}W_u^{1/2}\Psi^{-1}W_u^{1/2}\{Y^* - D_u\delta_\theta(u)\}$$

显然，最大化该似然函数可得到 $\delta_\theta(u)$ 的估计值，简化得到

$$\hat{\delta}_\theta(u) = \arg\max_{\{\delta_\theta(u)\}}\{Y^* - D_u\delta_\theta(u)\}^{\mathrm{T}}W_u^{1/2}\Psi^{-1}W_u^{1/2}\{Y^* - D_u\delta_\theta(u)\} \qquad (4.5)$$

这里，对于非参数部分的估计，Ruckstuhl 等 (2000)，Lin 和 Carroll (2000) 从理论上证明了 "Working Independence" 方法的可行性，也就是估计模型的非参数部分时可看作数据之间并不存在相关性结构；Cai (2007) 研究具有序列相关结构的时变系数回归模型时，对非参数估计量的构造同样忽略了相关性结构；这样的处理技术在 Fan 等 (2007) 和 Fan 等 (2008) 对纵向数据半参数变系数回归模型的研究中亦有体现。依照此思路，针对式 (4.5)，我们对 $\delta_\theta(u)$ 求导取其估计量时，也近似忽略对相关性结构的考虑，并假定在这种情况下，$\delta_\theta(u)$ 的估计同样可近似满足似然函数最大化。那么，做出简单处理后的式 (4.5) 转化为

$$\hat{\delta}_\theta(u) = \arg\max_{\{\delta_\theta(u)\}}\{Y^* - D_u\delta_\theta(u)\}^{\mathrm{T}}W_u\{Y^* - D_u\delta_\theta(u)\} \qquad (4.6)$$

那么，式 (4.6) 经过计算可得到

$$\hat{\delta}_\theta(u) = [D_u^{\mathrm{T}}W_uD_u]^{-1}D_u^{\mathrm{T}}W_uY^* = R^{-1}(u)T(u)$$

其中，

$$R(u) = D_u^{\mathrm{T}}W_uD_u$$

$$= \begin{pmatrix} \displaystyle\sum_{i=1}^{n} z_iz_i^{\mathrm{T}}K_h(u_i-u) & \displaystyle\sum_{i=1}^{n} z_iz_i^{\mathrm{T}}\left(\frac{u_i-u}{h}\right)K_h(u_i-u) \\ \displaystyle\sum_{i=1}^{n} z_iz_i^{\mathrm{T}}\left(\frac{u_i-u}{h}\right)K_h(u_i-u) & \displaystyle\sum_{i=1}^{n} z_iz_i^{\mathrm{T}}\left(\frac{u_i-u}{h}\right)^2K_h(u_i-u) \end{pmatrix}$$

$$T(u) = D_u^{\mathrm{T}}W_uY^* = \begin{pmatrix} \displaystyle\sum_{i=1}^{n} z_iy_i^*K_h(u_i-u) \\ \displaystyle\sum_{i=1}^{n} z_iy_i^*\left(\frac{u_i-u}{h}\right)K_h(u_i-u) \end{pmatrix}$$

易知，$\hat{\delta}_\theta(u)$ 实质上为参数 β 的函数。令 $e = (I_p, O_p)^{\mathrm{T}}$，$I_p$ 和 O_p 分别为 $p \times p$ 单位阵和元素全部为 0 的 $p \times p$ 矩阵。此时有

$$\hat{\alpha}_\theta(u) = e^{\mathrm{T}}\hat{\delta}_\theta(u) = e^{\mathrm{T}}R^{-1}(u)T(u)$$

$$\hat{M}_\theta = \begin{pmatrix} [z_1^{\mathrm{T}} \quad 0] & \{D_{u_1}^{\mathrm{T}} W_{u_1} D_{u_1}\}^{-1} D_{u_1}^{\mathrm{T}} W_{u_1} \\ \vdots & \vdots \\ [z_n^{\mathrm{T}} \quad 0] & \{D_{u_n}^{\mathrm{T}} W_{u_n} D_{u_n}\}^{-1} D_{u_n}^{\mathrm{T}} W_{u_n} \end{pmatrix}(Y - X\beta) = SY^*$$

其中,

$$S = \begin{pmatrix} [z_1^{\mathrm{T}} \quad 0] & \{D_{u_1}^{\mathrm{T}} W_{u_1} D_{u_1}\}^{-1} D_{u_1}^{\mathrm{T}} W_{u_1} \\ \vdots & \vdots \\ [z_n^{\mathrm{T}} \quad 0] & \{D_{u_n}^{\mathrm{T}} W_{u_n} D_{u_n}\}^{-1} D_{u_n}^{\mathrm{T}} W_{u_n} \end{pmatrix}$$

第二步,用第一步中得到的 $\hat{\alpha}_\theta(u_i)$ 替代式 (4.4) 中的 $\alpha_\theta(u_i)$,可得模型 (4.3) 的近似对数似然函数为

$$\hat{L}(\theta) = -\frac{n}{2}\ln(2\pi\sigma^2) + \ln|B(\lambda)|$$
$$- \frac{1}{2\sigma^2}[(Y - X\beta)^{\mathrm{T}}(I - S)^{\mathrm{T}}\Psi^{-1}(\lambda)(I - S)(Y - X\beta)] \tag{4.7}$$

实际求解中,我们可以先假定 λ 已知,然后对式 (4.7) 关于 β 和 σ^2 求解最大化问题,分别得到 β 和 σ^2 的初始估计为

$$\begin{cases} \hat{\beta}(\lambda) = (X^{\mathrm{T}}PX)^{-1}X^{\mathrm{T}}PY \\ \hat{\sigma}^2(\lambda) = \dfrac{1}{n}Y^{\mathrm{T}}(I - S)^{\mathrm{T}}H(I - S)Y \end{cases} \tag{4.8}$$

其中,

$$P = (I - S)^{\mathrm{T}}\Psi^{-1}(\lambda)(I - S)$$
$$H = \Psi^{-1}(\lambda) - \Psi^{-1}(\lambda)(I - S)X[X^{\mathrm{T}}(I - S)^{\mathrm{T}}\Psi^{-1}(\lambda)(I - S)X]^{-1}X^{\mathrm{T}}(I - S)^{\mathrm{T}}\Psi^{-1}(\lambda)$$

将 $\hat{\beta}$ 和 $\hat{\sigma}^2$ 分别代入式 (4.7) 中的 $\hat{L}(\theta)$,可以得到关于 λ 的集中对数似然函数:

$$\hat{L}(\lambda) = -\frac{n}{2}(\ln 2\pi + 1) - \frac{n}{2}\ln\hat{\sigma}^2(\lambda) + \ln|B(\lambda)| \tag{4.9}$$

式 (4.9) 是 λ 的非线性函数,运用优化算法将其极大化可得到 λ 的最终估计 $\hat{\lambda}$。

第三步,根据第二步得到的 λ 估计值 $\hat{\lambda}$,即可得到参数 θ 的最终估计 $\hat{\theta} = (\hat{\beta}^{\mathrm{T}}, \hat{\lambda}, \hat{\sigma}^2)^{\mathrm{T}}$,以及变系数部分 $\alpha(u)$ 的最终估计 $\hat{\alpha}_{\hat{\theta}}(u)$。

4.2.3   估计的大样本性质

为方便讨论,将模型 (4.3) 改写为如下简化形式:

$$Y = X\beta + M_\theta + B^{-1}(\lambda)\varepsilon$$

其中，$B^{-1}(\lambda) = (I - \lambda W)^{-1}$，进一步定义 $G = B^{-1}(\lambda)W$，并且 B_0 和 G_0 分别代表参数取真值时的情况，这些符号将出现在后面的推导中。进一步，为获得半参数变系数空间误差回归模型的大样本性质，需要给出一定的假设条件。

1. 假设条件

假设 4.1　关于模型中变量的假设条件：

(1) $\{u_i\}_{i=1}^n$ 为独立同分布随机序列，具有二阶连续可微的概率密度函数 $f(u)$，且对支撑集上任意 u，都有 $0 < f(u) < +\infty$；$\Omega_{11}(u) = E(z_i z_i^{\mathrm{T}} | u_i = u)$ 存在且非奇异，其每一个元素都二阶连续可微；$\Omega_{12}(u) = E(z_i x_i^{\mathrm{T}} | u_i = u)$ 和 $\Omega_{22}(u) = E(x_i x_i^{\mathrm{T}} | u_i = u)$ 中每一个元素都二阶连续可微；

(2) $\{x_i\}_{i=1}^n$, $\{z_i\}_{i=1}^n$ 为独立同分布随机序列，且拥有有界支撑集；$\{\varepsilon_i\}_{i=1}^n$ 为独立同分布随机序列，分别与 $\{x_i\}_{i=1}^n$, $\{z_i\}_{i=1}^n$ 无关，满足 $E(\varepsilon_i | x_j, z_j) = 0$, $\mathrm{var}(\varepsilon_i | x_j, z_j) = \sigma^2 < +\infty$，并且有 $E(\|\varepsilon_i x_j\|) < +\infty$, $E(\|\varepsilon_i z_j\|) < +\infty$, $i = 1, \cdots, n$, $j = 1, \cdots, n$；

(3) 存在 $s > 2$, $E|x_{ij}|^{2s} < +\infty$, $E|z_{ij}|^{2s} < +\infty$，并且存在 $\xi < 2 - s^{-1}$，使得 $\lim\limits_{n \to +\infty} n^{2\xi - 1} h = +\infty$，其中 $i = 1, \cdots, n$, $j = 1, \cdots, q$；

(4) 实值函数 $\{\alpha_i(\cdot), i = 1, \cdots, p\}$ 为二阶连续可微的有界函数，最佳偏差曲线 $\alpha_\theta(u)$ 对 θ 和 u 分别存在三阶连续的偏导数，并对任意定义域上的 u 满足条件 $|z_i^{\mathrm{T}} \alpha_\theta(u_i)| \leqslant m_\alpha < +\infty$；进一步，对于真实 β_0 邻域附近的参数 $\beta \in \mathbf{R}^q$，满足条件 $|x_i^{\mathrm{T}} \beta| \leqslant m_\beta < +\infty$。

假设 4.2　关于模型中常量的假设条件：

(1) 空间权重矩阵 W 中各元素非随机，且绝对行和与绝对列和一致有界，其中 $w_{ij} = O_p(1/l_n)$, $\lim\limits_{n \to +\infty} l_n/n = 0$；

(2) $B(\lambda)$ 为非奇异矩阵，对任意的 $\lambda \in \Theta$ 可逆，且 $B(\lambda)$ 和 $B^{-1}(\lambda)$ 的绝对行和与绝对列和在 $\lambda \in \Theta$ 一致有界。

假设 4.3　关于核函数的假设条件：

(1) $K(\cdot)$ 为连续非负对称密度函数，$\mu_i = \int uK(u)\mathrm{d}u$, $v_i = \int uK^2(u)\mathrm{d}u$；

(2) $nh^8 \to 0$ 且 $nh^2(\ln n)^2 \to +\infty$。

假设 4.4　参数 θ 存在唯一真实值 θ_0 位于紧参数空间 Θ 内部，且在 Θ 上一致有界。

假设 4.5　对于截面对数似然函数 $L(\theta)$，满足 $\Sigma_{\theta_0} = -\lim\limits_{n \to \infty} E\left(\dfrac{1}{n} \dfrac{\partial^2 L(\theta)}{\partial \theta \partial \theta^{\mathrm{T}}}\Big|_{\theta = \theta_0}\right)$ 存在且非奇异。

假设 4.6　$\phi_{XX} > 0$, $\lim\limits_{n \to \infty} n^{-1}\mathrm{tr}(C_s C_s^{\mathrm{T}}) > 0$。其中 $\phi_{XX} = \lim\limits_{n \to \infty}\left(\dfrac{1}{n} X^{\mathrm{T}} P X\right)$, $C_s = C + C^{\mathrm{T}}$, $P = (I - S)^{\mathrm{T}} B_0^{\mathrm{T}} B_0(I - S)$, $C^{\mathrm{T}} = G_0 - (n^{-1}\mathrm{tr}(G_0))I$。

评论 4.1　对于矩阵绝对行和与绝对列和一致有界，我们做出简单的说明：矩阵 $E = (E_{ij})_{n \times n}$ 绝对行和与绝对列和一致有界是指存在某一非负常数 m_E，能够使得 $\sum_{j=1}^{n} |E_{ij}| \leqslant m_E$ 及 $\sum_{i=1}^{n} |E_{ij}| \leqslant m_E$，常数 m_E 在本节中会根据不同的矩阵进行不同定义。

评论 4.2　空间权重矩阵 W 的绝对行和与绝对列和一致有界，意味着 $W^{\mathrm{T}}W$ 满足绝对行和与绝对列和一致有界；同样，矩阵 $B(\lambda)$ 的绝对行和与绝对列和一致有界，则有矩阵 $\overline{\psi}(\lambda) = B^{\mathrm{T}}(\lambda)B(\lambda)$ 满足绝对行和与绝对列和一致有界。

评论 4.3　假设 4.1 和假设 4.3 为 Fan 和 Huang (2005) 的文献中给定的半参数变系数回归模型中的一些基本假设条件。假设 4.2 为空间计量经济学中的常见假设，Kelejian 和 Prucha (1998)，Lee (2004) 等建议采用。假设 4.4 为参数估计唯一性识别条件。假设 4.5 用来保证信息矩阵满足非奇异性，见 Michel 等 (2003) 的文献。假设 4.6 用来证明估计量的渐近正态性。总之，这些假设条件的提出都是用来确保估计量大样本性质的完整推导。

2. 参数估计量和非参数估计量的大样本性质

下面我们进一步讨论截面似然估计量 $\hat{\theta}$ 和变系数部分 $\hat{\alpha}_\theta(u)$ 的渐近性质。

定理 4.1　在假设 4.1—假设 4.4 满足的条件下，若存在 $\hat{L}(\hat{\theta}) = \max\limits_{\{\theta \in \Theta\}} \hat{L}(\theta)$，那么 $\hat{\theta} \xrightarrow{p} \theta_0$。

定理 4.2　在假设 4.1—假设 4.5 满足的条件下，$\hat{\theta}$ 具有渐近正态性，即

$$\sqrt{n}(\hat{\theta} - \theta_0) \xrightarrow{L} N\left(0, \Sigma_{\theta_0}^{-1}\right) \tag{4.10}$$

其中，$\Sigma_{\theta_0} = -\lim\limits_{n \to \infty} E\left(\left.\dfrac{1}{n}\dfrac{\partial^2 L(\theta)}{\partial\theta\partial\theta^{\mathrm{T}}}\right|_{\theta=\theta_0}\right)$。

由于 $L(\theta)$ 中真实的 $\alpha_\theta(u)$ 未知，这里并不能直接计算得到 $\Sigma_{\theta_0}^{-1}$。因此，要得到 $\hat{\theta}$ 的渐近方差，可从截面对数似然函数 $\hat{L}(\theta)$ 入手得到 Σ_θ 的一个渐近估计量。

定理 4.3　在假设 4.1—假设 4.6 满足的条件下，可以得到 $\hat{\Sigma}_{\theta_0} \xrightarrow{P} \Sigma_{\theta_0}$。其中，$\hat{\Sigma}_{\theta_0} = -\lim\limits_{n \to \infty}\left[\left.\dfrac{1}{n}\dfrac{\partial^2 \hat{L}(\theta)}{\partial\theta\partial\theta^{\mathrm{T}}}\right|_{\theta=\theta_0}\right]$ 满足非奇异性，并且有

$$-\frac{1}{n}\left.\frac{\partial^2 \hat{L}(\theta)}{\partial\theta\partial\theta^{\mathrm{T}}}\right|_{\theta=\theta_0} = \begin{pmatrix} \dfrac{1}{\sigma_0^2}\left(\dfrac{1}{n}X^{\mathrm{T}}PX\right) & 0 & 0 \\[2mm] 0 & \dfrac{1}{n}\mathrm{tr}(G_0^2) + \dfrac{1}{n}\mathrm{tr}(G_0 G_0^{\mathrm{T}}) & \dfrac{1}{\sigma_0^2}\dfrac{1}{n}\mathrm{tr}(G_0) \\[2mm] 0 & \dfrac{1}{\sigma_0^2}\dfrac{1}{n}\mathrm{tr}(G_0) & \dfrac{1}{2\sigma_0^4} \end{pmatrix}$$
$$+ o_p(1) \tag{4.11}$$

这里，$P = (I - S)^{\mathrm{T}} B_0^{\mathrm{T}} B_0 (I - S)$。

进一步，对于截面对数似然函数 $\hat{L}(\theta)$，令

$$\hat{\Sigma}_{\hat{\theta}} = \begin{pmatrix} \dfrac{X^{\mathrm{T}} P X}{n\hat{\sigma}^2} & 0 & 0 \\[2mm] 0 & \dfrac{\mathrm{tr}(\hat{G}^2 + \hat{G}^{\mathrm{T}}\hat{G})}{n} & \dfrac{\mathrm{tr}(\hat{G})}{n\hat{\sigma}^2} \\[2mm] 0 & \dfrac{\mathrm{tr}(\hat{G})}{n\hat{\sigma}^2} & \dfrac{1}{2\hat{\sigma}^4} \end{pmatrix} \tag{4.12}$$

其中，$\hat{\theta} = (\beta^{\mathrm{T}}, \hat{\lambda}, \hat{\sigma}^2)$，$\hat{G} = B^{-1}(\hat{\lambda})W$。根据定理 4.1—定理 4.3，可知 $\hat{\Sigma}_{\hat{\theta}}$ 为 Σ_{θ_0} 的一个渐近估计量。

至此，对于半参数变系数空间误差回归模型，我们讨论了模型参数部分的渐近性质，与普通的半参数变系数回归模型相比，误差项之间可能存在的空间相关性结构无疑增加了模型估计的复杂程度，而寻求合适的空间误差相关系数 λ 来提高模型参数部分估计的有效性也是我们着力解决的关键问题。下面就模型非参数部分估计量的一致性和渐近性展开进一步讨论，由于非参数部分的估计采取的是局部线性估计方法 (Fan, Gijbels, 1996)，这在很大程度上减弱了协方差结构 (空间相关结构) 对非参数估计量的影响。因此，借鉴 Fan 等 (2007) 的处理方法，考虑非参数估计量的渐近性质时，我们近似忽略了协方差结构对其偏差及方差的影响，得到的主要结论如下。

定理 4.4　在假设 4.1—假设 4.6 满足的条件下，$\hat{\alpha}_{\hat{\theta}}(u) \xrightarrow{P} \alpha_{\theta_0}(u)$。

定理 4.5　在假设 4.1—假设 4.6 满足的条件下，可以得到

$$\sqrt{nh}\left[\hat{\delta}_{\hat{\theta}}(u) - \delta_{\theta_0}(u) - 2^{-1}h^2\mu_2 \begin{pmatrix} \alpha''_{\theta_0}(u) \\ 0 \end{pmatrix} \right] \xrightarrow{L} N(0, \Sigma_\alpha) \tag{4.13}$$

其中，$\Sigma_\alpha = \sigma_0^2 f^{-1}(u) \begin{pmatrix} \nu_0 \Omega_{11}^{-1}(u) & 0 \\ 0 & \dfrac{\nu_2}{\mu_2^2} \Omega_{11}^{-1}(u) \end{pmatrix}$。

特别地，有

$$\sqrt{nh}[\hat{\alpha}_{\hat{\theta}}(u) - \alpha_{\theta_0}(u) - 2^{-1}h^2\mu_2\alpha''_{\theta_0}(u)] \xrightarrow{L} N(0, \nu_0\sigma_0^2 f^{-1}(u)\Omega_{11}^{-1}(u))$$

4.2.4　蒙特卡罗模拟结果

本节我们对上述所推导的半参数变系数空间误差回归模型在小样本情况下的表现进行蒙特卡罗模拟。模拟结果的评估分为参数部分和非参数部分两个方面。对于参数部分，计算了每个估计量的样本标准差 (SD) 和渐近分布得到的标准差均值 (SE)；对于非参数部分，采取的是均方根误 (RASE) 作为评价标准，计算公

式为

$$RASE = \left\{ n_0^{-1} \sum_{k=1}^{n_0} \|\hat{\alpha}(u_k) - \alpha(u_k)\|^2 \right\}^{1/2}$$

其中 $\{u_k\}_{k=1}^{n_0}$ 为在 u 的支撑集内选取的 n_0 个固定网格点。此外，在模拟中我们使用较为常用的 Epanechnikov 核函数：$K(u) = (3/4\sqrt{5})(1 - 1/5u^2)I(u^2 \leqslant 5)$。这里，我们同样借鉴 Su 和 Jin(2010)，Su(2012) 对最优窗宽的选择，采取交叉验证法。

考虑以下数据生成过程：

模型 M4.1：$Y = \alpha_1^{\mathrm{T}}(U)z_1 + \alpha_2^{\mathrm{T}}(U)z_2 + \beta_1 x_1 + \beta_2 x_2 + \eta$，$\eta = \lambda W \eta + \varepsilon$，其中 $\lambda = 0.5$，$\beta_1 = 1.0$，$\beta_2 = 1.5$，$\alpha_2(U) = 3.5[\exp(-(4U-1)^2) + \exp(-(4U-3)^2)] - 1.5$，$\alpha_1(U) = \sin(2\pi U)$；

模型 M4.2：：$Y = \alpha_1^{\mathrm{T}}(U)z_1 + \alpha_2^{\mathrm{T}}(U)z_2 + \beta_1 x_1 + \beta_2 x_2 + \eta$，$\eta = \lambda W \eta + \varepsilon$，其中 $\lambda = 0.5$，$\beta_1 = 1.0$，$\beta_2 = 1.5$，$\alpha_1(U) = \sin(2\pi U)$，$\alpha_2(U) = \cos(2\pi U)$。

具体做出如下设定：

(1) (U, x_1, x_2, z_1, z_2) 为协变量，其中 U 为一维随机变量，产生于均匀分布 $U(0,1)$，协变量 (x_1, x_2, z_1, z_2) 产生于均值为 0、方差为 1 的多元正态分布，并且四个随机变量之间的相关系数都为 2/3，随机误差项服从正态分布 $N(0, \sigma^2)$。

(2) 为了考察空间权重矩阵对估计效果的影响，分别将权重矩阵设定为 Case (1991) 所提出的空间权重矩阵和 Rook 空间权重矩阵。对于 Case (1991) 空间权重矩阵，分别取 $m = 10, 15, 20$ 和 $r = 10, 20$，而对 Rook 权重矩阵，分别取样本数 $n = 100$，$n = 144$，$n = 225$ 和 $n = 400$。

(3) 为了比较不同的方差设定对估计效果的影响，分别考虑方差 $\sigma^2 = 0.25$ 和 $\sigma^2 = 1$ 两种情况。

(4) 为了比较空间相关性强弱对估计效果的影响，考虑方差 $\sigma^2 = 1$，空间权重矩阵为 Rook 矩阵时，空间误差相关系数分别取 0.3 和 0.9 两种情况。

(5) 为了考察非参数部分的估计效果，在 U 的取值范围 $(0,1)$ 内等距选取了 100 个固定点，以 $n_0 = 100$ 个格点的估计作为模型估计效果的评估依据。

1. Case (1991) 空间权重矩阵下的模拟结果

依据上述设计，对每种模型按照设定情况分别进行 1000 次模拟。其中，表 4.1 为空间权重矩阵为 Case (1991) 时的蒙特卡罗模拟结果，通过观察，可以得到下列结论。

表 4.1 权重矩阵为 Case (1991) 的参数估计结果

m	模型	方差 σ^2	R=10				R=20			
			λ	β_1	β_2	σ^2	λ	β_1	β_2	σ^2
10	M4.1	0.25	0.399 (0.154) [0.133]	0.999 (0.084) [0.079]	1.503 (0.087) [0.079]	0.224 (0.038) [0.032]	0.457 (0.089) [0.086]	1.000 (0.058) [0.055]	1.501 (0.057) [0.055]	0.235 (0.025) [0.024]
		1	0.418 (0.136) [0.129]	1.009 (0.167) [0.156]	1.492 (0.168) [0.157]	0.903 (0.154) [0.129]	0.463 (0.087) [0.085]	0.993 (0.116) [0.109]	1.502 (0.112) [0.108]	0.945 (0.108) [0.096]
	M4.2	0.25	0.415 (0.140) [0.129]	0.994 (0.082) [0.078]	1.500 (0.085) [0.078]	0.225 (0.036) [0.032]	0.456 (0.087) [0.086]	0.998 (0.057) [0.054]	1.494 (0.055) [0.054]	0.235 (0.026) [0.024]
		1	0.419 (0.143) [0.129]	1.001 (0.172) [0.154]	1.493 (0.162) [0.153]	0.884 (0.144) [0.126]	0.454 (0.092) [0.086]	0.997 (0.110) [0.107]	1.498 (0.106) [0.107]	0.938 (0.100) [0.095]
15	M4.1	0.25	0.423 (0.138) [0.128]	0.999 (0.063) [0.063]	1.503 (0.065) [0.063]	0.225 (0.031) [0.026]	0.463 (0.089) [0.085]	0.997 (0.047) [0.045]	1.498 (0.047) [0.044]	0.240 (0.020) [0.020]
		1	0.425 (0.152) [0.128]	1.004 (0.130) [0.125]	1.499 (0.137) [0.125]	0.904 (0.115) [0.105]	0.473 (0.088) [0.083]	0.998 (0.089) [0.089]	1.498 (0.084) [0.089]	0.958 (0.083) [0.080]
	M4.2	0.25	0.427 (0.145) [0.127]	0.998 (0.070) [0.063]	1.501 (0.066) [0.063]	0.227 (0.030) [0.026]	0.465 (0.087) [0.084]	1.000 (0.044) [0.044]	1.500 (0.045) [0.044]	0.239 (0.020) [0.020]
		1	0.433 (0.144) [0.126]	0.998 (0.142) [0.124]	1.503 (0.133) [0.124]	0.909 (0.115) [0.106]	0.471 (0.088) [0.083]	0.997 (0.085) [0.088]	1.503 (0.087) [0.088]	0.955 (0.086) [0.079]
20	M4.1	0.25	0.426 (0.152) [0.128]	1.003 (0.058) [0.055]	1.492 (0.058) [0.055]	0.233 (0.026) [0.026]	0.468 (0.084) [0.084]	1.000 (0.038) [0.038]	1.501 (0.040) [0.038]	0.242 (0.017) [0.017]
		1	0.442 (0.136) [0.124]	0.994 (0.114) [0.109]	1.503 (0.114) [0.108]	0.926 (0.102) [0.093]	0.470 (0.088) [0.084]	0.996 (0.080) [0.076]	1.499 (0.077) [0.077]	0.966 (0.070) [0.069]
	M4.2	0.25	0.440 (0.149) [0.125]	1.002 (0.057) [0.055]	1.502 (0.055) [0.054]	0.233 (0.027) [0.023]	0.4622 (0.088) [0.085]	1.000 (0.038) [0.038]	1.500 (0.038) [0.038]	0.241 (0.018) [0.017]
		1	0.445 (0.131) [0.124]	1.003 (0.118) [0.108]	1.503 (0.108) [0.108]	0.938 (0.105) [0.094]	0.471 (0.089) [0.084]	0.995 (0.080) [0.076]	1.499 (0.077) [0.076]	0.968 (0.069) [0.069]

注：圆括号中的数值代表估计系数的样本标准差，方括号中的数值代表由渐近分布得到的估计系数的标准差。

(1) 对于模型 M4.1 和模型 M4.2，随着地区数 R 和成员数 m 的增加，参数部

分 β_1，β_2 和 σ^2 的样本标准差呈现不断减小的趋势，不过，对空间误差相关系数 λ 而言，却表现出一定的差异性。当 m 固定时，参数 λ 的样本标准差随着地区数 R 的增加显著减小，而当 R 固定时，样本标准差对于 m 的变化并不敏感。以模型 M4.1 为例，取 $m = 20$，方差为 0.25，这时在 $R = 10$ 和 $R = 20$ 的情况下，参数 λ 的样本标准差分别为 0.152 和 0.084；而当 R 固定时，参数 λ 的样本标准差并没有随着成员数 m 的增加出现较多变化，同样以模型 M4.1 为例，取 $R=20$，方差为 0.25 时，成员数 m 由 10 增加至 20，可以看到参数 λ 的样本标准差分别为 0.089 和 0.084，发生变动的幅度很小，这些与 Lee (2004)，Su 和 Jin (2010) 的模拟结果相一致；从参数部分的样本均值来看，β_1，β_2 的估计均值与真值差异不大，而 λ 的估计在样本容量较小时存在一定程度的低估，不过这种现象随着样本数的增大而不断改进，逐步向真值靠拢，当然这也说明了本章的估计方法还存在一定的拓展改进空间。

(2) 对于模型 M4.1 和模型 M4.2，随着地区数 R 和成员数 m 的不断增加，参数部分 λ，β_1，β_2 和 σ^2 的样本标准差与渐近分布得到的标准差逐步趋于一致。以模拟中最大样本量为例进行说明，取 $m=20$，$R=20$，可以看出，对两种模型而言，在方差为 0.25 的情况下，其参数部分的样本标准差均非常接近于渐近分布得到的标准差。例如，对于模型 M4.1，此时参数部分 β_1 和 β_2 的样本标准差分别为 0.038 和 0.040，而渐近分布得到的标准差为 0.038 和 0.038，二者几无差异。显然，模拟结果表明文中所推导的参数部分的渐近性质是有效的。

(3) 随着扰动项方差的增大，模型中参数估计的偏误也在增大，β_1，β_2 和 σ^2 等参数的回归表现充分说明了这一点，显然，方差越大对参数部分估计的干扰性越强。当然，样本容量的增大在一定程度上缓解了方差对参数估计的影响效果。另外，对于空间误差相关系数 λ 而言，其样本标准差并没有受到误差项方差的影响，无疑，这些模拟结果与我们的理论性质十分吻合。

表 4.2 给出了空间权重矩阵为 Case (1991) 时，变系数函数 $\alpha_1(u)$ 和 $\alpha_2(u)$ 在 100 个固定格点处的估计值的 1000 个 $RASE$ 值的中位数和标准差，主要衡量模型非参数部分的估计效果。显然，当参数设定一致的情况下，变系数函数部分的估计会受到样本容量 (地区数 R 和成员数 m) 的影响，地区数 R 和成员数 m 的增加会使得变系数函数 $\alpha_1(u)$ 和 $\alpha_2(u)$ 的 $RASE$ 值的中位数和标准差呈现不同程度的减少。以模型为 M4.1 为例，取方差为 0.25，当地区数 $R=20$ 时，变系数部分 $\alpha_1(u)$ 和 $\alpha_2(u)$ 的 $RASE$ 值的中位数分别从成员数 m 为 10 的 0.147 和 0.167 下降到 m 为 20 的 0.097 和 0.118，标准差也分别从 0.046 和 0.044 下降到 0.026 和 0.031。这些特征均表明，模型中非参数部分的估计值与真实值之间的偏离随着样本容量的扩大而逐渐减小，估计结果具有明确的收敛性。

表 4.2 权重矩阵为 Case (1991) 时 1000 个 $RASE$ 值的中位数和标准差

m	模型	方差 σ^2	$R=10$		$R=20$	
			$\alpha_1(u)$	$\alpha_2(u)$	$\alpha_1(u)$	$\alpha_2(u)$
10	M4.1	0.25	0.212 (0.089)	0.246 (0.083)	0.147 (0.046)	0.167 (0.044)
		1.0	0.382 (0.143)	0.412 (0.144)	0.261 (0.086)	0.291 (0.089)
	M4.2	0.25	0.208 (0.071)	0.200 (0.077)	0.140 (0.043)	0.142 (0.042)
		1.0	0.369 (0.140)	0.362 (0.140)	0.258 (0.085)	0.257 (0.084)
15	M4.1	0.25	0.170 (0.047)	0.181 (0.054)	0.122 (0.032)	0.134 (0.031)
		1.0	0.308 (0.103)	0.339 (0.090)	0.209 (0.063)	0.228 (0.063)
	M4.2	0.25	0.159 (0.050)	0.158 (0.050)	0.115 (0.031)	0.112 (0.032)
		1.0	0.288 (0.101)	0.279 (0.105)	0.214 (0.061)	0.202 (0.065)
20	M4.1	0.25	0.143 (0.042)	0.154 (0.041)	0.097 (0.026)	0.118 (0.031)
		1.0	0.262 (0.077)	0.280 (0.083)	0.187 (0.052)	0.209 (0.050)
	M4.2	0.25	0.141 (0.038)	0.138 (0.040)	0.097 (0.028)	0.099 (0.025)
		1.0	0.258 (0.077)	0.241 (0.075)	0.182 (0.053)	0.183 (0.052)

注: 圆括号中的数值代表 1000 个 $RASE$ 值的标准差。

当空间权重矩阵设定为 Case (1991), 样本容量为 $R=20$ 和 $m=20$, 方差分别取 0.25 和 1.0 时, 图 4.1—图 4.4 展现了模型 M4.1 和 M4.2 中变系数函数部分 $\alpha_1(u)$ 和 $\alpha_2(u)$ 的拟合效果。同样借鉴 Su (2012) 的文献的模拟中所采用的提取方法, 我们选取了 1000 次模拟中处于中位数位置的估计。根据图中拟合信息, 变系数函数 $\alpha_1(u)$ 和 $\alpha_2(u)$ 的拟合回归曲线与真实回归曲线均较为接近, 整体上体现出较好的拟合趋势, 并没有出现明显的拟合不足或者过度拟合现象。模拟结果进一步刻画出本章所提估计方法的合理性, 在有限样本情况下, 非参数部分的估计同样具有良好的表现。

2. Rook 空间权重矩阵下的模拟结果

表 4.3 给出了空间权重矩阵为 Rook 矩阵时模型参数的蒙特卡罗模拟结果。对

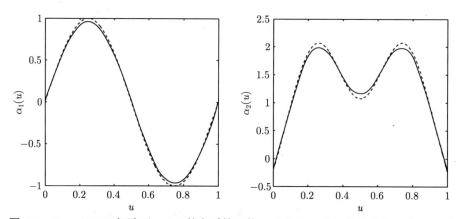

图 4.1　Case (1991) 矩阵下 M4.1 的变系数函数 $\alpha_1(u)$ 和 $\alpha_2(u)$ 的估计值 ($\sigma^2 = 0.25$)

注: 这里选取的是地区数 $R=20$, 成员数 $m=20$ 的情况, 图中虚线为真实的变系数函数曲线, 实线为拟合的变系数函数曲线, 其中左侧为 $\alpha_1(u)$ 的回归函数曲线, 右侧为 $\alpha_2(u)$ 的回归函数曲线, 下同。

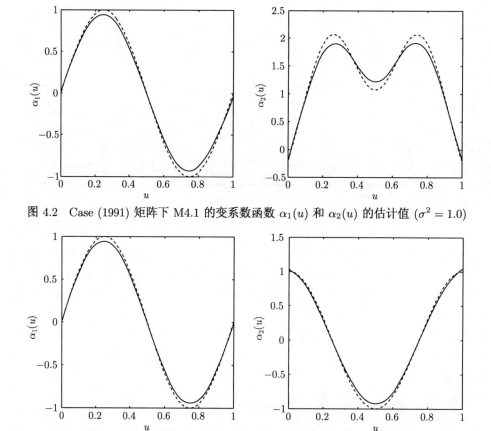

图 4.2　Case (1991) 矩阵下 M4.1 的变系数函数 $\alpha_1(u)$ 和 $\alpha_2(u)$ 的估计值 ($\sigma^2 = 1.0$)

图 4.3　Case (1991) 矩阵下 M4.2 的变系数函数 $\alpha_1(u)$ 和 $\alpha_2(u)$ 的估计值 ($\sigma^2 = 0.25$)

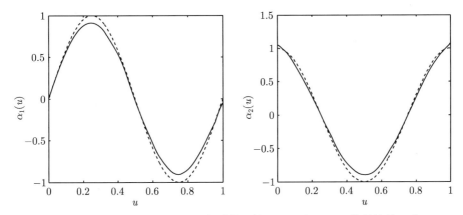

图 4.4 Case (1991) 矩阵下 M4.2 的变系数函数 $\alpha_1(u)$ 和 $\alpha_2(u)$ 的估计值 ($\sigma^2 = 1.0$)

表 4.3 权重矩阵为 Rook 矩阵的参数估计结果

n	方差 σ^2	M4.1				M4.2			
		λ	β_1	β_2	σ^2	λ	β_1	β_2	σ^2
100	0.25	0.392	1.000	1.502	0.233	0.413	0.996	1.495	0.231
		(0.122)	(0.085)	(0.087)	(0.039)	(0.113)	(0.084)	(0.082)	(0.039)
		[0.115]	[0.080]	[0.079]	[0.034]	[0.113]	[0.079]	[0.078]	[0.033]
	1	0.407	1.001	1.496	0.915	0.434	0.992	1.505	0.898
		(0.113)	(0.172)	(0.171)	(0.170)	(0.111)	(0.164)	(0.159)	(0.132)
		[0.114]	[0.155]	[0.156]	[0.148]	[0.112]	[0.153]	[0.153]	[0.130]
144	0.25	0.425	0.999	1.501	0.237	0.428	1.009	1.495	0.234
		(0.096)	(0.071)	(0.067)	(0.034)	(0.102)	(0.066)	(0.065)	(0.032)
		[0.095]	[0.065]	[0.065]	[0.029]	[0.095]	[0.064]	[0.064]	[0.028]
	1	0.433	1.003	1.489	0.942	0.447	1.000	1.502	0.936
		(0.094)	(0.131)	(0.136)	(0.128)	(0.091)	(0.135)	(0.128)	(0.126)
		[0.095]	[0.128]	[0.128]	[0.114]	[0.094]	[0.127]	[0.127]	[0.113]
225	0.25	0.450	0.999	1.501	0.241	0.454	0.999	1.500	0.240
		(0.077)	(0.053)	(0.052)	(0.025)	(0.075)	(0.056)	(0.054)	(0.026)
		[0.076]	[0.051]	[0.051]	[0.023]	[0.076]	[0.051]	[0.051]	[0.023]
	1	0.456	1.005	1.497	0.957	0.467	0.991	1.492	0.967
		(0.075)	(0.098)	(0.106)	(0.097)	(0.079)	(0.104)	(0.107)	(0.099)
		[0.075]	[0.101]	[0.101]	[0.093]	[0.075]	[0.101]	[0.101]	[0.094]
400	0.25	0.467	0.998	1.499	0.249	0.472	1.000	1.501	0.243
		(0.058)	(0.040)	(0.038)	(0.017)	(0.057)	(0.038)	(0.039)	(0.018)
		[0.057]	[0.038]	[0.038]	[0.018]	[0.057]	[0.038]	[0.038]	[0.018]
	1	0.473	0.996	1.499	0.983	0.476	0.996	1.499	0.982
		(0.058)	(0.079)	(0.075)	(0.073)	(0.057)	(0.078)	(0.075)	(0.070)
		[0.057]	[0.075]	[0.076]	[0.071]	[0.056]	[0.075]	[0.075]	[0.071]

注: 圆括号中的数值代表估计系数的样本标准差, 方括号中的数值代表由渐近分布得到的估计系数的标准差。

比表 4.1 可以发现，在 Rook 空间权重矩阵下参数部分估计的表现规律与空间权重矩阵为 Case (1991) 的情况颇为相似。模型参数部分的估计值与真实值之间的偏差均非常小，并且估计值的样本标准差随着样本容量的增加而不断减少，这些迹象表明模型参数部分的估计值随着样本容量的增大逐步向真值靠拢，具有明显的收敛特点，估计上体现出一定的稳定性。例如，对于真实方差为 0.25 的模型 M4.1，当样本容量为 100 时 β_1 和 β_2 的样本标准差为 0.085 和 0.087，σ^2 的样本标准差为 0.039，而当样本容量增加到 400 时，β_1 和 β_2 的样本标准差分别为 0.040 和 0.038，σ^2 的样本标准差则降低到 0.017，显然随着样本容量的扩大，对参数部分估计的样本标准差下降幅度较为明显。特别地，对于空间误差相关系数 λ，其样本标准差并没有受到参数 σ^2 的影响，在样本容量为 400，σ^2 分别取 0.25 和 1 时，二者的样本标准差基本相等，这点与理论推导结果完全一致；进一步，观察由渐近分布所推导的参数部分的标准差，其与模拟所得到的样本标准差均十分接近，并且随着样本容量的增大，二者逐步趋于一致，可近似忽略。例如，对于模型 M4.2，当样本容量为 400，方差为 0.25 时，参数部分 β_1，β_2，σ^2 和 λ 的样本标准差基本等同于由渐近分布得到的标准差，这些特征表明本书中我们所推导的参数部分的渐近分布是有效的；另外，随着随机误差项方差的增大，参数部分估计的偏误也在逐步增大，这点与 Case (1991) 权重矩阵的分析一致。

表 4.4 给出了不同样本容量下，当空间权重矩阵为 Rook 矩阵时，变系数函数

表 4.4　权重矩阵为 Rook 矩阵时 1000 个 $RASE$ 值的中位数和标准差

n	方差 σ^2	M4.1		M4.2	
		$\alpha_1(u)$	$\alpha_2(u)$	$\alpha_1(u)$	$\alpha_2(u)$
100	0.25	0.214 (0.079)	0.248 (0.077)	0.210 (0.069)	0.205 (0.073)
	1	0.386 (0.152)	0.415 (0.200)	0.367 (0.137)	0.349 (0.136)
144	0.25	0.178 (0.053)	0.196 (0.054)	0.171 (0.049)	0.166 (0.054)
	1	0.313 (0.112)	0.353 (0.101)	0.302 (0.0107)	0.291 (0.110)
225	0.25	0.146 (0.043)	0.162 (0.040)	0.141 (0.041)	0.139 (0.041)
	1	0.267 (0.082)	0.281 (0.073)	0.252 (0.077)	0.241 (0.081)
400	0.25	0.106 (0.028)	0.127 (0.029)	0.103 (0.027)	0.104 (0.030)
	1	0.198 (0.055)	0.223 (0.054)	0.191 (0.057)	0.196 (0.056)

注：圆括号中的数值代表 1000 个 $RASE$ 值的标准差。

$\alpha_1(u)$ 和 $\alpha_2(u)$ 在 100 个固定格点处的估计值的 1000 个 $RASE$ 值的中位数和标准差。从表中可以判断,在给定参数的情况下,模型非参数部分的估计效果较好,随着样本容量的扩大,$RASE$ 的中位数和标准差都在不断减小。例如,对模型为 M4.1,方差为 0.25 的情形,变系数 $\alpha_1(u)$ 和 $\alpha_2(u)$ 的 $RASE$ 值的中位数分别从样本容量为 100 时的 0.214 和 0.248 下降到样本容量为 400 时的 0.106 和 0.127,标准差也分别从 0.079 和 0.077 下降到 0.028 和 0.029,同样的特征体现在方差为 1.0 的情况,这些结果表明我们的估计方法在有限样本情况下表现良好,说明该方法是合理的。

图 4.5—图 4.8 展现的是空间权重矩阵为 Rook 矩阵,样本容量为 $n=400$,方差分别为 0.25 和 1.0 时,模型 M4.1 和 M4.2 中变系数函数部分 $\alpha_1(u)$ 和 $\alpha_2(u)$ 的估计效果。同样,我们选取的是 1000 次模拟中处于中位数位置的那次估计,从图中的模拟结果可以看出,变系数函数的估计曲线具有较好的拟合效果,特别取方差为 0.25 时,拟合回归曲线要更加接近于真实的函数曲线,这一结果表明模型中非参数部分的估计是收敛并且合理的,其与真实值的偏离逐渐减小。

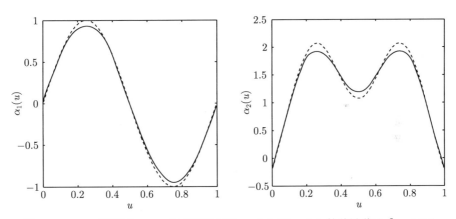

图 4.5 Rook 矩阵下 M4.1 的变系数函数 $\alpha_1(u)$ 和 $\alpha_2(u)$ 的估计值 ($\sigma^2 = 0.25$)

注:这里选取的是样本容量为 400 的情况,图中虚线为真实的变系数函数曲线,实线为拟合的变系数函数曲线,其中左侧为 $\alpha_1(u)$ 的回归函数曲线,右侧为 $\alpha_2(u)$ 的回归函数曲线,下同。

3. 空间误差相关性大小对参数估计的影响

表 4.5 给出了当空间权重矩阵为 Rook 矩阵,方差 $\sigma^2 = 1$ 时,模型参数部分在不同样本容量、不同空间相关性情况下的估计结果,旨在衡量不同的空间相关性大小对参数估计效果产生的影响。可以看到,空间相关性大小对系数 λ 的标准差影响显著,空间相关性较强时的标准差要明显低于相关性较弱时的标准差,这表

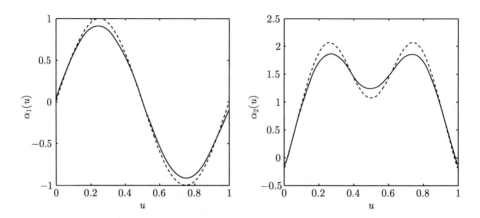

图 4.6　Rook 矩阵下 M4.1 的变系数函数 $\alpha_1(u)$ 和 $\alpha_2(u)$ 的估计值 ($\sigma^2 = 1.0$)

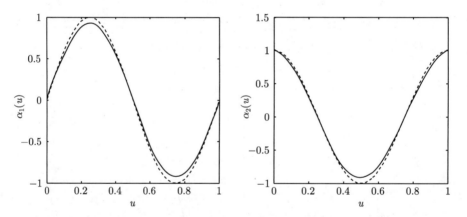

图 4.7　Rook 矩阵下 M4.2 的变系数函数 $\alpha_1(u)$ 和 $\alpha_2(u)$ 的估计值 ($\sigma^2 = 0.25$)

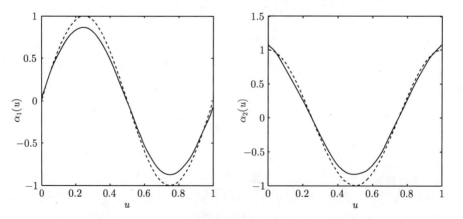

图 4.8　Rook 矩阵下 M4.2 的变系数函数 $\alpha_1(u)$ 和 $\alpha_2(u)$ 的估计值 ($\sigma^2 = 1.0$)

明面对空间相关性强弱的变化，空间误差相关系数的估计并非十分稳健，这点与第 3 章有关半参数变系数空间滞后回归模型中空间滞后相关系数的分析结论相一致；同样，令人欣慰的是，我们更为感兴趣的参数部分 β_1 和 β_2 的估计效果对空间相关性的变化并不敏感，估计结果体现出较强的稳健性。

表 4.5　空间误差相关性大小对参数估计的影响

n	系数 λ	M4.1				M4.2			
		λ	β_1	β_2	σ^2	λ	β_1	β_2	σ^2
100	0.3	0.249	1.007	1.493	0.863	0.251	0.997	1.504	0.871
		(0.127)	(0.166)	(0.165)	(0.145)	(0.120)	(0.170)	(0.172)	(0.141)
		[0.125]	[0.153]	[0.152]	[0.123]	[0.125]	[0.153]	[0.152]	[0.124]
	0.9	0.791	0.978	1.504	1.500	0.796	0.989	1.503	1.501
		(0.064)	(0.177)	(0.175)	(0.359)	(0.062)	(0.168)	(0.168)	(0.419)
		[0.063]	[0.188]	[0.188]	[0.224]	[0.062]	[0.186]	[0.187]	[0.225]
144	0.3	0.255	1.006	1.493	0.903	0.262	0.994	1.497	0.905
		(0.105)	(0.134)	(0.134)	(0.120)	(0.101)	(0.135)	(0.131)	(0.118)
		[0.105]	[0.128]	[0.128]	[0.108]	[0.105]	[0.127]	[0.126]	[0.108]
	0.9	0.816	1.000	1.501	1.401	0.828	1.007	1.500	1.327
		(0.049)	(0.136)	(0.139)	(0.271)	(0.045)	(0.141)	(0.139)	(0.238)
		[0.049]	[0.147]	[0.147]	[0.175]	[0.047]	[0.141]	[0.142]	[0.166]
225	0.3	0.272	1.010	1.494	0.943	0.280	0.999	1.502	0.932
		(0.083)	(0.113)	(0.104)	(0.100)	(0.086)	(0.104)	(0.104)	(0.099)
		[0.085]	[0.102]	[0.102]	[0.090]	[0.084]	[0.101]	[0101]	[0.089]
	0.9	0.845	1.006	1.503	1.251	0.851	1.002	1.510	1.235
		(0.037)	(0.107)	(0.100)	(0.175)	(0.036)	(0.107)	(0.104)	(0.181)
		[0.036]	[0.108]	[0.108]	[0.125]	[0.035]	[0.107]	[0.107]	[0.123]
400	0.3	0.280	1.000	1.503	0.958	0.282	1.000	1.503	0.960
		(0.064)	(0.077)	(0.080)	(0.068)	(0.064)	(0.077)	(0.080)	(0.068)
		[0.064]	[0.076]	[0.076]	[0.068]	[0.064]	[0.076]	[0.076]	[0.069]
	0.9	0.866	0.997	1.498	1.172	0.870	0.996	1.498	1.145
		(0.027)	(0.078)	(0.074)	(0.116)	(0.026)	(0.077)	(0.074)	(0.106)
		[0.026]	[0.077]	[0.077]	[0.088]	[0.025]	[0.076]	[0.076]	[0.086]

注：圆括号中的数值代表估计系数的样本标准差，方括号中的数值代表由渐近分布得到的估计系数的标准差。

4.2.5　回归模型的比较分析

为了进一步比较本章提出的半参数变系数空间误差回归模型与普通半参数变系数回归模型、全局空间误差回归模型之间估计效果的差异性，考虑以下数据生成

过程:

模型 M4.3: $Y = \alpha_1^{\mathrm{T}}(U)z_1 + \alpha_2^{\mathrm{T}}(U)z_2 + \beta_1 x_1 + \beta_2 x_2 + \eta$, $\eta = \lambda W \eta + \varepsilon$, 其中 $\lambda = 0.5$, $\beta_1 = 1.0$, $\beta_2 = 1.5$, $\alpha_1(U) = 2.0$, $\alpha_2(U) = 2.5$;

模型 M4.4: $Y = \alpha_1^{\mathrm{T}}(U)z_1 + \alpha_2^{\mathrm{T}}(U)z_2 + \beta_1 x_1 + \beta_2 x_2 + \eta$, $\eta = \lambda W \eta + \varepsilon$, 其中 $\lambda = 0.5$, $\beta_1 = 1.0$, $\beta_2 = 1.5$, $\alpha_1(U) = \sin(2\pi U)$, $\alpha_2(U) = 3.5[\exp(-(4U - 1)^2) + \exp(-(4U - 3)^2)] - 1.5$。

这里, 具体做出如下设定:

(1) (U, x_1, x_2, z_1, z_2) 为协变量, 其中 U 为一维随机变量, 产生于均匀分布 $U(0,1)$, 协变量 (x_1, x_2, z_1, z_2) 产生于均值为 0、方差为 1 的多元正态分布, 并且四个随机变量之间的相关系数都为 2/3, 随机误差项服从正态分布 $N(0, \sigma^2)$;

(2) 设定空间相关性结构为 Rook 空间权重矩阵, 方差 $\sigma^2 = 1$, 分别取样本数 $n = 100$, $n = 144$, $n = 225$ 和 $n = 400$。

表 4.6 和表 4.7 分别列出了在不同的数据生成过程下, 半参数变系数空间误差回归模型、半参数变系数回归模型以及全局空间误差回归模型参数部分的估计效果。其中 $Bias$ 表示偏差 (参数部分估计值减去真值) 的样本均值, SD 表示偏差的样本标准差, $Median$ 表示偏差的样本中位数, 还有 MAD 由估计量绝对偏差的中位数除以常量 0.6745 得到。对比发现:

(1) 当数据生成过程为模型 M4.3 时, 可知模型中的系数被设定为常值系数, 此时的模型即为常见的全局空间误差回归模型, 而通常最适合的估计方法为参数估计法, 这点可从模拟结果直接观察得到, 如表 4.6 所示。基于全局空间误差回归模型得到的参数 β_1 和 β_2 偏差部分的样本标准差和 MAD 取值均小于半参数变系数回归模型和半参数变系数空间误差回归模型。其中, 细细对比能够发现, 相比全局空间误差回归模型, 半参数变系数空间误差回归模型对于参数部分的估计同样取得了较好效果, 偏差的样本标准差和 MAD 值并没有与全局空间误差回归模型产生太大差异, 这表明当变量之间存在线性关系时, 半参数变系数空间误差回归模型在估计上同样具有较高的准确性, 当然, 这也从另一个侧面反映出模型在实际应用方面有更大的灵活性。

(2) 当数据生成过程为模型 M4.4 时, 清晰可见, 半参数变系数空间误差回归模型明显优于半参数变系数回归模型和全局空间误差回归模型。基于半参数变系数空间误差回归模型得到的参数 β_1 和 β_2 偏差部分的样本标准差和 MAD 取值均小于其他两种模型, 这表明考虑到误差项之间存在的空间相关性结构时, 本章提出的估计方法对参数部分的估计有效性要更高, 并且可以看出忽略变量之间的非线性关系 (全局空间误差回归模型) 所产生的后果要严重于忽略误差项之间存在的空间相关性 (半参数变系数回归模型) 产生的后果。

表 4.6 数据生成过程为 M4.3 时, 不同模型下参数部分 β 的估计效果

n	估计方法	β_1				β_2			
		SD	$Bias$	MAD	$Median$	SD	$Bias$	MAD	$Median$
100	SV_SE	174.0	−4.782	178.1	−10.82	166.7	8.795	173.5	7.288
	SV	193.3	−10.91	204.8	−16.32	192.0	6.480	194.6	6.026
	SE	161.2	−0.485	161.2	6.380	156.6	8.980	157.4	1.415
144	SV_SE	132.1	−1.082	132.1	−1.694	146.5	11.14	146.5	10.65
	SV	145.8	−3.813	151.2	−5.508	158.6	18.10	165.3	13.72
	SE	126.8	−1.245	127.8	−4.306	134.7	−1.245	145.7	12.03
225	SV_SE	103.7	0.980	104.8	−1.961	101.3	1.409	96.13	−1.973
	SV	118.7	1.091	118.8	−3.258	116.4	3.605	104.7	0.147
	SE	100.9	2.852	103.8	−1.222	99.25	2.814	94.30	3.783
400	SV_SE	76.54	−3.532	78.06	−0.059	73.97	1.663	74.29	−0.025
	SV	86.75	0.699	84.51	−2.605	83.37	−0.954	82.05	3.245
	SE	74.47	−3.990	75.55	−2.481	74.49	2.379	75.90	0.887

注: SV_SE 表示半参数变系数空间误差回归模型, SV 表示半参数变系数回归模型, SE 表示全局空间误差回归模型, 并且表中数值为原始结果扩大 1000 倍, 下表同。

表 4.7 数据生成过程为 M4.4 时, 不同模型下参数部分 β 的估计效果

n	估计方法	β_1				β_2			
		SD	$Bias$	MAD	$Median$	SD	$Bias$	MAD	$Median$
100	SV_SE	168.9	1.215	175.8	6.973	171.1	1.761	162.3	0.111
	SV	186.1	−3.221	187.0	5.491	195.2	3.080	185.5	1.468
	SE	215.2	0.097	226.0	6.433	225.9	22.18	212.4	26.78
144	SV_SE	131.8	−3.160	130.8	3.163	140.6	−1.846	134.6	−1.144
	SV	150.9	−6.939	135.9	−0.410	159.8	−4.319	162.1	−3.995
	SE	183.0	−11.58	177.9	−3.112	182.6	−6.729	180.6	−5.264
225	SV_SE	103.1	0.673	97.67	4.101	105.5	2.659	103.0	−4.407
	SV	117.8	2.449	115.1	5.466	117.5	−1.850	125.6	−6.367
	SE	146.1	4.309	153.3	8.219	142.8	8.938	147.3	6.303
400	SV_SE	77.13	−3.103	77.44	−2.356	73.81	1.728	73.81	−0.856
	SV	87.13	0.242	85.24	−3.664	84.00	−0.769	84.03	2.076
	SE	106.3	−3.307	101.0	1.414	105.1	4.037	108.0	1.896

4.3 一类半参数空间误差回归模型的估计

在上节中, 我们讨论了半参数变系数空间误差回归模型的估计方法, 进一步, 将此类模型作出适当调整, 可以得到一种很有意义的模型, 即一类特殊的半参数空间误差回归模型, 具体调整如下所述。

4.3.1　模型设定

对于半参数变系数空间误差回归模型:

$$y_i = \sum_{j=1}^{p} \alpha_j(u_i)z_{ij} + \sum_{j=1}^{q} \beta_j x_{ij} + \eta_i, \quad \eta_i = \lambda \left(\sum_{j=1}^{n} w_{ij}\eta_j \right) + \varepsilon_i, \quad i = 1, 2, \cdots, n$$

如果令 $p = 1$, 那么变系数部分的解释变量 Z 简化为 n 维列向量, 若令 Z 的元素全部为 1, 可知模型变为

$$y_i = \alpha(u_i) + \sum_{j=1}^{q} \beta_j x_{ij} + \eta_i, \quad \eta_i = \lambda \left(\sum_{j=1}^{n} w_{ij}\eta_j \right) + \varepsilon_i, \quad i = 1, 2, \cdots, n$$

重新记 $\alpha(u_i) = g(u_i)$, 则有如下回归模型:

$$y_i = g(u_i) + \sum_{j=1}^{q} \beta_j x_{ij} + \eta_i, \quad \eta_i = \lambda \left(\sum_{j=1}^{n} w_{ij}\eta_j \right) + \varepsilon_i, \quad i = 1, 2, \cdots, n$$

写成矩阵形式:

$$\begin{cases} Y = X\beta + g(U) + \eta \\ \eta = \lambda W \eta + \varepsilon \end{cases} \tag{4.14}$$

其中, $Y = (y_1, y_2, \cdots, y_n)^{\mathrm{T}}$ 为被解释变量; λ 为待估空间误差相关系数; W 为空间权重矩阵; $X = (x_1, x_2, \cdots, x_n)^{\mathrm{T}}$, $x_i = (x_{i1}, x_{i2}, \cdots, x_{iq})^{\mathrm{T}}$, $\beta = (\beta_1, \beta_2, \cdots, \beta_q)^{\mathrm{T}}$ 为待估参数向量; $g(U)$ 为未知的非参数部分, $U = (u_1, u_2, \cdots, u_n)^{\mathrm{T}}$; $\varepsilon = (\varepsilon_1, \varepsilon_2, \cdots, \varepsilon_n)^{\mathrm{T}}$ 为随机误差向量, 且 $\varepsilon \sim N(0, \sigma^2 I)$, I 为单位阵, $i = 1, 2, \cdots, n$。此时的模型 (4.14) 即为半参数空间误差回归模型。当涉及误差项的空间相关性时, Su (2012) 提出了一类非参数空间误差回归模型的设定形式及估计方法, 其文献中非参数部分 U 被设定为多维变量, 显然, 本节提出的模型允许部分解释变量为线性成分, 具有更一般的形式, 而其特殊性主要体现在被 U 设定为一维变量, 不过不失一般性, 此处的 U 同样可扩展为多维变量, 估计方法类似。这里, 我们主要给出在半参数变系数空间误差回归模型的估计框架下, 这类特殊的半参数空间误差回归模型的小样本表现。

4.3.2　蒙特卡罗模拟结果

本节中, 选取的空间权重矩阵为 Rook 矩阵, 主要数据生成过程如下:

模型 M4.5: $Y = \beta_1 x_1 + \beta_2 x_2 + g(U) + \eta$, $\eta = \lambda W \eta + \varepsilon$, 其中 $\lambda = 0.5$, $\beta_1 = 1.0$, $\beta_2 = 1.5$, $g(U) = \sin(2\pi U)$;

模型 M4.6: $Y = \beta_1 x_1 + \beta_2 x_2 + g(U) + \eta$, $\eta = \lambda W \eta + \varepsilon$, 其中 $\lambda = 0.5$, $\beta_1 = 1.0$, $\beta_2 = 1.5$, $g(U) = 3.5[\exp(-(4U - 1)^2) + \exp(-(4U - 3)^2)] - 1.5$。

对于模型 M4.5 和 M4.6, 具体做出如下设定:

(1) (U, x_1, x_2) 为协变量, 其中 U 为一维随机变量, 产生于均匀分布 $U(0,1)$, 协变量 (x_1, x_2) 产生于均值为 0、方差为 1 的多元正态分布, 并且随机变量之间的相关系数为 2/3, 随机误差项服从正态分布 $N(0, \sigma^2)$;

(2) 设定空间权重矩阵为 Rook 空间权重矩阵, 分别取样本数 $n = 100$, $n = 144$, $n = 225$ 和 $n = 400$;

(3) 为了比较不同的方差设定对估计效果的影响, 分别考虑方差 $\sigma^2 = 0.25$ 和 $\sigma^2 = 1$ 两种情况;

(4) 为了考察非参数部分的估计效果, 我们在 U 的取值范围 $(0,1)$ 内等距选取了 100 个固定点, 以 $n_0 = 100$ 个格点的估计作为模型估计效果的评估依据。

表 4.8 给出了当空间权重矩阵为 Rook 矩阵时, 不同样本容量下模型参数部分的蒙特卡罗模拟结果。可以看出, 对于这类特殊的半参数空间误差回归模型, 运用本章中所提出的估计方法能够得到较好的模拟效果。随着样本容量的不断增加, 模型中参数部分的样本标准差呈现明显的递减趋势, 并且由渐近分布得到的标准差与样本标准差逐步趋于一致, 这些特征很好地体现出估计方法的有效性。同时模拟结果也说明了当回归模型中的非参数部分为单变量时, 同样可以采用半参数变系数空间误差回归模型得到合理的估计效果, 这些结论将有助于我们深刻把握半参数变系数空间误差回归模型与半参数空间误差回归模型二者之间的相关性与差异性。

相应地, 表 4.9 给出了非参数部分 $g(u)$ 在 100 个固定格点处的估计值的 1000 个 $RASE$ 值的中位数和标准差。整体来看, 不论是模型 M4.5 还是模型 M4.6, 随着样本容量的增加, 非参数部分的估计值表现出不断向真实值收敛的趋势, 并逐步趋于稳定, 这些与模型的大样本性质相符合。例如, 当样本容量为 100, 方差为 0.25 时, 对于模型 M4.5, $g(u)$ 的中位数与标准差分别为 0.162 和 0.046, 而当样本容量增加到 400 时, $g(u)$ 的中位数与标准差出现明显下降, 分别为 0.088 和 0.025。

表 4.8 权重矩阵为 Rook 矩阵的参数估计结果

n	方差 σ^2	M4.5				M4.6			
		λ	β_1	β_2	σ^2	λ	β_1	β_2	σ^2
100	0.25	0.424	1.002	1.500	0.235	0.431	0.996	1.499	0.232
		(0.116)	(0.072)	(0.071)	(0.035)	(0.108)	(0.072)	(0.069)	(0.037)
		[0.112]	[0.066]	[0.067]	[0.034]	[0.112]	[0.067]	[0.067]	[0.034]
	1	0.428	1.005	1.503	0.947	0.414	1.009	1.497	0.935
		(0.109)	(0.146)	(0.137)	(0.145)	(0.117)	(0.147)	(0.148)	(0.144)
		[0.112]	[0.133]	[0.132]	[0.137]	[0.113]	[0.132]	[0.133]	[0.135]

续表

n	方差 σ^2	M4.5				M4.6			
		λ	β_1	β_2	σ^2	λ	β_1	β_2	σ^2
144	0.25	0.442	1.001	1.499	0.241	0.442	0.999	1.498	0.242
		(0.094)	(0.055)	(0.056)	(0.031)	(0.090)	(0.058)	(0.059)	(0.030)
		[0.094]	[0.056]	[0.055]	[0.029]	[0.094]	[0.056]	[0.056]	[0.029]
	1	0.446	0.998	1.501	0.959	0.449	1.004	1.496	0.957
		(0.095)	(0.114)	(0.111)	(0.114)	(0.093)	(0.114)	(0.115)	(0.117)
		[0.094]	[0.110]	[0.110]	[0.116]	[0.093]	[0.110]	[0.110]	[0.116]
225	0.25	0.467	1.001	1.499	0.244	0.464	0.995	1.504	0.245
		(0.077)	(0.044)	(0.048)	(0.026)	(0.075)	(0.045)	(0.044)	(0.026)
		[0.075]	[0.044]	[0.044]	[0.024]	[0.075]	[0.044]	[0.044]	[0.024]
	1	0.468	0.998	1.503	0.977	0.463	0.999	1.506	0.982
		(0.073)	(0.087)	(0.088)	(0.099)	(0.075)	(0.087)	(0.090)	(0.098)
		[0.075]	[0.088]	[0.088]	[0.095]	[0.075]	[0.088]	[0.088]	[0.095]
400	0.25	0.481	0.999	1.501	0.247	0.479	1.001	1.499	0.251
		(0.056)	(0.033)	(0.031)	(0.018)	(0.056)	(0.031)	(0.032)	(0.019)
		[0.056]	[0.033]	[0.033]	[0.018]	[0.056]	[0.033]	[0.033]	[0.018]
	1	0.487	0.997	1.507	0.979	0.484	0.998	1.499	0.985
		(0.053)	(0.066)	(0.066)	(0.072)	(0.057)	(0.064)	(0.064)	(0.073)
		[0.056]	[0.065]	[0.065]	[0.071]	[0.056]	[0.065]	[0.065]	[0.072]

注: 圆括号中的数值代表估计系数的样本标准差, 方括号中的数值代表由渐近分布得到的估计系数的标准差。

表 4.9　权重矩阵为 Rook 矩阵时 1000 个 $RASE$ 值的中位数和标准差

n	方差 σ^2	M4.5 $g(u)$	M4.6 $g(u)$
100	0.25	0.162 (0.046)	0.173 (0.050)
	1	0.287 (0.101)	0.326 (0.100)
144	0.25	0.134 (0.038)	0.152 (0.041)
	1	0.254 (0.082)	0.277 (0.083)
225	0.25	0.114 (0.034)	0.126 (0.034)
	1	0.204 (0.066)	0.223 (0.066)
400	0.25	0.088 (0.025)	0.105 (0.027)
	1	0.159 (0.049)	0.178 (0.053)

注: 圆括号中的数值代表 1000 个 $RASE$ 值的标准差。

图 4.9 和图 4.10 分别给出了当空间权重矩阵为 Rook 矩阵时, 模型 M4.5 和模型 M4.6 非参数部分 $g(u)$ 的估计曲线。将两个模型的估计曲线与真实曲线进行比较, 可以观察到, 在给定样本容量下, 误差项方差的增大能够扩大函数曲线的偏误程度, 较明显的地方体现在曲线的转折点处, 不过, 随着样本容量的不断增加, 这些高估或者低估的点逐步向真实曲线靠拢。

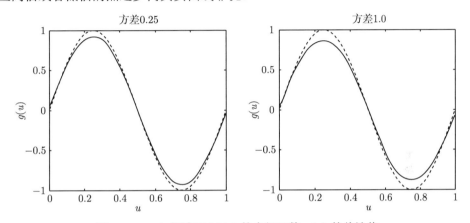

图 4.9　Rook 矩阵下 M4.5 的未知函数 $g(u)$ 的估计值

这里选取的是样本容量为 400 的情况, 图中虚线为真实的未知函数曲线, 实线为拟合的未知函数曲线, 下同。

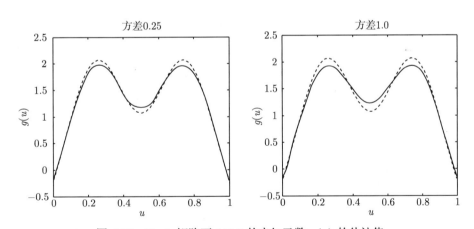

图 4.10　Rook 矩阵下 M4.6 的未知函数 $g(u)$ 的估计值

4.4　考虑空间相关结构时模型非参数部分的估计

本章 4.2 节讨论了半参数变系数空间误差回归模型的截面似然估计, 在估计过程中，对于非参数部分，我们采用的是 "Working Independence" 近似处理方法。为了进一步说明空间相关结构可能对非参数部分估计产生的影响，下面将给出考虑空间相关结构时，模型参数和非参数部分的大样本性质。

4.4.1　模型估计

针对 4.2 节提出的半参数变系数空间误差回归模型 (4.3)，以下为具体的估计步骤：

第一步，假设 θ 已知，模型 (4.3) 可写成

$$
\begin{cases}
y_i^* = \alpha_\theta^{\mathrm{T}}(u_i)z_i + \eta_i \\
\eta_i = \lambda \displaystyle\sum_{j=1}^n w_{ij}\eta_j + \varepsilon_i
\end{cases}
\tag{4.15}
$$

其中，$y_i^* = y_i - \displaystyle\sum_{j=1}^q \beta_j x_{ij}$。对于任一点 u，令

$$
Y^* = (y_1^*, y_2^*, \cdots, y_n^*)
$$
$$
W_u = \mathrm{diag}(K_h(u_1 - u), \cdots, K_h(u_n - u))
$$
$$
\delta_\theta(u) = (\alpha_1(u), \cdots, \alpha_p(u), h\alpha_1'(u), \cdots, h\alpha_p'(u))^{\mathrm{T}}
$$
$$
D_u = \begin{pmatrix}
z_1^{\mathrm{T}} & h^{-1}(u_1 - u)z_1^{\mathrm{T}} \\
\vdots & \vdots \\
z_n^{\mathrm{T}} & h^{-1}(u_n - u)z_n^{\mathrm{T}}
\end{pmatrix}
$$

其中，$K_h(u_i - u) = h^{-1}K((u_i - u)/h)$，$K((u_i - u)/h)$ 为核函数，h 为窗宽。那么，在 u 点处，我们构建的局部极大似然函数为

$$
\begin{aligned}
L(\delta_\theta(u)) = & -\frac{n}{2}\ln(2\pi\sigma^2) + \ln|B(\lambda)| \\
& -\frac{1}{2\sigma^2}\{Y^* - D_u\delta_\theta(u)\}^{\mathrm{T}}W_u^{1/2}\Psi^{-1}W_u^{1/2}\{Y^* - D_u\delta_\theta(u)\}
\end{aligned}
$$

最大化该似然函数可得到 $\delta_\theta(u)$ 的估计值，简化得到

$$
\hat{\delta}_\theta(u) = \arg\max_{\{\delta_\theta(u)\}}\{Y^* - D_u\delta_\theta(u)\}^{\mathrm{T}}W_u^{1/2}\Psi^{-1}W_u^{1/2}\{Y^* - D_u\delta_\theta(u)\}
\tag{4.16}
$$

需要说明的是，对于非参数部分的估计，不同于 "Working Independence" 处理方法，此处我们对 $\delta_\theta(u)$ 求导时，加入了对空间相关性结构的考虑，式 (4.16) 经过计算得到

$$
\hat{\delta}_\theta(u) = \left[D_u^{\mathrm{T}}W_u^{\frac{1}{2}}\Psi^{-1}(\lambda)W_u^{\frac{1}{2}}D_u\right]^{-1}D_u^{\mathrm{T}}W_u^{\frac{1}{2}}\Psi^{-1}(\lambda)W_u^{\frac{1}{2}}Y^* = R^{-1}(u)T(u)
\tag{4.17}
$$

其中,

$$R(u) = D_u^{\mathrm{T}} W_u^{\frac{1}{2}} \Psi^{-1}(\lambda) W_u^{\frac{1}{2}} D_u = \begin{pmatrix} \prod_{11} & \prod_{12} \\ \prod_{21} & \prod_{22} \end{pmatrix}$$

$$T(u) = D_u^{\mathrm{T}} W_u^{\frac{1}{2}} \Psi^{-1}(\lambda) W_u^{\frac{1}{2}} Y^*$$

$$= \begin{pmatrix} \sum_{i=1}^{n} \sum_{j=1}^{n} z_i K_h^{\frac{1}{2}}(u_i - u) \Psi_{ij}^{-1} K_h^{\frac{1}{2}}(u_j - u) y_i^* \\ \sum_{i=1}^{n} \sum_{j=1}^{n} z_i K_h^{\frac{1}{2}}(u_i - u) \Psi_{ij}^{-1} K_h^{\frac{1}{2}}(u_j - u) \left(\dfrac{u_j - u}{h} \right) y_i^* \end{pmatrix}$$

这里,

$$\prod_{11} = \sum_{i=1}^{n} \sum_{j=1}^{n} z_i K_h^{\frac{1}{2}}(u_i - u) \Psi_{ij}^{-1} K_h^{\frac{1}{2}}(u_j - u) z_j^{\mathrm{T}}$$

$$\prod_{12} = \sum_{i=1}^{n} \sum_{j=1}^{n} z_i K_h^{\frac{1}{2}}(u_i - u) \Psi_{ij}^{-1} K_h^{\frac{1}{2}}(u_j - u) z_j^{\mathrm{T}} \left(\dfrac{u_j - u}{h} \right)$$

$$\prod_{21} = \sum_{i=1}^{n} \sum_{j=1}^{n} z_j K_h^{\frac{1}{2}}(u_j - u) \Psi_{ij}^{-1} K_h^{\frac{1}{2}}(u_i - u) z_i^{\mathrm{T}} \left(\dfrac{u_i - u}{h} \right)$$

$$\prod_{22} = \sum_{i=1}^{n} \sum_{j=1}^{n} z_i \left(\dfrac{u_i - u}{h} \right) K_h^{\frac{1}{2}}(u_i - u) \Psi_{ij}^{-1} K_h^{\frac{1}{2}}(u_j - u) z_j^{\mathrm{T}} \left(\dfrac{u_j - u}{h} \right)$$

令 $e = (I_p, O_p)^{\mathrm{T}}$, I_p 和 O_p 分别为 $p \times p$ 单位阵和元素全部为 0 的 $p \times p$ 矩阵。此时有

$$\hat{\alpha}_\theta(u) = e^{\mathrm{T}} \hat{\delta}_\theta(u) = e^{\mathrm{T}} R^{-1}(u) T(u)$$

$$\hat{M}_\theta = \begin{pmatrix} [z_1^{\mathrm{T}} \quad 0] \left\{ D_{u_1}^{\mathrm{T}} W_{u_1}^{\frac{1}{2}} \Psi^{-1}(\lambda) W_{u_1}^{\frac{1}{2}} D_{u_1} \right\}^{-1} D_{u_1}^{\mathrm{T}} W_{u_1}^{\frac{1}{2}} \Psi^{-1}(\lambda) W_{u_1}^{\frac{1}{2}} \\ \vdots \qquad\qquad\qquad\qquad\qquad\qquad \vdots \\ [z_n^{\mathrm{T}} \quad 0] \left\{ D_{u_n}^{\mathrm{T}} W_{u_n}^{\frac{1}{2}} \Psi^{-1}(\lambda) W_{u_n}^{\frac{1}{2}} D_{u_n} \right\}^{-1} D_{u_n}^{\mathrm{T}} W_{u_n}^{\frac{1}{2}} \Psi^{-1}(\lambda) W_{u_n}^{\frac{1}{2}} \end{pmatrix} (Y - X\beta)$$

$$= SY^*$$

其中,

$$S = \begin{pmatrix} [z_1^{\mathrm{T}} \quad 0] \left\{ D_{u_1}^{\mathrm{T}} W_{u_1}^{\frac{1}{2}} \Psi^{-1}(\lambda) W_{u_1}^{\frac{1}{2}} D_{u_1} \right\}^{-1} D_{u_1}^{\mathrm{T}} W_{u_1}^{\frac{1}{2}} \Psi^{-1}(\lambda) W_{u_1}^{\frac{1}{2}} \\ \vdots \qquad\qquad\qquad\qquad\qquad\qquad \vdots \\ [z_n^{\mathrm{T}} \quad 0] \left\{ D_{u_n}^{\mathrm{T}} \dot{W}_{u_n}^{\frac{1}{2}} \Psi^{-1}(\lambda) W_{u_n}^{\frac{1}{2}} D_{u_n} \right\}^{-1} D_{u_n}^{\mathrm{T}} W_{u_n}^{\frac{1}{2}} \Psi^{-1}(\lambda) W_{u_n}^{\frac{1}{2}} \end{pmatrix}$$

第二步，用第一步中得到的 $\hat{\alpha}_\theta(u_i)$ 替代式 (4.4) 中的 $\alpha_\theta(u_i)$，可得模型 (4.3) 的近似对数似然函数为

$$
\begin{aligned}
\hat{L}(\theta) = & -\frac{n}{2}\ln(2\pi\sigma^2) + \ln|B(\lambda)| \\
& -\frac{1}{2\sigma^2}[(Y - X\beta)^{\mathrm{T}}(I - S)^{\mathrm{T}}\Psi^{-1}(\lambda)(I - S)(Y - X\beta)]
\end{aligned}
\tag{4.18}
$$

实际求解中，我们可以先假定 λ 已知，然后对式 (4.18) 关于 β 和 σ^2 求解最大化问题，分别得到 β 和 σ^2 的初始估计为

$$
\begin{cases}
\hat{\beta}(\lambda) = (X^{\mathrm{T}}PX)^{-1}X^{\mathrm{T}}PY \\
\hat{\sigma}^2(\lambda) = \dfrac{1}{n}Y^{\mathrm{T}}(I - S)^{\mathrm{T}}H(I - S)Y
\end{cases}
\tag{4.19}
$$

其中，

$$
P = (I - S)^{\mathrm{T}}\Psi^{-1}(\lambda)(I - S)
$$

$$
H = \Psi^{-1}(\lambda) - \Psi^{-1}(\lambda)(I - S)X[X^{\mathrm{T}}(I - S)^{\mathrm{T}}\Psi^{-1}(\lambda)(I - S)X]^{-1}X^{\mathrm{T}}(I - S)^{\mathrm{T}}\Psi^{-1}(\lambda)
$$

将 $\hat{\beta}$ 和 $\hat{\sigma}^2$ 分别代入式 (4.19) 中的 $\hat{L}(\theta)$，得到关于 λ 的集中对数似然函数：

$$
\hat{L}(\lambda) = -\frac{n}{2}(\ln 2\pi + 1) - \frac{n}{2}\ln\hat{\sigma}^2(\lambda) + \ln|B(\lambda)|
\tag{4.20}
$$

式 (4.20) 为 λ 的非线性函数，运用优化算法将其极大化可得到 λ 的最终估计 $\hat{\lambda}$。

第三步，根据第二步得到 λ 的估计值 $\hat{\lambda}$，可以得到参数 θ 的最终估计为 $\hat{\theta} = (\hat{\beta}^{\mathrm{T}}, \hat{\lambda}, \hat{\sigma}^2)^{\mathrm{T}}$，以及变系数部分 $\alpha(u)$ 的最终估计 $\hat{\alpha}_{\hat{\theta}}(u)$。

4.4.2　参数估计的大样本性质

从整个估计过程来看，相比 4.2 节提出的估计方法，这里最主要的区别在于矩阵 S 部分加入了空间相关结构 $\Psi^{-1}(\lambda)$。结合 4.2 节中我们对半参数变系数空间误差回归模型参数部分的一致性推导过程，可证明本节的参数估计量 $\hat{\theta}$ 同样满足一致性。

定理 4.6　在假设 4.1—假设 4.4 满足的条件下，若存在 $\hat{L}(\hat{\theta}) = \max\limits_{\{\theta\in\Theta\}} \hat{L}(\theta)$，那么 $\hat{\theta} \xrightarrow{P} \theta_0$。

由于考虑了模型误差项之间的空间相关性，这使得有关参数部分渐近性的证明要复杂很多，加之 S 部分包含空间误差相关系数 λ，直观上看，对估计量 λ 渐近性的证明变得相对困难。因此，这里暂不考虑参数估计量的渐近正态性，而将研究视角主要集中于非参数部分估计的大样本性质，试图从理论上考察空间相关结构对非参数估计量的影响。

4.4.3 非参数估计的大样本性质

考虑到空间相关结构的影响时, 关于非参数部分估计的主要结论如下:

定理 4.7 在假设 4.1—假设 4.6 满足的条件下, $\hat{\alpha}_{\hat{\theta}}(u) \xrightarrow{P} \alpha_{\theta_0}(u)$。

定理 4.8 在假设 4.1—假设 4.6 满足的条件下, $\hat{\delta}_{\hat{\theta}}(u)$ 的渐近方差可表示为

$$\mathrm{var}[\sqrt{nh}\hat{\delta}_{\hat{\theta}}(u)] = \frac{n}{\left(\sum\limits_{i=1}^{n} \Psi_{ii}^{-1}\right)^2} \sum_{i=1}^{n}\sum_{l=1}^{n} (\Psi_{ii}^{-1})^2 \bar{b}_{il}^2 \sigma_0^2 f^{-1}(u)\Omega_{11}^{-1}(u) \begin{pmatrix} v_0 & 0 \\ 0 & \dfrac{v_2}{\mu_2^2} \end{pmatrix} \tag{4.21}$$

特别地, $\hat{\alpha}_{\hat{\theta}}(u)$ 的渐近方差可表示为

$$\mathrm{var}[\sqrt{nh}\hat{\alpha}_{\hat{\theta}}(u)] = \frac{n}{\left(\sum\limits_{i=1}^{n} \Psi_{ii}^{-1}\right)^2} \sum_{i=1}^{n}\sum_{l=1}^{n} (\Psi_{ii}^{-1})^2 \bar{b}_{il}^2 \sigma_0^2 f^{-1}(u)\Omega_{11}^{-1}(u)\nu_0 \tag{4.22}$$

4.5 引理和定理证明

引理 4.1 在假设 4.1 和假设 4.3 满足的条件下, 有 $\hat{\alpha}_{\theta}(u) \xrightarrow{P} \alpha_{\theta}(u)$。

证明 根据引理 3.1, 可得

$$R(u) = nf(u)\begin{pmatrix} \Omega_{11}(u) & 0 \\ 0 & \mu_2\Omega_{11}(u) \end{pmatrix}\{1 + O_p(c_n)\}$$

$$T(u) = nf(u)\begin{pmatrix} \Omega_{11}(u)\alpha_{\theta}(u) \\ 0 \end{pmatrix}\{1 + O_p(c_n)\}$$

其中, $c_n = \left\{\dfrac{\log(1/h)}{nh}\right\}^{1/2} + h^2$。于是有 $\hat{\alpha}_{\theta}(u) = e^{\mathrm{T}}R^{-1}(u)T(u) \xrightarrow{P} \alpha_{\theta}(u)$。

引理 4.2 在假设 4.1—假设 4.4 满足的条件下, 对于给定的参数部分 β 和 λ, 可以得到

$$n^{-1}[\hat{L}(\beta^{\mathrm{T}}, \lambda) - L(\beta^{\mathrm{T}}, \lambda)] = o_p(1) \tag{4.23}$$

证明 在估计过程中, 若事先给定参数 β 和 λ, 那么模型 (4.4) 的近似集中对数似然函数可表示为

$$\hat{L}(\beta^{\mathrm{T}}, \lambda) = -\frac{n}{2}\ln(2\pi + 1) + \ln|B(\lambda)| - \frac{n}{2}\ln(\hat{\sigma}_{IN}^2) \tag{4.24}$$

其中,

$$\hat{\sigma}_{IN}^2 = n^{-1}\sum_{i=1}^{n}\sum_{j=1}^{n}(y_i^* - \hat{\alpha}_{\theta}^{\mathrm{T}}(u_i)z_i)\Psi_{ij}^{-1}(\lambda)(y_j^* - \hat{\alpha}_{\theta}^{\mathrm{T}}(u_j)z_j)$$

$$y_i^* = y_i - \sum_{j=1}^{q} \beta_j x_{ij}$$

而模型真正的集中对数似然函数为

$$L(\beta^{\mathrm{T}}, \lambda) = -\frac{n}{2}\ln(2\pi + 1) + \ln|B(\lambda)| - \frac{n}{2}\ln(\hat{\sigma}_T^2) \tag{4.25}$$

其中，

$$\hat{\sigma}_T^2 = n^{-1}\sum_{i=1}^{n}\sum_{j=1}^{n}(y_i^* - \alpha_\theta^{\mathrm{T}}(u_i)z_i)\Psi_{ij}^{-1}(\lambda)(y_j^* - \alpha_\theta^{\mathrm{T}}(u_j)z_j)$$

参考 Lee (2004) 的文献中定理 4.1 的相关证明过程, 这里只需再证:

$$n^{-1}[\hat{L}(\beta^{\mathrm{T}}, \lambda) - L(\beta^{\mathrm{T}}, \lambda)] = o_p(1)$$

由式 (4.24) 和式 (4.25) 可得

$$n^{-1}[\hat{L}(\beta^{\mathrm{T}}, \lambda) - L(\beta^{\mathrm{T}}, \lambda)] = \frac{1}{2}[\ln(\hat{\sigma}_T^2) - \ln(\hat{\sigma}_{IN}^2)] \tag{4.26}$$

又因

$$\begin{aligned}
\hat{\sigma}_{IN}^2 &= n^{-1}\sum_{i=1}^{n}\sum_{j=1}^{n}[y_i^* - \hat{\alpha}_\theta^{\mathrm{T}}(u_i)z_i]\Psi_{ij}^{-1}(\lambda)[y_j^* - \hat{\alpha}_\theta^{\mathrm{T}}(u_j)z_j] \\
&= n^{-1}\sum_{i=1}^{n}\sum_{j=1}^{n}[y_i^* - \alpha_\theta^{\mathrm{T}}(u_i)z_i + (\alpha_\theta^{\mathrm{T}}(u_i) - \hat{\alpha}_\theta^{\mathrm{T}}(u_i))z_i]\Psi_{ij}^{-1}(\lambda) \\
&\quad \times [y_j^* - \hat{\alpha}_\theta^{\mathrm{T}}(u_j)z_j + (\alpha_\theta^{\mathrm{T}}(u_j) - \hat{\alpha}_\theta^{\mathrm{T}}(u_j))z_j] \\
&= n^{-1}\sum_{i=1}^{n}\sum_{j=1}^{n}[y_i^* - \alpha_\theta^{\mathrm{T}}(u_i)z_i]\Psi_{ij}^{-1}(\lambda)[y_j^* - \alpha_\theta^{\mathrm{T}}(u_j)z_j] \\
&\quad + n^{-1}\sum_{i=1}^{n}\sum_{j=1}^{n}[y_i^* - \alpha_\theta^{\mathrm{T}}(u_i)z_i]\Psi_{ij}^{-1}(\lambda)[(\alpha_\theta^{\mathrm{T}}(u_j) - \hat{\alpha}_\theta^{\mathrm{T}}(u_j))z_j] \\
&\quad + n^{-1}\sum_{i=1}^{n}\sum_{j=1}^{n}[(\alpha_\theta^{\mathrm{T}}(u_i) - \hat{\alpha}_\theta^{\mathrm{T}}(u_i))z_i]\Psi_{ij}^{-1}(\lambda)[y_j^* - \alpha_\theta^{\mathrm{T}}(u_j)z_j] \\
&\quad + n^{-1}\sum_{i=1}^{n}\sum_{j=1}^{n}[(\alpha_\theta^{\mathrm{T}}(u_i) - \hat{\alpha}_\theta^{\mathrm{T}}(u_i))z_i]\Psi_{ij}^{-1}(\lambda)[(\alpha_\theta^{\mathrm{T}}(u_j) - \hat{\alpha}_\theta^{\mathrm{T}}(u_j))z_j] \\
&= \hat{\sigma}_T^2 + n^{-1}\sum_{i=1}^{n}\sum_{j=1}^{n}[y_i^* - \alpha_\theta^{\mathrm{T}}(u_i)z_i]\Psi_{ij}^{-1}(\lambda)[(\alpha_\theta^{\mathrm{T}}(u_j) - \hat{\alpha}_\theta^{\mathrm{T}}(u_j))z_j]
\end{aligned}$$

$$+ n^{-1} \sum_{i=1}^{n} \sum_{j=1}^{n} [(\alpha_\theta^{\mathrm{T}}(u_i) - \hat{\alpha}_\theta^{\mathrm{T}}(u_i))z_i] \Psi_{ij}^{-1}(\lambda)[y_j^* - \alpha_\theta^{\mathrm{T}}(u_j)z_j]$$

$$+ n^{-1} \sum_{i=1}^{n} \sum_{j=1}^{n} [(\alpha_\theta^{\mathrm{T}}(u_i) - \hat{\alpha}_\theta^{\mathrm{T}}(u_i))z_i] \Psi_{ij}^{-1}(\lambda)[(\alpha_\theta^{\mathrm{T}}(u_j) - \hat{\alpha}_\theta^{\mathrm{T}}(u_j))z_j]$$

所以有

$$\hat{\sigma}_{IN}^2 - \hat{\sigma}_T^2 = n^{-1} \sum_{i=1}^{n} \sum_{j=1}^{n} \eta_i \Psi_{ij}^{-1}(\lambda)[(\alpha_\theta^{\mathrm{T}}(u_j) - \hat{\alpha}_\theta^{\mathrm{T}}(u_j))z_j]$$

$$+ n^{-1} \sum_{i=1}^{n} \sum_{j=1}^{n} [(\alpha_\theta^{\mathrm{T}}(u_i) - \hat{\alpha}_\theta^{\mathrm{T}}(u_i))z_i] \Psi_{ij}^{-1}(\lambda)\eta_j$$

$$+ n^{-1} \sum_{i=1}^{n} \sum_{j=1}^{n} [(\alpha_\theta^{\mathrm{T}}(u_i) - \hat{\alpha}_\theta^{\mathrm{T}}(u_i))z_i] \Psi_{ij}^{-1}(\lambda)[(\alpha_\theta^{\mathrm{T}}(u_j) - \hat{\alpha}_\theta^{\mathrm{T}}(u_j))z_j]$$

结合引理 4.1 和假设 4.1，易得 $\hat{\sigma}_{IN}^2 - \hat{\sigma}_T^2 = o_p(1)$。

从而由 $\ln(\cdot)$ 的连续性可知

$$n^{-1}[\hat{L}(\beta^{\mathrm{T}}, \lambda) - L(\beta^{\mathrm{T}}, \lambda)] = \frac{1}{2}[\ln(\hat{\sigma}_T^2) - \ln(\hat{\sigma}_{IN}^2)] = o_p(1) \qquad (4.27)$$

引理得证。

引理 4.3 在假设 4.1—假设 4.4 满足的条件下，有 $(I - S)M_\theta = o_p(1)$。

证明 相似于引理 4.1，可得到

$$(I - S)M_\theta = \begin{pmatrix} z_1^{\mathrm{T}}\alpha_\theta(u_1) - [z_1^{\mathrm{T}} \quad 0]\{D_{u_1}^{\mathrm{T}} W_{u_1} D_{u_1}\}^{-1} D_{u_1}^{\mathrm{T}} W_{u_1} M_\theta \\ \vdots \\ z_n^{\mathrm{T}}\alpha_\theta(u_n) - [z_n^{\mathrm{T}} \quad 0]\{D_{u_n}^{\mathrm{T}} W_{u_n} D_{u_n}\}^{-1} D_{u_n}^{\mathrm{T}} W_{u_n} M_\theta \end{pmatrix}$$

$$= \begin{pmatrix} z_1^{\mathrm{T}}\alpha_\theta(u_1) - z_1^{\mathrm{T}}\alpha_\theta(u_1)\{1 + O_p(c_n)\} \\ \vdots \\ z_n^{\mathrm{T}}\alpha_\theta(u_n) - z_n^{\mathrm{T}}\alpha_\theta(u_n)\{1 + O_p(c_n)\} \end{pmatrix}$$

$$= \begin{pmatrix} z_1^{\mathrm{T}}\alpha_\theta(u_1)O_p(c_n) \\ \vdots \\ z_n^{\mathrm{T}}\alpha_\theta(u_n)O_p(c_n) \end{pmatrix}$$

$$= O_p(c_n) \qquad (4.28)$$

于是有 $(I - S)M_\theta = o_p(1)$。

引理 4.4 在假设 4.1—假设 4.4 满足的条件下，有 $SB^{-1}\varepsilon = o_p(1)$。

证明　由假设 4.1(1)，易得

$$
SB^{-1}\varepsilon = \left(
\begin{array}{c}
[z_1^{\mathrm{T}} \quad 0]\{D_{u_1}^{\mathrm{T}}W_{u_1}D_{u_1}\}^{-1}D_{u_1}^{\mathrm{T}}W_{u_1}\left(\sum_{j=1}^{n}\bar{b}_{1j}\varepsilon_j, \cdots, \sum_{j=1}^{n}\bar{b}_{nj}\varepsilon_j\right)^{\mathrm{T}} \\
\vdots \\
[z_n^{\mathrm{T}} \quad 0]\{D_{u_n}^{\mathrm{T}}W_{u_n}D_{u_n}\}^{-1}D_{u_n}^{\mathrm{T}}W_{u_n}\left(\sum_{j=1}^{n}\bar{b}_{1j}\varepsilon_j, \cdots, \sum_{j=1}^{n}\bar{b}_{nj}\varepsilon_j\right)^{\mathrm{T}}
\end{array}
\right)
\tag{4.29}
$$

其中，$\bar{b}_{ij}$ 为矩阵 $B^{-1}(\lambda)$ 中的第 i 行 j 列元素。

$$
[z_i^{\mathrm{T}} \quad 0]\{D_{u_i}^{\mathrm{T}}W_{u_i}D_{u_i}\}^{-1}D_{u_i}^{\mathrm{T}}W_{u_i}\left(\sum_{j=1}^{n}\bar{b}_{ij}\varepsilon_j, \cdots, \sum_{j=1}^{n}\bar{b}_{ij}\varepsilon_j\right)^{\mathrm{T}}
$$

$$
= n^{-1}f^{-1}(u)\{1+O_p(c_n)\}[z_i^{\mathrm{T}} \quad 0]\Omega_{11}^{-1}(u)\left(
\begin{array}{c}
\sum_{i=1}^{n}\sum_{j=1}^{n}z_i\bar{b}_{ij}\varepsilon_j K_h(u_i-u) \\
\mu_2^{-1}\sum_{i=1}^{n}\sum_{j=1}^{n}z_i\bar{b}_{ij}\varepsilon_j\dfrac{u_i-u}{h}K_h(u_i-u)
\end{array}
\right)
$$

由假设 4.1(2) 可知，$E(z_i\varepsilon_j)=0$，$E\|z_i\varepsilon_j\|<\infty$，并结合引理 3.1，容易得到

$$
[z_i^{\mathrm{T}} \quad 0]\{D_{u_i}^{\mathrm{T}}W_{u_i}D_{u_i}\}^{-1}D_{u_i}^{\mathrm{T}}W_{u_i}\left(\sum_{j=1}^{n}\bar{b}_{ij}\varepsilon_j, \cdots, \sum_{j=1}^{n}\bar{b}_{ij}\varepsilon_j\right)^{\mathrm{T}} = o_p(1)
$$

进一步有 $SB^{-1}\varepsilon = o_p(1)$。

定理 4.1 的证明　在通常的正则假设条件下，$\hat{L}(\theta)$ 在 θ 和 Y 的可度量函数上连续，因此，可知 $\hat{\theta}$ 是可度量的。不妨设 $\gamma(\theta)=n^{-1}E_0\{L(\theta)\}$，其中 $L(\theta)$ 为最初截面对数似然函数，并对任何 $\theta\in\Theta$，$\theta\neq\theta_0$，有 $\gamma(\theta)<\gamma(\theta_0)$。这里，我们假设对于通常误差项分布已知的空间计量回归模型，在常规条件下，满足 $n^{-1}L(\theta)\xrightarrow{P}\gamma(\theta)$。

下面首先证明参数部分 β 和 λ 的一致性。

根据引理 4.2，在参数 β 和 λ 给定的情况下，我们有

$$
n^{-1}[\hat{L}(\beta^{\mathrm{T}},\lambda)-L(\beta^{\mathrm{T}},\lambda)]=o_p(1)
$$

又 $n^{-1}L(\beta^{\mathrm{T}},\lambda)\xrightarrow{P}\gamma(\beta^{\mathrm{T}},\lambda)$，可知

$$
n^{-1}[\hat{L}(\beta^{\mathrm{T}},\lambda)-\gamma(\beta^{\mathrm{T}},\lambda)]=o_p(1)
\tag{4.30}
$$

根据 White (1994) 提出的极端估计量一致性引理，在满足条件 $\{\hat{\beta}^{\mathrm{T}}, \hat{\lambda}\} = \arg\max\limits_{\{\beta^{\mathrm{T}}, \lambda\}} \hat{L}(\beta^{\mathrm{T}}, \lambda)$ 和 $\{\beta_0^{\mathrm{T}}, \lambda_0\} = \arg\max\limits_{\{\beta^{\mathrm{T}}, \lambda\}} \gamma(\beta^{\mathrm{T}}, \lambda)$ 的情况下，结合式 (4.30)，可知参数 β 和 λ 的最终估计量 $\hat{\beta} \xrightarrow{P} \beta_0$，$\hat{\lambda} \xrightarrow{P} \lambda_0$。

其次，证明参数 σ^2 的一致性。

注意到，对于真正的集中对数似然函数式 (4.25)，显然有 $\hat{\sigma}_T^2 \xrightarrow{P} \sigma_0^2$，而由引理 4.2 的证明可知 $\hat{\sigma}_{IN}^2 \xrightarrow{P} \sigma_T^2$，因而要得到参数 σ^2 的最终估计量 $\hat{\sigma}^2 \xrightarrow{P} \sigma_0^2$，只需证明

$$\hat{\sigma}^2 \xrightarrow{P} \hat{\sigma}_{IN}^2$$

$$\hat{\sigma}^2 = n^{-1} \sum_{i=1}^{n} \sum_{j=1}^{n} (\hat{y}_i^* - \hat{\alpha}_{\hat{\theta}}^{\mathrm{T}}(u_i) z_i) \Psi_{ij}^{-1}(\hat{\lambda}) (\hat{y}_j^* - \hat{\alpha}_{\hat{\theta}}^{\mathrm{T}}(u_j) z_j)$$

其中，

$$\hat{y}_i^* = y_i - \sum_{j=1}^{q} \hat{\beta}_j x_{ij} = [1 + o_p(1)] y_i^*$$

$$\hat{\alpha}_{\hat{\theta}}(u) = [1 + o_p(1)] \hat{\alpha}_{\theta}(u)$$

$$\Psi_{ij}^{-1}(\hat{\lambda}) = [1 + o_p(1)] \Psi_{ij}^{-1}(\lambda)$$

因此可得

$$\hat{\sigma}^2 = [1 + o_p(1)] n^{-1} \sum_{i=1}^{n} \sum_{j=1}^{n} (y_i^* - \hat{\alpha}_{\theta}^{\mathrm{T}}(u_i) z_i) \Psi_{ij}^{-1}(\lambda) (y_j^* - \hat{\alpha}_{\theta}^{\mathrm{T}}(u_j) z_j)$$

$$= [1 + o_p(1)] \hat{\sigma}_{IN}^2 \tag{4.31}$$

结合 $\hat{\sigma}_{IN}^2 \xrightarrow{P} \sigma_T^2$，可知 $\hat{\sigma}^2 \xrightarrow{P} \sigma_0^2$。

综上，我们得到 $\hat{\beta} \xrightarrow{P} \beta_0$，$\hat{\lambda} \xrightarrow{P} \lambda_0$ 和 $\hat{\sigma}^2 \xrightarrow{P} \sigma_0^2$，因而参数 θ 的估计量 $\hat{\theta}$ 满足 $\hat{\theta} \xrightarrow{P} \theta_0$。定理得证。

定理 4.2 的证明　对于最初的截面对数似然函数 $L(\theta)$，在通常假设条件下，能够满足 $E\left(\dfrac{1}{n} \dfrac{\partial L(\theta)}{\partial \theta}\bigg|_{\theta=\theta_0}\right) = 0$，$E\left(\dfrac{1}{n} \dfrac{\partial L(\theta)}{\partial \theta} \dfrac{\partial L(\theta)}{\partial \theta^{\mathrm{T}}}\bigg|_{\theta=\theta_0}\right) = -E\left(\dfrac{1}{n} \dfrac{\partial^2 L(\theta)}{\partial \theta \partial \theta^{\mathrm{T}}}\bigg|_{\theta=\theta_0}\right)$。

而关于截面似然估计量 $\hat{\theta}$ 的渐近分布，我们对 $\dfrac{\partial \hat{L}(\theta)}{\partial \theta}\bigg|_{\theta=\hat{\theta}} = 0$ 在 θ_0 处进行泰勒展开：

$$\sqrt{n}(\hat{\theta} - \theta_0) = -\left(\frac{1}{n} \frac{\partial^2 \hat{L}(\theta)}{\partial \theta \partial \theta^{\mathrm{T}}}\bigg|_{\theta=\tilde{\theta}}\right)^{-1} \frac{1}{\sqrt{n}} \frac{\partial \hat{L}(\theta)}{\partial \theta}\bigg|_{\theta=\theta_0} \tag{4.32}$$

其中，$\tilde{\theta}$ 处于 $\hat{\theta}$ 和 θ_0 之间，$\tilde{\theta} \xrightarrow{P} \theta_0$。

这里，对于截面对数似然函数 $\hat{L}(\theta)$，类似于定理 3.2，依托截面似然估计框架下的一些常规结论，可知

$$\frac{1}{\sqrt{n}}\frac{\partial \hat{L}(\theta)}{\partial \theta}\bigg|_{\theta=\theta_0} = \frac{1}{\sqrt{n}}\frac{\partial L(\theta)}{\partial \theta}\bigg|_{\theta=\theta_0} + o_p(1) \tag{4.33}$$

和

$$\sup_{\theta}\left|\frac{1}{n}\frac{\partial^2 \hat{L}(\theta)}{\partial \theta \partial \theta^{\mathrm{T}}} - \frac{1}{n}\frac{\partial^2 L(\theta)}{\partial \theta \partial \theta^{\mathrm{T}}}\right| = o_p(1) \tag{4.34}$$

于是，式 (4.32) 变为

$$\sqrt{n}(\hat{\theta}-\theta_0) = -\left(\frac{1}{n}\frac{\partial^2 \hat{L}(\theta)}{\partial \theta \partial \theta^{\mathrm{T}}}\bigg|_{\theta=\tilde{\theta}}\right)^{-1}\frac{1}{\sqrt{n}}\frac{\partial \hat{L}(\theta)}{\partial \theta}\bigg|_{\theta=\theta_0}$$

$$\xrightarrow{P} -\left(\frac{1}{n}\frac{\partial^2 L(\theta)}{\partial \theta \partial \theta^{\mathrm{T}}}\bigg|_{\theta=\theta_0}\right)^{-1}\frac{1}{\sqrt{n}}\frac{\partial L(\theta)}{\partial \theta}\bigg|_{\theta=\theta_0}$$

又

$$\frac{1}{\sqrt{n}}\frac{\partial L(\theta)}{\partial \theta}\bigg|_{\theta=\theta_0} \xrightarrow{L} N(0,\Sigma_{\theta_0})$$

这里

$$\Sigma_{\theta_0} = -\lim_{n\to\infty}E\left(\frac{1}{n}\frac{\partial^2 L(\theta)}{\partial \theta \partial \theta^{\mathrm{T}}}\bigg|_{\theta=\theta_0}\right)$$

可知

$$\sqrt{n}(\hat{\theta}-\theta_0) \xrightarrow{L} N\left(0,\Sigma_{\theta_0}^{-1}\right)$$

定理得证。

定理 4.3 的证明　由

$$\sup_{\theta}\left|\frac{1}{n}\frac{\partial^2 \hat{L}(\theta)}{\partial \theta \partial \theta^{\mathrm{T}}} - \frac{1}{n}\frac{\partial^2 L(\theta)}{\partial \theta \partial \theta^{\mathrm{T}}}\right| = o_p(1)$$

可知

$$-\frac{1}{n}\frac{\partial^2 \hat{L}(\theta)}{\partial \theta \partial \theta^{\mathrm{T}}}\bigg|_{\theta=\theta_0} \xrightarrow{P} -\frac{1}{n}\frac{\partial^2 L(\theta)}{\partial \theta \partial \theta^{\mathrm{T}}}\bigg|_{\theta=\theta_0}$$

那么，对于最初的截面对数似然函数 $L(\theta)$，在通常的假设条件下，存在

$$\frac{1}{n}\frac{\partial^2 L(\theta)}{\partial \theta \partial \theta^{\mathrm{T}}}\bigg|_{\theta=\theta_0} \xrightarrow{P} E\left[\frac{1}{n}\frac{\partial^2 L(\theta)}{\partial \theta \partial \theta^{\mathrm{T}}}\bigg|_{\theta=\theta_0}\right]$$

于是有

$$-\frac{1}{n}\frac{\partial^2\hat{L}(\theta)}{\partial\theta\partial\theta^{\mathrm{T}}}\bigg|_{\theta=\theta_0} \xrightarrow{P} -E\left[\frac{1}{n}\frac{\partial^2 L(\theta)}{\partial\theta\partial\theta^{\mathrm{T}}}\bigg|_{\theta=\theta_0}\right]$$

$\hat{\Sigma}_{\theta_0} \xrightarrow{P} \Sigma_{\theta_0}$ 得证。

对于截面对数似然函数:

$$\hat{L}(\theta) = -\frac{n}{2}\ln 2\pi - \frac{n}{2}\ln\sigma^2 + \ln|B(\lambda)|$$
$$-\frac{1}{2\sigma^2}[(Y-X\beta)^{\mathrm{T}}(I-S)^{\mathrm{T}}B^{\mathrm{T}}(\lambda)B(\lambda)(I-S)(Y-X\beta)]$$

令 $P = (I-S)^{\mathrm{T}}B^{\mathrm{T}}(\lambda)B(\lambda)(I-S)$,两边分别对 θ 求二阶偏导,可得

$$-\frac{1}{n}\frac{\partial^2\hat{L}(\theta)}{\partial\beta\partial\beta^{\mathrm{T}}} = \frac{1}{\sigma^2}\frac{1}{n}X^{\mathrm{T}}PX$$

$$-\frac{1}{n}\frac{\partial^2\hat{L}(\theta)}{\partial\sigma^2\partial\sigma^2} = -\frac{1}{2\sigma^4} + \frac{1}{n}\frac{1}{\sigma^6}(Y-X\beta)^{\mathrm{T}}P(Y-X\beta)$$

$$-\frac{1}{n}\frac{\partial^2\hat{L}(\theta)}{\partial\lambda^2} = \frac{1}{n}\mathrm{tr}(G^2) + \frac{1}{n}\frac{1}{\sigma^2}(Y-X\beta)^{\mathrm{T}}(I-S)^{\mathrm{T}}W^{\mathrm{T}}W(I-S)(Y-X\beta)$$

$$-\frac{1}{n}\frac{\partial^2\hat{L}(\theta)}{\partial\beta\partial\sigma^2} = \frac{1}{\sigma^4}\frac{1}{n}X^{\mathrm{T}}P(Y-X\beta)$$

$$-\frac{1}{n}\frac{\partial^2\hat{L}(\theta)}{\partial\lambda\partial\sigma^2} = \frac{1}{2\sigma^4}\frac{1}{n}(Y-X\beta)^{\mathrm{T}}(I-S)^{\mathrm{T}}(B^{\mathrm{T}}W+WB)(I-S)(Y-X\beta)$$

$$-\frac{1}{n}\frac{\partial^2\hat{L}(\theta)}{\partial\beta\partial\lambda} = \frac{1}{\sigma^2}\frac{1}{n}X^{\mathrm{T}}(I-S)^{\mathrm{T}}(B^{\mathrm{T}}W+WB)(I-S)(Y-X\beta)$$

进一步,结合引理 4.3—引理 4.4 的结论及证明过程,可得

$$-\frac{1}{n}\frac{\partial^2\hat{L}(\theta)}{\partial\beta\partial\beta^{\mathrm{T}}}\bigg|_{\theta=\theta_0} = \frac{1}{\sigma_0^2}\frac{1}{n}X^{\mathrm{T}}(I-S)^{\mathrm{T}}B_0^{\mathrm{T}}B_0(I-S)X$$

$$-\frac{1}{n}\frac{\partial^2\hat{L}(\theta)}{\partial\sigma^2\partial\sigma^2}\bigg|_{\theta=\theta_0} = \frac{1}{n\sigma_0^6}(Y-X\beta_0)^{\mathrm{T}}(I-S)^{\mathrm{T}}B_0^{\mathrm{T}}B_0(I-S)(Y-X\beta_0) - \frac{1}{2\sigma_0^4}$$

其中,

$$\frac{1}{n}(Y-X\beta_0)^{\mathrm{T}}(I-S)^{\mathrm{T}}B_0^{\mathrm{T}}B_0(I-S)(Y-X\beta_0)$$

$$=\frac{1}{n}(M_{\theta_0}+B_0^{-1}\varepsilon)^{\mathrm{T}}(I-S)^{\mathrm{T}}B_0^{\mathrm{T}}B_0(I-S)(M_{\theta_0}+B_0^{-1}\varepsilon)$$

$$=\frac{1}{n}[(I-S)M_{\theta_0}+(I-S)B_0^{-1}\varepsilon]^{\mathrm{T}}B_0^{\mathrm{T}}B_0[(I-S)M_{\theta_0}+(I-S)B_0^{-1}\varepsilon]$$

$$=\frac{1}{n}\{M_{\theta_0}^{\mathrm{T}}(I-S)^{\mathrm{T}}B_0^{\mathrm{T}}B_0(I-S)M_{\theta_0}+M_{\theta_0}^{\mathrm{T}}(I-S)^{\mathrm{T}}B_0^{\mathrm{T}}B_0(I-S)B_0^{-1}\varepsilon$$

$$+ \varepsilon^{\mathrm{T}}(B_0^{-1})^{\mathrm{T}}(I-S)^{\mathrm{T}} B_0^{\mathrm{T}} B_0 (I-S) M_{\theta_0} + \varepsilon^{\mathrm{T}}(B_0^{-1})^{\mathrm{T}}(I-S)^{\mathrm{T}} B_0^{\mathrm{T}} B_0 (I-S) B_0^{-1} \varepsilon\}$$

$$= J_1 + J_2 + J_3 + J_4$$

并有

$$J_1 = \frac{1}{n} M_{\theta_0}^{\mathrm{T}} (I-S)^{\mathrm{T}} B_0^{\mathrm{T}} B_0 (I-S) M_{\theta_0}$$

$$= \frac{1}{n} \sum_{i=1}^{n} z_i^{\mathrm{T}} \alpha_\theta(u_i) O_p(c_n) \left[\sum_{j=1}^{n} \bar{\Psi}_{ij} z_j^{\mathrm{T}} \alpha_\theta(u_j) O_p(c_n) \right]$$

根据假设条件 $\left\| z_i^{\mathrm{T}} \alpha_\theta(u_i) \right\| \leqslant m_\alpha < +\infty$，以及矩阵 $\bar{\Psi}$ 绝对行和与绝对列和的一致有界性，其中 $\bar{\Psi} = B_0^{\mathrm{T}} B_0$，可知 $J_1 = O_p(c_n^2) = o_p(1)$。

同理可得

$$J_2 = \frac{1}{n} M_{\theta_0}^{\mathrm{T}} (I-S)^{\mathrm{T}} B_0^{\mathrm{T}} B_0 (I-S) B_0^{-1} \varepsilon = o_p(1)$$

$$J_3 = \frac{1}{n} \varepsilon^{\mathrm{T}} (B_0^{-1})^{\mathrm{T}} (I-S)^{\mathrm{T}} B_0^{\mathrm{T}} B_0 (I-S) M_{\theta_0} = o_p(1)$$

$$J_4 = \frac{1}{n} \varepsilon^{\mathrm{T}} (B_0^{-1})^{\mathrm{T}} (I-S)^{\mathrm{T}} B_0^{\mathrm{T}} B_0 (I-S) B_0^{-1} \varepsilon$$

$$= \frac{1}{n} (\varepsilon^{\mathrm{T}} \varepsilon - \varepsilon^{\mathrm{T}} B_0 S B_0^{-1} \varepsilon - \varepsilon^{\mathrm{T}} B_0^{-1} S^{\mathrm{T}} B_0 \varepsilon + \varepsilon^{\mathrm{T}} B_0^{-1} S^{\mathrm{T}} B_0^{\mathrm{T}} B_0 S B_0^{-1} \varepsilon)$$

$$= \sigma_0^2 + o_p(1)$$

于是

$$-\frac{1}{n} \frac{\partial^2 \hat{L}(\theta)}{\partial \sigma^2 \partial \sigma^2} \bigg|_{\theta=\theta_0} = \frac{1}{2\sigma_0^4} + o_p(1)$$

相似地，由矩阵 $W^{\mathrm{T}} W$ 绝对行和与绝对列和的一致有界性，容易证得

$$-\frac{1}{n} \frac{\partial^2 \hat{L}(\theta)}{\partial \lambda^2} \bigg|_{\theta=\theta_0} = \frac{1}{n} \mathrm{tr}(G_0^2) + \frac{1}{\sigma_0^2} \frac{1}{n} (Y - X\beta_0)^{\mathrm{T}} (I-S)^{\mathrm{T}} W^{\mathrm{T}} W (I-S)(Y - X\beta_0)$$

其中，

$$\frac{1}{n} (Y - X\beta_0)^{\mathrm{T}} (I-S)^{\mathrm{T}} W^{\mathrm{T}} W (I-S)(Y - X\beta_0)$$

$$= \frac{1}{n} (M_{\theta_0} + B_0^{-1}\varepsilon)^{\mathrm{T}} (I-S)^{\mathrm{T}} W^{\mathrm{T}} W (I-S)(M_{\theta_0} + B_0^{-1}\varepsilon)$$

$$= \frac{1}{n} [(I-S)M_{\theta_0} + (I-S)B_0^{-1}\varepsilon]^{\mathrm{T}} W^{\mathrm{T}} W [(I-S)M_{\theta_0} + (I-S)B_0^{-1}\varepsilon]$$

$$= \frac{1}{n} \{ M_{\theta_0}^{\mathrm{T}} (I-S)^{\mathrm{T}} W^{\mathrm{T}} W (I-S) M_{\theta_0} + M_{\theta_0}^{\mathrm{T}} (I-S)^{\mathrm{T}} W^{\mathrm{T}} W (I-S) B_0^{-1}\varepsilon$$

$$+ \varepsilon^{\mathrm{T}} (B_0^{-1})^{\mathrm{T}} (I-S)^{\mathrm{T}} W^{\mathrm{T}} W (I-S) M_{\theta_0}$$

$$+ \varepsilon^{\mathrm{T}}(B_0^{-1})^{\mathrm{T}}(I-S)^{\mathrm{T}}W^{\mathrm{T}}W(I-S)B_0^{-1}\varepsilon\}$$
$$= I_1 + I_2 + I_3 + I_4$$

其中，

$$I_1 = \frac{1}{n}M_{\theta_0}^{\mathrm{T}}(I-S)^{\mathrm{T}}W^{\mathrm{T}}W(I-S)M_{\theta_0} = o_p(1)$$

$$I_2 = \frac{1}{n}M_{\theta_0}^{\mathrm{T}}(I-S)^{\mathrm{T}}W^{\mathrm{T}}W(I-S)B_0^{-1}\varepsilon = o_p(1)$$

$$I_3 = \frac{1}{n}\varepsilon^{\mathrm{T}}(B_0^{-1})^{\mathrm{T}}(I-S)^{\mathrm{T}}W^{\mathrm{T}}W(I-S)M_{\theta_0} = o_p(1)$$

$$I_4 = \frac{1}{n}\varepsilon^{\mathrm{T}}(B_0^{-1})^{\mathrm{T}}(I-S)^{\mathrm{T}}W^{\mathrm{T}}W(I-S)B_0^{-1}\varepsilon$$
$$= \frac{1}{n}(\varepsilon^{\mathrm{T}}B_0^{-1}W^{\mathrm{T}}WB_0^{-1}\varepsilon - \varepsilon^{\mathrm{T}}B_0^{-1}W^{\mathrm{T}}WSB_0^{-1}\varepsilon$$
$$- \varepsilon^{\mathrm{T}}B_0^{-1}S^{\mathrm{T}}W^{\mathrm{T}}WB_0^{-1}\varepsilon + \varepsilon^{\mathrm{T}}B_0^{-1}S^{\mathrm{T}}W^{\mathrm{T}}WSB_0^{-1}\varepsilon)$$

这里，

$$E\left(\frac{1}{n}\varepsilon^{\mathrm{T}}G_0G_0^{\mathrm{T}}\varepsilon\right) = \mathrm{tr}\left[E\left(\frac{1}{n}G_0G_0^{\mathrm{T}}\varepsilon\varepsilon^{\mathrm{T}}\right)\right]$$
$$= \mathrm{tr}\left[G_0G_0^{\mathrm{T}}E\left(\frac{1}{n}\varepsilon\varepsilon^{\mathrm{T}}\right)\right] = \frac{\sigma_0^2}{n}\mathrm{tr}(G_0G_0^{\mathrm{T}})$$

$$\mathrm{var}\left(\frac{1}{n}\varepsilon^{\mathrm{T}}G_0G_0^{\mathrm{T}}\varepsilon\right) = \frac{1}{n^2}\{\sigma_0^4[\mathrm{tr}^2(G_0G_0^{\mathrm{T}}) + \mathrm{tr}(G_0^{\mathrm{T}}G_0G_0G_0^{\mathrm{T}}) + \mathrm{tr}(G_0G_0^{\mathrm{T}})^2]$$
$$- \sigma_0^4\mathrm{tr}^2(G_0G_0^{\mathrm{T}})\}$$
$$= \frac{1}{n^2}\sigma_0^4[\mathrm{tr}(G_0^{\mathrm{T}}G_0G_0G_0^{\mathrm{T}}) + \mathrm{tr}(G_0G_0^{\mathrm{T}})^2]$$
$$= \frac{1}{n}\sigma_0^4[O_p(1/l_n) + O_p(1/l_n)] = o_p(1)$$

可知

$$I_4 = \frac{\sigma_0^2}{n}\mathrm{tr}(B_0^{-1}W^{\mathrm{T}}WB_0^{-1}) + o_p(1)$$

于是

$$-\frac{1}{n}\frac{\partial^2 \hat{L}(\theta)}{\partial \lambda^2}\bigg|_{\theta=\theta_0} = \frac{1}{n}\mathrm{tr}(G_0^2) + \frac{1}{n}\mathrm{tr}(G_0G_0^{\mathrm{T}})$$

同样有

$$-\frac{1}{n}\frac{\partial^2 \hat{L}(\theta)}{\partial \beta \partial \sigma^2}\bigg|_{\theta=\theta_0}$$
$$= \frac{1}{n\sigma_0^4}X^{\mathrm{T}}(I-S)^{\mathrm{T}}B_0^{\mathrm{T}}B_0(I-S)(M_{\theta_0} + B_0^{-1}\varepsilon)$$

$$= \frac{1}{\sigma_0^4}\left[\frac{1}{n}X^{\mathrm{T}}(I-S)^{\mathrm{T}}B_0^{\mathrm{T}}B_0(I-S)M_{\theta_0} + \frac{1}{n}X^{\mathrm{T}}(I-S)^{\mathrm{T}}B_0^{\mathrm{T}}B_0(I-S)B_0^{-1}\varepsilon\right]$$
$$= o_p(1)$$

$$-\frac{1}{n}\frac{\partial^2 \hat{L}(\theta)}{\partial\lambda\partial\sigma^2}\bigg|_{\theta=\theta_0}$$
$$= \frac{1}{2\sigma_0^4}\frac{1}{n}(Y-X\beta_0)^{\mathrm{T}}(I-S)^{\mathrm{T}}(B_0^{\mathrm{T}}W + WB_0)(I-S)(Y-X\beta_0)$$
$$= \frac{1}{2\sigma_0^4}\frac{1}{n}(M_{\theta_0} + B_0^{-1}\varepsilon)^{\mathrm{T}}(I-S)^{\mathrm{T}}(B_0^{\mathrm{T}}W + WB_0)(I-S)(M_{\theta_0} + B_0^{-1}\varepsilon)$$
$$= \frac{1}{2\sigma_0^4}\frac{1}{n}[(I-S)M_{\theta_0} + (I-S)B_0^{-1}\varepsilon]^{\mathrm{T}}(B_0^{\mathrm{T}}W + WB_0)[(I-S)M_{\theta_0} + (I-S)B_0^{-1}\varepsilon]$$

其中,

$$\frac{1}{n}[(I-S)M_{\theta_0} + (I-S)B_0^{-1}\varepsilon]^{\mathrm{T}}(B_0^{\mathrm{T}}W + WB_0)[(I-S)M_{\theta_0} + (I-S)B_0^{-1}\varepsilon] = L_1 + L_2$$

经过计算可得到

$$L_1 = \frac{1}{n}[(I-S)M_{\theta_0} + (I-S)B_0^{-1}\varepsilon]^{\mathrm{T}}B_0^{\mathrm{T}}W[(I-S)M_{\theta_0} + (I-S)B_0^{-1}\varepsilon]$$
$$= \frac{1}{n}\varepsilon^{\mathrm{T}}WB_0^{-1}\varepsilon + o_p(1)$$

其中,

$$E\left(\frac{1}{n}\varepsilon^{\mathrm{T}}G_0^{\mathrm{T}}\varepsilon\right) = \mathrm{tr}\left[E\left(\frac{1}{n}G_0^{\mathrm{T}}\varepsilon\varepsilon^{\mathrm{T}}\right)\right] = \mathrm{tr}\left[G_0^{\mathrm{T}}E\left(\frac{1}{n}\varepsilon\varepsilon^{\mathrm{T}}\right)\right] = \frac{\sigma_0^2}{n}\mathrm{tr}(G_0^{\mathrm{T}})$$
$$\mathrm{var}\left(\frac{1}{n}\varepsilon^{\mathrm{T}}G_0^{\mathrm{T}}\varepsilon\right) = \frac{1}{n^2}\sigma_0^4[\mathrm{tr}(G_0^{\mathrm{T}}G_0) + \mathrm{tr}(G_0^{\mathrm{T}})^2] = \frac{1}{n}\sigma_0^4[O_p(1/l_n) + O_p(1/l_n)] = o_p(1)$$

可知 $L_1 = \frac{\sigma_0^2}{n}\mathrm{tr}(G_0^{\mathrm{T}}) + o_p(1)$。

相似地, 有
$$L_2 = \frac{1}{n}[(I-S)M_{\theta_0} + (I-S)B_0^{-1}\varepsilon]^{\mathrm{T}} \cdot$$

和
$$WB_0[(I-S)M_{\theta_0} + (I-S)B_0^{-1}\varepsilon] = \frac{\sigma_0^2}{n}\mathrm{tr}(G_0) + o_p(1)$$

于是

$$-\frac{1}{n}\frac{\partial^2 \hat{L}(\theta)}{\partial\lambda\partial\sigma^2}\bigg|_{\theta=\theta_0} = \frac{1}{2\sigma_0^2}\frac{1}{n}\mathrm{tr}(WB_0^{-1} + B_0^{-1}W) + o_p(1) = \frac{1}{\sigma_0^2}\frac{1}{n}\mathrm{tr}(G_0) + o_p(1)$$

对于最后一项 $-\dfrac{1}{n}\dfrac{\partial^2 \hat{L}(\theta)}{\partial\beta\partial\lambda}\Big|_{\theta=\theta_0}$ ，我们有

$$-\frac{1}{n}\frac{\partial^2 \hat{L}(\theta)}{\partial\beta\partial\lambda}\Big|_{\theta=\theta_0} = \frac{1}{\sigma_0^2}\frac{1}{n}X^{\mathrm{T}}(I-S)^{\mathrm{T}}(B_0^{\mathrm{T}}W + WB_0)(I-S)(Y - X\beta_0)$$

$$= \frac{1}{\sigma_0^2}\frac{1}{n}X^{\mathrm{T}}(I-S)^{\mathrm{T}}(B_0^{\mathrm{T}}W + WB_0)(I-S)(M_{\theta_0} + B_0^{-1}\varepsilon)$$

$$= \frac{1}{\sigma_0^2}\frac{1}{n}X^{\mathrm{T}}(I-S)^{\mathrm{T}}(B_0^{\mathrm{T}}W + WB_0)[(I-S)M_{\theta_0} + (I-S)B_0^{-1}\varepsilon]$$

令

$$\frac{1}{n}X^{\mathrm{T}}(I-S)^{\mathrm{T}}(B_0^{\mathrm{T}}W + WB_0)[(I-S)M_{\theta_0} + (I-S)B_0^{-1}\varepsilon] = V_1 + V_2$$

其中，

$$V_1 = \frac{1}{n}X^{\mathrm{T}}(I-S)^{\mathrm{T}}B_0^{\mathrm{T}}W[(I-S)M_{\theta_0} + (I-S)B_0^{-1}\varepsilon] = o_p(1)$$

$$V_2 = \frac{1}{n}X^{\mathrm{T}}(I-S)^{\mathrm{T}}WB_0[(I-S)M_{\theta_0} + (I-S)B_0^{-1}\varepsilon] = o_p(1)$$

于是

$$-\frac{1}{n}\frac{\partial^2 \hat{L}(\theta)}{\partial\beta\partial\lambda}\Big|_{\theta=\theta_0} = o_p(1)$$

综上，可以得到

$$-\frac{1}{n}\frac{\partial^2 \hat{L}(\theta)}{\partial\theta\partial\theta^{\mathrm{T}}}\Big|_{\theta=\theta_0} = \begin{pmatrix} \dfrac{1}{\sigma_0^2}\left(\dfrac{1}{n}X^{\mathrm{T}}PX\right) & 0 & 0 \\[2mm] 0 & \dfrac{1}{n}\mathrm{tr}(G_0^2) + \dfrac{1}{n}\mathrm{tr}(G_0 G_0^{\mathrm{T}}) & \dfrac{1}{\sigma_0^2}\dfrac{1}{n}\mathrm{tr}(G_0) \\[2mm] 0 & \dfrac{1}{\sigma_0^2}\dfrac{1}{n}\mathrm{tr}(G_0) & \dfrac{1}{2\sigma_0^4} \end{pmatrix}$$
$$+ o_p(1) \tag{4.35}$$

进一步，我们要证明 $\hat{\Sigma}_{\theta_0}$ 非奇异，只需证明 $\hat{\Sigma}_{\theta_0}\alpha = 0$，当且仅当 $\alpha = 0$。其中 $\alpha = (\alpha_1, \alpha_2, \alpha_3)^{\mathrm{T}}$，$\alpha_1$ 为 $q+2$ 维列向量，α_2 和 α_3 为 1 维列向量。

由 $\hat{\Sigma}_{\theta_0}\alpha = 0$ 可得 $\phi_{XX}\alpha_1 = 0$，$\alpha_3 = -2\sigma_0^2 n^{-1}\mathrm{tr}(G_0)\alpha_2$，进一步得到

$$(c_2 - 2c_1^2)\alpha_2 = 0$$

其中，$c_1 = n^{-1}\mathrm{tr}(G_0)$，$c_2 = n^{-1}\mathrm{tr}[(G_0 + G_0^{\mathrm{T}})G_0]$。

$$c_2 - 2c_1^2 = \lim_{n\to\infty} n^{-1}\mathrm{tr}[(G_0 + G_0^{\mathrm{T}})G_0] - 2\lim_{n\to\infty} n^{-2}[\mathrm{tr}(G_0)]^2$$

$$= \lim_{n\to\infty} n^{-1}\mathrm{tr}(C_s C_s^{\mathrm{T}}) \geqslant 0$$

其中, $C_s = C + C^{\mathrm{T}}, C^{\mathrm{T}} = G_0 - (n^{-1}\mathrm{tr}(G_0))I$。显然, 当 $\phi_{XX} > 0$, $\lim\limits_{n\to\infty} n^{-1}\mathrm{tr}(C_s C_s^{\mathrm{T}})$ $\neq 0$ 成立时, 有 $\alpha_2 = 0$, 继而 $\alpha_1 = 0$ 和 $\alpha_3 = 0$, 因此 $\hat{\Sigma}_{\theta_0}\alpha = 0 \Leftrightarrow \alpha = 0$, $\hat{\Sigma}_{\theta_0}$ 非奇异得证。

定理 4.4 的证明　对于上述提到的半参数变系数空间误差回归模型 $Y = X\beta + M_\theta + \eta$, 其中 $\eta \sim N[0, \sigma^2(B^{\mathrm{T}}B)^{-1}]$, 如果对非参数部分进行估计时, 我们初步忽略空间相关性结构的影响, 仅仅考虑 η 在每个点处的方差取值 σ^2, 这时误差结构可简化为 $\eta \sim N(0, \sigma^2 I)$, 不妨同样采用 ε 来表示, 那么

$$\begin{aligned}
\hat{\alpha}_{\hat{\theta}}(u) = e^{\mathrm{T}}\hat{\delta}_{\hat{\theta}}(u) &= e^{\mathrm{T}}[D_u^{\mathrm{T}}W_u D_u]^{-1}D_u^{\mathrm{T}}W_u[Y - X\hat{\beta}] \\
&= e^{\mathrm{T}}[D_u^{\mathrm{T}}W_u D_u]^{-1}D_u^{\mathrm{T}}W_u[X\beta_0 + M_{\theta_0} + \varepsilon - X\hat{\beta}] \\
&= e^{\mathrm{T}}[D_u^{\mathrm{T}}W_u D_u]^{-1}D_u^{\mathrm{T}}W_u[M_{\theta_0} + \varepsilon + X(\beta_0 - \hat{\beta})] \\
&= e^{\mathrm{T}}(L_1 + L_2 + L_3)
\end{aligned} \tag{4.36}$$

其中, $e = (I_p, O_p)^{\mathrm{T}}$, I_p 和 O_p 分别为 $p \times p$ 单位阵和元素全部为 0 的 $p \times p$ 矩阵。

结合引理 4.3 和引理 4.4, 可知

$$e^{\mathrm{T}}L_1 = e^{\mathrm{T}}[D_u^{\mathrm{T}}W_u D_u]^{-1}D_u^{\mathrm{T}}W_u M_{\theta_0} = \alpha_{\theta_0}(u)\{1 + o_p(1)\}$$

$$e^{\mathrm{T}}L_2 = e^{\mathrm{T}}[D_u^{\mathrm{T}}W_u D_u]^{-1}D_u^{\mathrm{T}}W_u \varepsilon = o_p(1)$$

由 $\left\| \hat{\beta} - \beta_0 \right\| = O_p(n^{-1/2})$, 得到

$$\begin{aligned}
e^{\mathrm{T}}L_3 &= e^{\mathrm{T}}[D_u^{\mathrm{T}}W_u D_u]^{-1}D_u^{\mathrm{T}}W_u[X(\beta_0 - \hat{\beta})] \\
&= e^{\mathrm{T}}\Omega_{11}^{-1}(u)\Omega_{12}(u)[1 + O_p(c_n)]O_p(n^{-1/2}) = o_p(1)
\end{aligned}$$

因此, $\hat{\alpha}_{\hat{\theta}}(u) - \alpha_{\theta_0}(u) = o_p(1)$。定理得证。

定理 4.5 的证明　此处证明类似于定理 3.4 的证明。由定理 4.4, 可知 $\hat{\delta}_{\hat{\theta}}(u) = L_1 + L_2 + L_3$。其中, 对 M_{θ_0} 在 u 处进行泰勒展开:

$$\begin{aligned}
M_{\theta_0} &= \begin{pmatrix} z_1^{\mathrm{T}}\alpha_{\theta_0}(u_1) \\ \vdots \\ z_n^{\mathrm{T}}\alpha_{\theta_0}(u_n) \end{pmatrix} \\
&= \begin{pmatrix} z_1^{\mathrm{T}}\alpha_{\theta_0}(u) + (u_1 - u)z_1^{\mathrm{T}}\alpha_{\theta_0}'(u) + 2^{-1}(u_1 - u)^2 z_1^{\mathrm{T}}\alpha_{\theta_0}''(u) \\ \vdots \\ z_n^{\mathrm{T}}\alpha_{\theta_0}(u) + (u_n - u)z_n^{\mathrm{T}}\alpha_{\theta_0}'(u) + 2^{-1}(u_n - u)^2 z_n^{\mathrm{T}}\alpha_{\theta_0}''(u) \end{pmatrix} + o_p(h^2)
\end{aligned}$$

$$
= D_u \begin{pmatrix} \alpha_{\theta_0}(u) \\ h\alpha_{\theta_0}(u) \end{pmatrix} + 2^{-1}h^2 \left(\left(\frac{u_1-u}{h}\right)^2 z_1^{\mathrm{T}}\alpha_{\theta_0}''(u) \cdots \left(\frac{u_n-u}{h}\right)^2 z_n^{\mathrm{T}}\alpha_{\theta_0}''(u) \right)^{\mathrm{T}}
$$

$$
\quad + o_p(h^2)
$$

$$
= D_u \delta_{\theta_0}(u) + 2^{-1}h^2 A(u) + o_p(h^2) \tag{4.37}
$$

其中，

$$
\delta_{\theta_0}(u) = \begin{pmatrix} \alpha_{\theta_0}(u) \\ h\alpha_{\theta_0}(u) \end{pmatrix}
$$

$$
A(u) = \left(\left(\frac{u_1-u}{h}\right)^2 z_1^{\mathrm{T}}\alpha_{\theta_0}''(u) \cdots \left(\frac{u_n-u}{h}\right)^2 z_n^{\mathrm{T}}\alpha_{\theta_0}''(u) \right)^{\mathrm{T}}
$$

结合式 (4.36) 和式 (4.37)，可得

$$
L_1 = \delta_{\theta_0}(u) + 2^{-1}h^2 [D_u^{\mathrm{T}} W_u D_u]^{-1} D_u^{\mathrm{T}} W_u A(u) + o_p(h^2)[D_u^{\mathrm{T}} W_u D_u]^{-1} D_u^{\mathrm{T}} W_u 1_n \tag{4.38}
$$

其中，1_n 为元素全部为 1 的 n 维列向量。对于式 (4.38) 中的各个部分，推导得到

$$
D_u^{\mathrm{T}} W_u A(u) = \begin{pmatrix} \displaystyle\sum_{i=1}^n z_i z_i^{\mathrm{T}} \left(\frac{u_i-u}{h}\right)^2 K_h(u_i-u) \\ \displaystyle\sum_{i=1}^n z_i z_i^{\mathrm{T}} \left(\frac{u_i-u}{h}\right)^3 K_h(u_i-u) \end{pmatrix} \alpha_{\theta_0}''(u)
$$

$$
= nf(u) \begin{pmatrix} \Omega_{11}(u)\alpha_{\theta_0}''(u)\mu_2 \\ 0 \end{pmatrix} \{1 + O_p(c_n)\}
$$

$$
[D_u^{\mathrm{T}} W_u D_u]^{-1} D_u^{\mathrm{T}} W_u A(u) = (\mu_2, 0)^{\mathrm{T}} \otimes \alpha_{\theta_0}''(u)\{1 + O_p(c_n)\}
$$

$$
D_u^{\mathrm{T}} W_u 1_n = \begin{pmatrix} \displaystyle\sum_{i=1}^n z_i K_h(u_i-u) \\ \displaystyle\sum_{i=1}^n z_i \left(\frac{u_i-u}{h}\right) K_h(u_i-u) \end{pmatrix}
$$

$$
= nf(u)(1,0)^{\mathrm{T}} \otimes E(z_i \,|\, u_i = u)\{1 + O_p(c_n)\}
$$

和

$$
o_p(h^2)[D_u^{\mathrm{T}} W_u D_u]^{-1} D_u^{\mathrm{T}} W_u 1_n = o_p(h^2)
$$

因此

$$
L_1 = \delta_{\theta_0}(u) + 2^{-1}h^2\mu_2 \begin{pmatrix} \alpha_{\theta_0}''(u) \\ 0 \end{pmatrix} + o_p(h^2)
$$

于是有

$$\sqrt{nh}\left[\hat{\delta}_{\hat{\theta}}(u) - \delta_{\theta_0}(u) - 2^{-1}h^2\mu_2\begin{pmatrix} \alpha''_{\theta_0}(u) \\ 0 \end{pmatrix}\right] = \sqrt{nh}L_2 + o_p(1)$$

其中，$L_2 = [D_u^{\mathrm{T}}W_u D_u]^{-1}D_u^{\mathrm{T}}W_u\varepsilon$。

对于 L_2，我们做如下计算：

$$n^{-1}D_u^{\mathrm{T}}W_u D_u = f(u)\begin{pmatrix} 1 & 0 \\ 0 & \mu_2 \end{pmatrix} \otimes \Omega_{11}(u)\{1 + O_p(c_n)\}$$

$$\sqrt{nh}n^{-1}D_u^{\mathrm{T}}W_u\varepsilon = n^{-1/2}h^{1/2}\begin{pmatrix} \displaystyle\sum_{i=1}^{n} z_i\varepsilon_i K_h(u_i - u) \\ \displaystyle\sum_{i=1}^{n} z_i\varepsilon_i\left(\frac{u_i - u}{h}\right)K_h(u_i - u) \end{pmatrix} \quad (4.39)$$

若令 c 为任意的 $2p$ 维单位矢量，定义

$$\varsigma_i = h^{1/2}c^{\mathrm{T}}\begin{pmatrix} z_i\varepsilon_i K_h(u_i - u) \\ z_i\varepsilon_i\left(\dfrac{u_i - u}{h}\right)K_h(u_i - u) \end{pmatrix}$$

可知 ς_i 为独立同分布的随机变量，通过运用 Cramer-Wold 机制和多元中心极限定理，可以得到

$$E(\varsigma_i) = 0$$

$$\begin{aligned} E(\varsigma_i^2) &= hc^{\mathrm{T}}E\begin{pmatrix} z_i z_i^{\mathrm{T}}K_h^2(u_i - u)\varepsilon_i^2 & z_i z_i^{\mathrm{T}}\left(\dfrac{u_i - u}{h}\right)K_h^2(u_i - u)\varepsilon_i^2 \\ z_i z_i^{\mathrm{T}}\left(\dfrac{u_i - u}{h}\right)K_h^2(u_i - u)\varepsilon_i^2 & z_i z_i^{\mathrm{T}}\left(\dfrac{u_i - u}{h}\right)^2 K_h^2(u_i - u)\varepsilon_i^2 \end{pmatrix}c \\ &= \sigma_0^2 f(u)c^{\mathrm{T}}\begin{pmatrix} \nu_0\Omega_{11}(u) & 0 \\ 0 & \nu_2\Omega_{11}(u) \end{pmatrix}c\{1 + O_p(c_n)\} \\ &= c^{\mathrm{T}}\Sigma_1 c + O_p(c_n) \end{aligned}$$

那么

$$\sqrt{nh}n^{-1}c^{\mathrm{T}}D_u^{\mathrm{T}}W_u\varepsilon = n^{-1/2}\sum_{i=1}^{n}\varsigma_i \xrightarrow{L} N\left(0, c^{\mathrm{T}}\Sigma_1 c\right)$$

结合式 (4.40)，显然有

$$\sqrt{nh}n^{-1}D_u^{\mathrm{T}}W_u\varepsilon = n^{-1/2}h^{1/2}\begin{pmatrix} \displaystyle\sum_{i=1}^{n} z_i\varepsilon_i K_h(u_i - u) \\ \displaystyle\sum_{i=1}^{n} z_i\varepsilon_i\left(\frac{u_i - u}{h}\right)K_h(u_i - u) \end{pmatrix} \xrightarrow{L} N\left(0, \Sigma_1\right)$$

$$(4.40)$$

其中,

$$\Sigma_1 = \sigma_0^2 f(u) \begin{pmatrix} \nu_0 \Omega_{11}(u) & 0 \\ 0 & \nu_2 \Omega_{11}(u) \end{pmatrix}$$

于是得到

$$\sqrt{nh} \left[\hat{\delta}_{\hat{\theta}}(u) - \delta_{\theta_0}(u) - 2^{-1} h^2 \mu_2 \begin{pmatrix} \alpha_{\theta_0}''(u) \\ 0 \end{pmatrix} \right]$$

$$= \sqrt{nh} [D_u^{\mathrm{T}} W_u D_u]^{-1} D_u^{\mathrm{T}} W_u \varepsilon + o_p(1)$$

$$= [n^{-1} D_u^{\mathrm{T}} W_u D_u]^{-1} \sqrt{nh} n^{-1} D_u^{\mathrm{T}} W_u \varepsilon + o_p(1) \xrightarrow{L} N(0, \Sigma_\alpha) \tag{4.41}$$

其中,

$$\Sigma_\alpha = \sigma_0^2 f^{-1}(u) \begin{pmatrix} \nu_0 \Omega_{11}^{-1}(u) & 0 \\ 0 & \dfrac{\nu_2}{\mu_2^2} \Omega_{11}^{-1}(u) \end{pmatrix}$$

特别地, 有

$$\sqrt{nh} [\hat{\alpha}_{\hat{\theta}}(u) - \alpha_{\theta_0}(u) - 2^{-1} h^2 \mu_2 \alpha_{\theta_0}''(u)] \xrightarrow{L} N(0, \nu_0, \sigma_0^2 f^{-1}(u) \Omega_{11}^{-1}(u))$$

定理得证。

引理 4.5 对于考虑空间相关性结构时非参数部分的估计, 在假设 4.1—假设 4.4 满足的条件下, 可以得到 $\hat{\alpha}_\theta(u) \xrightarrow{P} \alpha_\theta(u)$。

证明

$$\frac{1}{n} R(u) = \frac{1}{n} D_u^{\mathrm{T}} W_u^{\frac{1}{2}} \Psi^{-1}(\lambda) W_u^{\frac{1}{2}} D_u = \begin{pmatrix} \Lambda_{11}^1 & \Lambda_{12}^1 \\ \Lambda_{21}^1 & \Lambda_{22}^1 \end{pmatrix} \tag{4.42}$$

其中,

$$\Lambda_{11}^1 = \frac{1}{n} \sum_{i=1}^n \sum_{j=1}^n z_i K_h^{\frac{1}{2}}(u_i - u) \Psi_{ij}^{-1} K_h^{\frac{1}{2}}(u_j - u) z_j^{\mathrm{T}}$$

$$\Lambda_{12}^1 = \frac{1}{n} \sum_{i=1}^n \sum_{j=1}^n z_i K_h^{\frac{1}{2}}(u_i - u) \Psi_{ij}^{-1} K_h^{\frac{1}{2}}(u_j - u) z_j^{\mathrm{T}} \left(\frac{u_j - u}{h} \right)$$

$$\Lambda_{21}^1 = \frac{1}{n} \sum_{i=1}^n \sum_{j=1}^n z_j K_h^{\frac{1}{2}}(u_j - u) \Psi_{ij}^{-1} K_h^{\frac{1}{2}}(u_i - u) z_i^{\mathrm{T}} \left(\frac{u_i - u}{h} \right)$$

$$\Lambda_{22}^1 = \frac{1}{n} \sum_{i=1}^n \sum_{j=1}^n z_i \left(\frac{u_i - u}{h} \right) K_h^{\frac{1}{2}}(u_i - u) \Psi_{ij}^{-1} K_h^{\frac{1}{2}}(u_j - u) z_j^{\mathrm{T}} \left(\frac{u_j - u}{h} \right)$$

对于 Λ_{11}^1 部分,

$$\Lambda_{11}^1 = \frac{1}{n} \sum_{i=1}^n \sum_{j=1}^n z_i K_h^{\frac{1}{2}}(u_i - u) \Psi_{ij}^{-1} K_h^{\frac{1}{2}}(u_j - u) z_j^{\mathrm{T}}$$

$$= \frac{1}{n} \sum_{i=1}^{n} z_i z_i^{\mathrm{T}} K_h(u_i - u) \Psi_{ii}^{-1} + \frac{1}{n} \sum_{i=1}^{n} \sum_{j \neq i}^{n} z_i K_h^{\frac{1}{2}}(u_i - u) \Psi_{ij}^{-1} K_h^{\frac{1}{2}}(u_j - u) z_j^{\mathrm{T}}$$

$$= V_1^1 + V_2^1$$

这里,

$$EV_1^1 = E \left[\frac{1}{n} \sum_{i=1}^{n} z_i z_i^{\mathrm{T}} K_h(u_i - u) \Psi_{ii}^{-1} \right]$$

$$= \frac{1}{n} \sum_{i=1}^{n} E[z_i z_i^{\mathrm{T}} K_h(u_i - u) \Psi_{ii}^{-1}]$$

$$= \frac{1}{n} \sum_{i=1}^{n} E[E(z_i z_i^{\mathrm{T}} K_h(u_i - u) \Psi_{ii}^{-1} | u_i)]$$

$$= \frac{1}{n} \Omega_{11}(u) \sum_{i=1}^{n} \Psi_{ii}^{-1} E[K_h(u_i - u)]$$

$$= \frac{1}{n} f(u) \Omega_{11}(u) \sum_{i=1}^{n} \Psi_{ii}^{-1} + O_p(h^2)$$

结合引理 3.1, 可知

$$V_1^1 = \frac{1}{n} \sum_{i=1}^{n} z_i z_i^{\mathrm{T}} K_h(u_i - u) \Psi_{ii}^{-1} = \frac{1}{n} f(u) \Omega_{11}(u) \sum_{i=1}^{n} \Psi_{ii}^{-1} \{1 + O_p(c_n)\}$$

$$EV_2^1 = E \left[\frac{1}{n} \sum_{i=1}^{n} \sum_{j \neq i}^{n} z_i K_h^{\frac{1}{2}}(u_i - u) \Psi_{ij}^{-1} K_h^{\frac{1}{2}}(u_j - u) z_j^{\mathrm{T}} \right]$$

$$= \frac{1}{n} \sum_{i=1}^{n} \sum_{j \neq i}^{n} E \left[z_i K_h^{\frac{1}{2}}(u_i - u) \Psi_{ij}^{-1} K_h^{\frac{1}{2}}(u_j - u) z_j^{\mathrm{T}} \right]$$

$$= \frac{1}{n} \sum_{i=1}^{n} \sum_{j \neq i}^{n} E \left[z_i K_h^{\frac{1}{2}}(u_i - u) \right] \Psi_{ij}^{-1} E \left[K_h^{\frac{1}{2}}(u_j - u) z_j^{\mathrm{T}} \right]$$

$$= \frac{1}{n} \sum_{i=1}^{n} \sum_{j \neq i}^{n} E \left[K_h^{\frac{1}{2}}(u_i - u) \right] E(z_i | u_i) \Psi_{ij}^{-1} E \left[K_h^{\frac{1}{2}}(u_j - u) \right] E(z_j^{\mathrm{T}} | u_i)$$

$$= O_p(h)$$

其中,

$$E \left[K_h^{\frac{1}{2}}(u_i - u) \right] = \int \frac{1}{\sqrt{h}} K^{\frac{1}{2}} \left(\frac{u_i - u}{h} \right) f(u_i) \mathrm{d}u_i$$

$$= \sqrt{h} \int K^{\frac{1}{2}}(v) f(u + vh) \mathrm{d}v$$

$$= \sqrt{h} \int K^{\frac{1}{2}}(v)[f(u) + f'(u)vh + O_p(h^2)]\mathrm{d}v$$
$$= O_p(\sqrt{h})$$

又因为

$$EV_1^1(V_2^1)^{\mathrm{T}} = E\left[\frac{1}{n}\sum_{i=1}^{n}\sum_{j\neq i}^{n} z_i K_h^{\frac{1}{2}}(u_i - u)\Psi_{ij}^{-1}K_h^{\frac{1}{2}}(u_j - u)z_j^{\mathrm{T}}\right]$$

$$\times \left[\frac{1}{n}\sum_{i=1}^{n}\sum_{j\neq i}^{n} z_i K_h^{\frac{1}{2}}(u_i - u)\Psi_{ij}^{-1}K_h^{\frac{1}{2}}(u_j - u)z_j^{\mathrm{T}}\right]^{\mathrm{T}}$$

$$= \frac{1}{n^2}\left\{[f^2(u) + O_p(h^2)](\Omega_{11}(u))^2 \sum_{i=1}^{n}\sum_{j\neq i}^{n}(\Psi_{ij}^{-1})^2 + O_p(h)\right\}$$

$$= O_p(n^{-1} + n^{-2}h)$$

可知 $\mathrm{var}(V_2^1) = o_p(1)$。

结合式 (4.31)，可得

$$\Lambda_{11}^1 = V_1^1 + V_2^1 = \frac{1}{n}f(u)\Omega_{11}(u)\sum_{i=1}^{n}\Psi_{ii}^{-1}\{1 + O_p(c_n)\}$$

对于 Λ_{22}^1 部分，

$$\Lambda_{22}^1 = \frac{1}{n}\sum_{i=1}^{n}\sum_{j=1}^{n} z_i\left(\frac{u_i - u}{h}\right)K_h^{\frac{1}{2}}(u_i - u)\Psi_{ij}^{-1}K_h^{\frac{1}{2}}(u_j - u)z_j^{\mathrm{T}}\left(\frac{u_j - u}{h}\right)$$

$$= \frac{1}{n}\sum_{i=1}^{n} z_i z_i^{\mathrm{T}}\left(\frac{u_i - u}{h}\right)^2 K_h(u_i - u)\Psi_{ii}^{-1}$$

$$+ \frac{1}{n}\sum_{i=1}^{n}\sum_{j\neq i}^{n} z_i\left(\frac{u_i - u}{h}\right)K_h^{\frac{1}{2}}(u_i - u)\Psi_{ij}^{-1}K_h^{\frac{1}{2}}(u_j - u)z_j^{\mathrm{T}}\left(\frac{u_i - u}{h}\right)$$

$$= V_1^2 + V_2^2$$

这里，

$$EV_1^2 = E\left[\frac{1}{n}\sum_{i=1}^{n} z_i z_i^{\mathrm{T}}\left(\frac{u_i - u}{h}\right)^2 K_h(u_i - u)\Psi_{ii}^{-1}\right]$$

$$= \frac{1}{n}\sum_{i=1}^{n} E\left[z_i z_i^{\mathrm{T}}\left(\frac{u_i - u}{h}\right)^2 K_h(u_i - u)\Psi_{ii}^{-1}\right]$$

$$= \frac{1}{n}\sum_{i=1}^{n} E\left[E\left(z_i z_i^{\mathrm{T}}\left(\frac{u_i - u}{h}\right)^2 K_h(u_i - u)\Psi_{ii}^{-1}\,|u_i\right)\right]$$

$$= \frac{1}{n}\Omega_{11}(u)\sum_{i=1}^{n}\Psi_{ii}^{-1}E\left[K_h(u_i-u)\left(\frac{u_i-u}{h}\right)^2\right]$$

$$= \frac{1}{n}f(u)\mu_2\Omega_{11}(u)\sum_{i=1}^{n}\Psi_{ii}^{-1}+O_p(h^2)$$

结合引理 3.1, 可知 $V_1^2 = \dfrac{1}{n}f(u)\mu_2\Omega_{11}(u)\displaystyle\sum_{i=1}^{n}\Psi_{ii}^{-1}\{1+O_p(c_n)\}$。

$$EV_2^2 = E\left[\frac{1}{n}\sum_{i=1}^{n}\sum_{j\neq i}^{n}z_i\left(\frac{u_i-u}{h}\right)K_h^{\frac{1}{2}}(u_i-u)\Psi_{ij}^{-1}K_h^{\frac{1}{2}}(u_j-u)z_j^{\mathrm{T}}\left(\frac{u_i-u}{h}\right)^2\right]$$

$$= \frac{1}{n}\sum_{i=1}^{n}\sum_{j\neq i}^{n}E\left[z_i\left(\frac{u_i-u}{h}\right)K_h^{\frac{1}{2}}(u_i-u)\Psi_{ij}^{-1}K_h^{\frac{1}{2}}(u_j-u)z_j^{\mathrm{T}}\left(\frac{u_i-u}{h}\right)\right]$$

$$= \frac{1}{n}\sum_{i=1}^{n}\sum_{j\neq i}^{n}E\left[z_i\left(\frac{u_i-u}{h}\right)K_h^{\frac{1}{2}}(u_i-u)\right]\Psi_{ij}^{-1}E\left[K_h^{\frac{1}{2}}(u_j-u)z_j^{\mathrm{T}}\left(\frac{u_i-u}{h}\right)\right]$$

$$= \frac{1}{n}\sum_{i=1}^{n}\sum_{j\neq i}^{n}E\left[\left(\frac{u_i-u}{h}\right)K_h^{\frac{1}{2}}(u_i-u)\right]E(z_i\,|u_i)\Psi_{ij}^{-1}$$

$$\times E\left[\left(\frac{u_i-u}{h}\right)K_h^{\frac{1}{2}}(u_j-u)\right]E(z_j^{\mathrm{T}}\,|u_i)$$

$$= O_p(h)$$

其中,

$$E\left[\left(\frac{u_i-u}{h}\right)K_h^{\frac{1}{2}}(u_i-u)\right] = \int \frac{1}{\sqrt{h}}\left(\frac{u_i-u}{h}\right)K^{\frac{1}{2}}\left(\frac{u_i-u}{h}\right)f(u_i)\mathrm{d}u_i$$

$$= \sqrt{h}\int K^{\frac{1}{2}}(v)vf(u+vh)\mathrm{d}v$$

$$= \sqrt{h}\int K^{\frac{1}{2}}(v)v[f(u)+f'(u)vh+O_p(h^2)]\mathrm{d}v$$

$$= O_p(\sqrt{h})$$

又因为

$$EV_1^2(V_2^2)^{\mathrm{T}} = E\left[\frac{1}{n}\sum_{i=1}^{n}\sum_{j\neq i}^{n}z_i\left(\frac{u_i-u}{h}\right)K_h^{\frac{1}{2}}(u_i-u)\Psi_{ij}^{-1}K_h^{\frac{1}{2}}(u_j-u)z_j^{\mathrm{T}}\left(\frac{u_i-u}{h}\right)\right]$$

$$\times\left[\frac{1}{n}\sum_{i=1}^{n}\sum_{j\neq i}^{n}z_i\left(\frac{u_i-u}{h}\right)K_h^{\frac{1}{2}}(u_i-u)\Psi_{ij}^{-1}K_h^{\frac{1}{2}}(u_j-u)z_j^{\mathrm{T}}\left(\frac{u_i-u}{h}\right)\right]^{\mathrm{T}}$$

$$= \frac{1}{n^2} \left\{ [(\mu_2 f(u))^2 + O_p(h^2)](\Omega_{11}(u))^2 \sum_{i=1}^n \sum_{j \neq i}^n (\Psi_{ij}^{-1})^2 + O_p(h) \right\}$$

$$= O_p(n^{-1} + n^{-2}h)$$

$$\mathrm{var}(V_2^2) = o_p(1)$$

可得

$$\Lambda_{22}^1 = V_1^2 + V_2^2 = \frac{1}{n} f(u)\mu_2 \Omega_{11}(u) \sum_{i=1}^n \Psi_{ii}^{-1} \{1 + O_p(c_n)\}$$

相似地，可证得

$$\Lambda_{12}^1 = O_p(h)\{1 + O_p(c_n)\}, \quad \Lambda_{21}^1 = O_p(h)\{1 + O_p(c_n)\}$$

于是有

$$\frac{1}{n} R(u) = \frac{1}{n} \sum_{i=1}^n \Psi_{ii}^{-1} f(u) \begin{pmatrix} \Omega_{11}(u) & 0 \\ 0 & \mu_2 \Omega_{11}(u) \end{pmatrix} \{1 + O_p(c_n)\}$$

同理，对于 $T(u)$，有

$$\frac{1}{n} T(u) = \frac{1}{n} D_u^{\mathrm{T}} W_u^{\frac{1}{2}} \Psi^{-1}(\lambda) W_u^{\frac{1}{2}} Y^*$$

$$= \begin{pmatrix} \frac{1}{n} \sum_{i=1}^n \sum_{j=1}^n z_i K_h^{\frac{1}{2}}(u_i - u)\Psi_{ij}^{-1} K_h^{\frac{1}{2}}(u_j - u)y_i^* \\ \frac{1}{n} \sum_{i=1}^n \sum_{j=1}^n z_i K_h^{\frac{1}{2}}(u_i - u)\Psi_{ij}^{-1} K_h^{\frac{1}{2}}(u_j - u)y_i^* \left(\frac{u_j - u}{h} \right) \end{pmatrix}$$

$$= \begin{pmatrix} \Lambda_1^2 \\ \Lambda_2^2 \end{pmatrix} \tag{4.43}$$

其中，

$$\Lambda_1^2 = \frac{1}{n} \sum_{i=1}^n \sum_{j=1}^n z_i K_h^{\frac{1}{2}}(u_i - u)\Psi_{ij}^{-1} K_h^{\frac{1}{2}}(u_j - u)y_i^*$$

$$= \frac{1}{n} \sum_{i=1}^n z_i K_h(u_i - u)\Psi_{ii}^{-1} y_i^* + \frac{1}{n} \sum_{i=1}^n \sum_{j \neq i}^n z_i K_h^{\frac{1}{2}}(u_i - u)\Psi_{ij}^{-1} K_h^{\frac{1}{2}}(u_j - u)y_i^*$$

$$= \frac{1}{n} \sum_{i=1}^n z_i K_h(u_i - u)\Psi_{ii}^{-1} \left(z_i^{\mathrm{T}} \alpha_\theta(u_i) + \sum_{l=1}^n \overline{b_{il}}\varepsilon_l \right)$$

$$+ \frac{1}{n} \sum_{i=1}^n \sum_{j \neq i}^n z_i K_h^{\frac{1}{2}}(u_i - u)\Psi_{ij}^{-1} K_h^{\frac{1}{2}}(u_j - u) \left(z_i^{\mathrm{T}} \alpha_\theta(u_i) + \sum_{l=1}^n \overline{b_{il}}\varepsilon_l \right)$$

$$= \frac{1}{n}\sum_{i=1}^{n} z_i K_h(u_i - u)\Psi_{ii}^{-1} z_i^{\mathrm{T}} \alpha_\theta(u_i) + \frac{1}{n}\sum_{i=1}^{n} z_i K_h(u_i - u)\Psi_{ii}^{-1} z_i^{\mathrm{T}} \sum_{l=1}^{n} \overline{b_{il}}\varepsilon_l$$

$$+ \frac{1}{n}\sum_{i=1}^{n}\sum_{j\neq i}^{n} z_i K_h^{\frac{1}{2}}(u_i - u)\Psi_{ij}^{-1} K_h^{\frac{1}{2}}(u_j - u) z_i^{\mathrm{T}} \alpha_\theta(u_i)$$

$$+ \frac{1}{n}\sum_{i=1}^{n}\sum_{j\neq i}^{n} z_i K_h^{\frac{1}{2}}(u_i - u)\Psi_{ij}^{-1} K_h^{\frac{1}{2}}(u_j - u) \sum_{l=1}^{n} \overline{b_{il}}\varepsilon_l$$

$$= V_1^3 + V_2^3 + V_3^3 + V_4^3$$

这里 $\overline{b_{il}}$ 为矩阵 $B^{-1}(\lambda) = (I - \lambda W)^{-1}$ 中第 i 行 l 列对应的元素。相应地，能够得到

$$EV_1^3 = \frac{1}{n}f(u)\Omega_{11}(u)\sum_{i=1}^{n}\Psi_{ii}^{-1}\alpha_\theta(u) + O_p(h^2)$$

$$EV_2^3 = 0$$

$$EV_1^3 = O_p(h)$$

$$EV_4^3 = 0$$

于是

$$\Lambda_1^2 = \frac{1}{n}f(u)\Omega_{11}(u)\sum_{i=1}^{n}\Psi_{ii}^{-1}\alpha_\theta(u)\{1 + O_p(c_n)\}$$

类似可得到 $\Lambda_2^2 = 0$，于是有

$$\frac{1}{n}T(u) = \frac{1}{n}\sum_{i=1}^{n}\Psi_{ii}^{-1}f(u)\begin{pmatrix}\Omega_{11}(u)\alpha_\theta(u)\\0\end{pmatrix}\{1 + O_p(c_n)\}$$

根据 $\hat{\alpha}_\theta(u) = e^{\mathrm{T}} R^{-1}(u) T(u)$，易得 $\hat{\alpha}_\theta(u) \xrightarrow{P} \alpha_\theta(u)$。

定理 4.6 的证明　　此处的证明过程类似于定理 4.1 的证明。

定理 4.7 的证明　　对于半参数变系数空间误差回归模型：

$$Y = X\beta + M_\theta + B^{-1}(\lambda)\varepsilon \tag{4.44}$$

其中，$B^{-1}(\lambda) = (I - \lambda W)^{-1}$。模型的非参数估计量为

$$\hat{\alpha}_{\hat{\theta}}(u)$$

$$= e^{\mathrm{T}}\hat{\delta}_{\hat{\theta}}(u) = e^{\mathrm{T}}\left[\frac{1}{n}D_u^{\mathrm{T}} W_u^{\frac{1}{2}}\Psi^{-1}(\lambda) W_u^{\frac{1}{2}} D_u\right]^{-1}\frac{1}{n}D_u^{\mathrm{T}} W_u^{\frac{1}{2}}\Psi^{-1}(\lambda) W_u^{\frac{1}{2}}[Y - X\hat{\beta}]$$

$$= e^{\mathrm{T}}\left[\frac{1}{n}D_u^{\mathrm{T}} W_u^{\frac{1}{2}}\Psi^{-1}(\lambda) W_u^{\frac{1}{2}} D_u\right]^{-1}\frac{1}{n}D_u^{\mathrm{T}} W_u^{\frac{1}{2}}\Psi^{-1}(\lambda) W_u^{\frac{1}{2}}[X\beta_0 + M_{\theta_0} + B^{-1}\varepsilon - X\hat{\beta}]$$

$$
\begin{aligned}
&= e^{\mathrm{T}}\left[\frac{1}{n}D_u^{\mathrm{T}}W_u^{\frac{1}{2}}\Psi^{-1}(\lambda)W_u^{\frac{1}{2}}D_u\right]^{-1}\frac{1}{n}D_u^{\mathrm{T}}W_u^{\frac{1}{2}}\Psi^{-1}(\lambda)W_u^{\frac{1}{2}}[M_{\theta_0}+B^{-1}\varepsilon+X(\beta_0-\hat{\beta})]\\
&= e^{\mathrm{T}}(L_1+L_2+L_3)
\end{aligned}
\tag{4.45}
$$

其中, $e=(I_p,O_p)^{\mathrm{T}}$, I_p 和 O_p 分别为 $p\times p$ 单位阵和元素全部为 0 的 $p\times p$ 矩阵。

结合引理 4.5 的证明过程, 易得

$$
e^{\mathrm{T}}L_1 = e^{\mathrm{T}}\left[\frac{1}{n}D_u^{\mathrm{T}}W_u^{\frac{1}{2}}\Psi^{-1}(\lambda)W_u^{\frac{1}{2}}D_u\right]^{-1}\frac{1}{n}D_u^{\mathrm{T}}W_u^{\frac{1}{2}}\Psi^{-1}(\lambda)W_u^{\frac{1}{2}}M_{\theta_0}=\alpha_{\theta_0}(u)\{1+o_p(1)\}
$$

$$
e^{\mathrm{T}}L_2 = e^{\mathrm{T}}\left[\frac{1}{n}D_u^{\mathrm{T}}W_u^{\frac{1}{2}}\Psi^{-1}(\lambda)W_u^{\frac{1}{2}}D_u\right]^{-1}\frac{1}{n}D_u^{\mathrm{T}}W_u^{\frac{1}{2}}\Psi^{-1}(\lambda)W_u^{\frac{1}{2}}B^{-1}\varepsilon=o_p(1)
$$

由 $\left\|\hat{\beta}-\beta_0\right\|=o_p(1)$, 得到

$$
\begin{aligned}
e^{\mathrm{T}}L_3 &= e^{\mathrm{T}}\left[\frac{1}{n}D_u^{\mathrm{T}}W_u^{\frac{1}{2}}\Psi^{-1}(\lambda)W_u^{\frac{1}{2}}D_u\right]^{-1}\frac{1}{n}D_u^{\mathrm{T}}W_u^{\frac{1}{2}}\Psi^{-1}(\lambda)W_u^{\frac{1}{2}}[X(\beta_0-\hat{\beta})]\\
&= e^{\mathrm{T}}\Omega_{11}^{-1}(u)\Omega_{12}(u)[1+O_p(c_n)]o_p(1)=o_p(1)
\end{aligned}
$$

因此, $\hat{\alpha}_{\hat{\theta}}(u)-\alpha_{\theta_0}(u)=o_p(1)$, 定理得证。

定理 4.8 的证明 由定理 4.7, 可知 $\hat{\delta}_{\hat{\theta}}(u)=L_1+L_2+L_3$。其中对 M_{θ_0} 在 u 处进行泰勒展开:

$$
\begin{aligned}
M_{\theta_0} &= \begin{pmatrix} z_1^{\mathrm{T}}\alpha_{\theta_0}(u_1)\\ \vdots \\ z_n^{\mathrm{T}}\alpha_{\theta_0}(u_n) \end{pmatrix}\\
&= \begin{pmatrix} z_1^{\mathrm{T}}\alpha_{\theta_0}(u)+(u_1-u)z_1^{\mathrm{T}}\alpha'_{\theta_0}(u)+2^{-1}(u_1-u)^2z_1^{\mathrm{T}}\alpha''_{\theta_0}(u)\\ \vdots \\ z_n^{\mathrm{T}}\alpha_{\theta_0}(u)+(u_n-u)z_n^{\mathrm{T}}\alpha'_{\theta_0}(u)+2^{-1}(u_n-u)^2z_n^{\mathrm{T}}\alpha''_{\theta_0}(u) \end{pmatrix}+o_p(h^2)\\
&= D_u\begin{pmatrix} \alpha_{\theta_0}(u)\\ h\alpha_{\theta_0}(u) \end{pmatrix}+2^{-1}h^2\left(\left(\frac{u_1-u}{h}\right)^2z_1^{\mathrm{T}}\alpha''_{\theta_0}(u)\cdots\left(\frac{u_n-u}{h}\right)^2z_n^{\mathrm{T}}\alpha''_{\theta_0}(u)\right)^{\mathrm{T}}\\
&\quad+o_p(h^2)\\
&= D_u\delta_{\theta_0}(u)+2^{-1}h^2A(u)+o_p(h^2)
\end{aligned}
\tag{4.46}
$$

其中,

$$
\delta_{\theta_0}(u)=\begin{pmatrix} \alpha_{\theta_0}(u)\\ h\alpha_{\theta_0}(u) \end{pmatrix}
$$

$$A(u) = \left(\left(\frac{u_1 - u}{h} \right)^2 z_1^{\mathrm{T}} \alpha_{\theta_0}''(u) \cdots \left(\frac{u_n - u}{h} \right)^2 z_n^{\mathrm{T}} \alpha_{\theta_0}''(u) \right)^{\mathrm{T}}$$

结合式 (4.46)，可知

$$L_1 = \delta_{\theta_0}(u) + 2^{-1}h^2 \left[\frac{1}{n} D_u^{\mathrm{T}} W_u^{\frac{1}{2}} \Psi^{-1}(\lambda) W_u^{\frac{1}{2}} D_u \right]^{-1} \frac{1}{n} D_u^{\mathrm{T}} W_u^{\frac{1}{2}} \Psi^{-1}(\lambda) W_u^{\frac{1}{2}} A(u) + o_p(h^2)$$

$$(4.47)$$

其中，1_n 为元素全部为 1 的 n 维列向量。进一步有

$$\frac{1}{n} D_u^{\mathrm{T}} W_u^{\frac{1}{2}} \Psi^{-1}(\lambda) W_u^{\frac{1}{2}} A(u)$$

$$= \left(\begin{array}{c} \dfrac{1}{n} \displaystyle\sum_{i=1}^{n} \sum_{j=1}^{n} z_i K_h^{\frac{1}{2}}(u_i - u) \Psi_{ij}^{-1} K_h^{\frac{1}{2}}(u_j - u) z_i^{\mathrm{T}} \left(\dfrac{u_i - u}{h} \right)^2 \\ \dfrac{1}{n} \displaystyle\sum_{i=1}^{n} \sum_{j=1}^{n} z_i K_h^{\frac{1}{2}}(u_i - u) \Psi_{ij}^{-1} K_h^{\frac{1}{2}}(u_j - u) z_i^{\mathrm{T}} \left(\dfrac{u_i - u}{h} \right)^3 \end{array} \right) \alpha_{\theta_0}''(u)$$

$$= \frac{1}{n} \sum_{i=1}^{n} \Psi_{ii}^{-1} f(u) \left(\begin{array}{c} \Omega_{11}(u) \alpha_{\theta_0}''(u) \mu_2 \\ 0 \end{array} \right) \{ 1 + O_p(c_n) \}$$

和

$$\left[\frac{1}{n} D_u^{\mathrm{T}} W_u^{\frac{1}{2}} \Psi^{-1}(\lambda) W_u^{\frac{1}{2}} D_u \right]^{-1} \frac{1}{n} D_u^{\mathrm{T}} W_u^{\frac{1}{2}} \Psi^{-1}(\lambda) W_u^{\frac{1}{2}} A(u)$$

$$= (\mu_2, 0)^{\mathrm{T}} \otimes \alpha_{\theta_0}''(u) \{ 1 + O_p(c_n) \}$$

因此，有

$$L_1 = \delta_{\theta_0}(u) + 2^{-1}h^2 \mu_2 \left(\begin{array}{c} \alpha_{\theta_0}''(u) \\ 0 \end{array} \right) + o_p(h^2)$$

于是有

$$\sqrt{nh} \left[\hat{\delta}_{\hat{\theta}}(u) - \delta_{\theta_0}(u) - 2^{-1}h^2 \mu_2 \left(\begin{array}{c} \alpha_{\theta_0}''(u) \\ 0 \end{array} \right) \right] = \sqrt{nh} L_2 + o_p(1) \qquad (4.48)$$

其中，

$$L_2 = \left[\frac{1}{n} D_u^{\mathrm{T}} W_u^{\frac{1}{2}} \Psi^{-1}(\lambda) W_u^{\frac{1}{2}} D_u \right]^{-1} \frac{1}{n} D_u^{\mathrm{T}} W_u^{\frac{1}{2}} \Psi^{-1}(\lambda) W_u^{\frac{1}{2}} B^{-1} \varepsilon$$

并且 $\hat{\delta}_{\hat{\theta}}(u)$ 和 $\delta_{\theta_0}(u)$ 之间的偏差部分为 $2^{-1}h^2 \mu_2 \left(\begin{array}{c} \alpha_{\theta_0}''(u) \\ 0 \end{array} \right)$。

对于 L_2，我们做如下计算：

$$\sqrt{nh} n^{-1} D_u^{\mathrm{T}} W_u^{\frac{1}{2}} \Psi^{-1}(\lambda) W_u^{\frac{1}{2}} B^{-1} \varepsilon$$

$$
\begin{aligned}
&= \sqrt{nh}
\begin{pmatrix}
\dfrac{1}{n} \displaystyle\sum_{i=1}^{n} \sum_{j=i}^{n} \sum_{l=1}^{n} z_i K_h^{\frac{1}{2}}(u_i - u) \Psi_{ij}^{-1} K_h^{\frac{1}{2}}(u_j - u) \overline{b_{jl}} \varepsilon_l \\[2mm]
\dfrac{1}{n} \displaystyle\sum_{i=1}^{n} \sum_{j=i}^{n} \sum_{l=1}^{n} z_i K_h^{\frac{1}{2}}(u_i - u) \Psi_{ij}^{-1} K_h^{\frac{1}{2}}(u_j - u) \left(\dfrac{u_j - u}{h}\right) \overline{b_{jl}} \varepsilon_l
\end{pmatrix} \\[3mm]
&= \begin{pmatrix} \Lambda_1^4 \\ \Lambda_2^4 \end{pmatrix}
\end{aligned}
$$

根据假设 4.1, 由 $\{z_i\}_{i=1}^{n}$ 和 $\{\varepsilon_i\}_{i=1}^{n}$ 的独立性, 容易证明:

$$
E\left[\sqrt{nh}\, n^{-1} D_u^{\mathrm{T}} W_u^{\frac{1}{2}} \Psi^{-1}(\lambda) W_u^{\frac{1}{2}} B^{-1} \varepsilon\right] = \begin{pmatrix} E\Lambda_1^4 \\ E\Lambda_2^4 \end{pmatrix} = 0
$$

接下来, 对于

$$
E\begin{pmatrix} \Lambda_1^4 \\ \Lambda_2^4 \end{pmatrix} \begin{pmatrix} \Lambda_1^4 \\ \Lambda_2^4 \end{pmatrix}^{\mathrm{T}} = E\begin{pmatrix} \Lambda_1^4(\Lambda_1^4)^{\mathrm{T}} & \Lambda_1^4(\Lambda_2^4)^{\mathrm{T}} \\ \Lambda_2^4(\Lambda_1^4)^{\mathrm{T}} & \Lambda_2^4(\Lambda_2^4)^{\mathrm{T}} \end{pmatrix} = \begin{pmatrix} E\Lambda_1^4(\Lambda_1^4)^{\mathrm{T}} & E\Lambda_1^4(\Lambda_2^4)^{\mathrm{T}} \\ E\Lambda_2^4(\Lambda_1^4)^{\mathrm{T}} & E\Lambda_2^4(\Lambda_2^4)^{\mathrm{T}} \end{pmatrix}
$$

其中,

$$
\begin{aligned}
E\Lambda_1^4(\Lambda_1^4)^{\mathrm{T}} = n^{-1} h E\Bigg\{ &\left[\sum_{i=1}^{n} \sum_{j=1}^{n} \sum_{l=1}^{n} z_i K_h^{\frac{1}{2}}(u_i - u) \Psi_{ij}^{-1} K_h^{\frac{1}{2}}(u_j - u) \overline{b_{il}} \varepsilon_l\right] \\
&\times \left[\sum_{i=1}^{n} \sum_{j=1}^{n} \sum_{l=1}^{n} z_i K_h^{\frac{1}{2}}(u_i - u) \Psi_{ij}^{-1} K_h^{\frac{1}{2}}(u_j - u) \overline{b_{il}} \varepsilon_l\right]^{\mathrm{T}} \Bigg\}
\end{aligned}
$$

不妨设

$$
c_i = \sum_{j=1}^{n} \sum_{l=1}^{n} z_i K_h^{\frac{1}{2}}(u_i - u) \Psi_{ij}^{-1} K_h^{\frac{1}{2}}(u_j - u) \overline{b_{il}} \varepsilon_l
$$

那么有

$$
E\left(\sum_{i=1}^{n} c_i \sum_{i=1}^{n} c_i^{\mathrm{T}}\right) = E\left(\sum_{i=1}^{n} c_i c_i^{\mathrm{T}} + \sum_{i=1}^{n} \sum_{k \neq i}^{n} c_i c_k^{\mathrm{T}}\right)
$$

$$
\begin{aligned}
E(c_i c_i^{\mathrm{T}}) = E\Bigg(&\sum_{j=1}^{n} \sum_{l=1}^{n} z_i K_h^{\frac{1}{2}}(u_i - u) \Psi_{ij}^{-1} K_h^{\frac{1}{2}}(u_j - u) \overline{b_{jl}} \varepsilon_l \Bigg) \\
&\times \left(\sum_{j=1}^{n} \sum_{l=1}^{n} z_i K_h^{\frac{1}{2}}(u_i - u) \Psi_{ij}^{-1} K_h^{\frac{1}{2}}(u_j - u) \overline{b_{jl}} \varepsilon_l\right)^{\mathrm{T}}
\end{aligned}
$$

$$
\begin{aligned}
&= E\Bigg\{\Bigg(\sum_{l=1}^{n} z_i K_h^{\frac{1}{2}}(u_i - u)\Psi_{ii}^{-1} K_h^{\frac{1}{2}}(u_i - u)\overline{b_{il}}\varepsilon_l \\
&\quad + \sum_{j \neq i}\sum_{l=1}^{n} z_i K_h^{\frac{1}{2}}(u_i - u)\Psi_{ij}^{-1} K_h^{\frac{1}{2}}(u_j - u)\overline{b_{jl}}\varepsilon_l\Bigg) \\
&\quad \times \Bigg(\sum_{l=1}^{n} z_i K_h^{\frac{1}{2}}(u_i - u)\Psi_{ii}^{-1} K_h^{\frac{1}{2}}(u_i - u)\overline{b_{il}}\varepsilon_l \\
&\quad + \sum_{j \neq i}\sum_{l=1}^{n} z_i K_h^{\frac{1}{2}}(u_i - u)\Psi_{ij}^{-1} K_h^{\frac{1}{2}}(u_j - u)\overline{b_{jl}}\varepsilon_l\Bigg)^{\mathrm{T}}\Bigg\} \\
&= E\Bigg\{h^{-1}\sigma_0^2 \sum_{l=1}^{n} (\Psi_{ii}^{-1})^2 \bar{b}_{il}^2 f(u)(1 + O(h^2)) v_0 \Omega_{11}(u) \\
&\quad + \sigma_0^2 \sum_{j \neq i}\sum_{l=1}^{n} (\Psi_{ij}^{-1})^2 \bar{b}_{il}\bar{b}_{kl} f^2(u)(1 + O(h^2))\Gamma(u)\Gamma^{\mathrm{T}}(u) + O_p(h)\Bigg\} \\[2mm]
E(c_i c_k^{\mathrm{T}}) &= E\Bigg(\sum_{j=1}^{n}\sum_{l=1}^{n} z_i K_h^{\frac{1}{2}}(u_i - u)\Psi_{ij}^{-1} K_h^{\frac{1}{2}}(u_j - u)\overline{b_{jl}}\varepsilon_l\Bigg) \\
&\quad \times \Bigg(\sum_{j=1}^{n}\sum_{l=1}^{n} z_k K_h^{\frac{1}{2}}(u_k - u)\Psi_{kj}^{-1} K_h^{\frac{1}{2}}(u_j - u)\overline{b_{jl}}\varepsilon_l\Bigg)^{\mathrm{T}} \\
&= E\Bigg\{\Bigg(\sum_{l=1}^{n} z_i K_h^{\frac{1}{2}}(u_i - u)\Psi_{ii}^{-1} K_h^{\frac{1}{2}}(u_i - u)\overline{b_{il}}\varepsilon_l \\
&\quad + \sum_{j \neq i}\sum_{l=1}^{n} z_i K_h^{\frac{1}{2}}(u_i - u)\Psi_{ij}^{-1} K_h^{\frac{1}{2}}(u_j - u)\overline{b_{jl}}\varepsilon_l\Bigg) \\
&\quad \times \Bigg(\sum_{l=1}^{n} z_k K_h^{\frac{1}{2}}(u_k - u)\Psi_{kk}^{-1} K_h^{\frac{1}{2}}(u_k - u)\overline{b_{kl}}\varepsilon_l \\
&\quad + \sum_{j \neq k}\sum_{l=1}^{n} z_k K_h^{\frac{1}{2}}(u_k - u)\Psi_{kj}^{-1} K_h^{\frac{1}{2}}(u_j - u)\overline{b_{jl}}\varepsilon_l\Bigg)^{\mathrm{T}}\Bigg\} \\
&= E\Bigg\{\sigma_0^2 \sum_{l=1}^{n} \Psi_{ii}^{-1}\Psi_{kk}^{-1}\bar{b}_{il}\bar{b}_{kl} f^2(u)(1 + O(h^2))\Gamma(u)\Gamma^{\mathrm{T}}(u) + O_p(h)\Bigg\}
\end{aligned}
$$

这里取 $\Gamma(u) = E(z_i | u_i)$。

于是, 结合 $E(c_i c_i^{\mathrm{T}})$ 和 $E(c_i c_k^{\mathrm{T}})$, 能够得到

$$E\Lambda_1^4(\Lambda_1^4)^{\mathrm{T}} = n^{-1}hE\left(\sum_{i=1}^{n} c_i c_i^{\mathrm{T}} + \sum_{i=1}^{n}\sum_{k\neq i}^{n} c_i c_k^{\mathrm{T}}\right)$$

$$= n^{-1}\sigma_0^2 \sum_{i=1}^{n}\sum_{l=1}^{n} (\Psi_{ii}^{-1})^2 \bar{b}_{il}^2 f(u)(1+O(h^2))v_0\Omega_{11}(u) + o_p(1) \quad (4.49)$$

相似地，可得到

$$E\Lambda_1^4(\Lambda_2^4)^{\mathrm{T}}$$

$$= n^{-1}hE\left\{\left[\sum_{i=1}^{n}\sum_{j=1}^{n}\sum_{l=1}^{n} z_i K_h^{\frac{1}{2}}(u_i-u)\Psi_{ij}^{-1}K_h^{\frac{1}{2}}(u_j-u)\overline{b_{jl}}\varepsilon_l\right]\right.$$

$$\left.\times\left[\sum_{i=1}^{n}\sum_{j=1}^{n}\sum_{l=1}^{n} z_i K_h^{\frac{1}{2}}(u_i-u)\Psi_{ij}^{-1}K_h^{\frac{1}{2}}(u_j-u)\left(\frac{u_j-u}{h}\right)\overline{b_{jl}}\varepsilon_l\right]^{\mathrm{T}}\right\} = 0$$

$$(4.50)$$

$$E\Lambda_1^4(\Lambda_2^4)^{\mathrm{T}} = 0 \qquad\qquad (4.51)$$

$$E\Lambda_2^4(\Lambda_2^4)^{\mathrm{T}} = n^{-1}hE\left\{\left[\sum_{i=1}^{n}\sum_{j=1}^{n}\sum_{l=1}^{n} z_i K_h^{\frac{1}{2}}(u_i-u)\Psi_{ij}^{-1}K_h^{\frac{1}{2}}(u_j-u)\left(\frac{u_j-u}{h}\right)\overline{b_{jl}}\varepsilon_l\right]\right.$$

$$\left.\times\left[\sum_{i=1}^{n}\sum_{j=1}^{n}\sum_{l=1}^{n} z_i K_h^{\frac{1}{2}}(u_i-u)\Psi_{ij}^{-1}K_h^{\frac{1}{2}}(u_j-u)\left(\frac{u_j-u}{h}\right)\overline{b_{jl}}\varepsilon_l\right]^{\mathrm{T}}\right\}$$

$$= n^{-1}\sigma_0^2 \sum_{i=1}^{n}\sum_{l=1}^{n} (\Psi_{ii}^{-1})^2 \bar{b}_{il}^2 f(u)(1+O(h^2))v_2\Omega_{11}(u) + o_p(1) \quad (4.52)$$

于是有

$$E\begin{pmatrix}\Lambda_1^4\\\Lambda_2^4\end{pmatrix}\begin{pmatrix}\Lambda_1^4\\\Lambda_2^4\end{pmatrix}^{\mathrm{T}} = \begin{pmatrix} E\Lambda_1^4(\Lambda_1^4)^{\mathrm{T}} & E\Lambda_1^4(\Lambda_2^4)^{\mathrm{T}} \\ E\Lambda_2^4(\Lambda_1^4)^{\mathrm{T}} & E\Lambda_2^4(\Lambda_2^4)^{\mathrm{T}} \end{pmatrix}$$

其中，

$$E\Lambda_1^4(\Lambda_1^4)^{\mathrm{T}} = n^{-1}\sigma_0^2 \sum_{i=1}^{n}\sum_{l=1}^{n} (\Psi_{ii}^{-1})^2 \bar{b}_{il}^2 f(u)(1+O(h^2))v_0\Omega_{11}(u) + o_p(1)$$

$$E\Lambda_1^4(\Lambda_2^4)^{\mathrm{T}} = 0$$

$$E\Lambda_2^4(\Lambda_1^4)^{\mathrm{T}} = 0$$

$$E\Lambda_2^4(\Lambda_2^4)^{\mathrm{T}} = n^{-1}\sigma_0^2 \sum_{i=1}^{n}\sum_{l=1}^{n} (\Psi_{ii}^{-1})^2 \bar{b}_{il}^2 f(u)(1+O(h^2))v_2\Omega_{11}(u) + o_p(1)$$

此时，根据

$$\mathrm{var}\left(\begin{array}{c}\Lambda_1^4\\\Lambda_2^4\end{array}\right)=E\left(\begin{array}{c}\Lambda_1^4\\\Lambda_2^4\end{array}\right)\left(\begin{array}{c}\Lambda_1^4\\\Lambda_2^4\end{array}\right)^{\mathrm{T}}-E^2\left(\begin{array}{c}\Lambda_1^4\\\Lambda_2^4\end{array}\right)$$

可进一步得到，当 $n\to+\infty$，$h\to0$，$\sqrt{nh}\to+\infty$ 时，

$$\mathrm{var}(\sqrt{nh}L_2)=\mathrm{var}\left\{\left[\frac{1}{n}D_u^{\mathrm{T}}W_u^{\frac{1}{2}}\Psi^{-1}(\lambda)W_u^{\frac{1}{2}}D_u\right]^{-1}\sqrt{nh}\frac{1}{n}D_u^{\mathrm{T}}W_u^{\frac{1}{2}}\Psi^{-1}(\lambda)W_u^{\frac{1}{2}}B^{-1}\varepsilon\right\}$$

$$=\frac{n}{\left(\displaystyle\sum_{i=1}^n\Psi_{ii}^{-1}\right)^2}\sum_{i=1}^n\sum_{l=1}^n(\Psi_{ii}^{-1})^2\bar{b}_{il}^2\sigma_0^2f^{-1}(u)\Omega_{11}^{-1}(u)\left(\begin{array}{cc}v_0&0\\0&\dfrac{v_2}{\mu_2^2}\end{array}\right)\quad(4.53)$$

结合式 (4.48) 和式 (4.53)，可知 $\hat{\delta}_{\hat{\theta}}(u)$ 的渐近方差为

$$\mathrm{var}[\sqrt{nh}\hat{\delta}_{\hat{\theta}}(u)]=\frac{n}{\left(\displaystyle\sum_{i=1}^n\Psi_{ii}^{-1}\right)^2}\sum_{i=1}^n\sum_{l=1}^n(\Psi_{ii}^{-1})^2\bar{b}_{il}^2\sigma_0^2f^{-1}(u)\Omega_{11}^{-1}(u)\left(\begin{array}{cc}v_0&0\\0&\dfrac{v_2}{\mu_2^2}\end{array}\right)$$

$$(4.54)$$

特别地，有

$$\mathrm{var}[\sqrt{nh}\hat{\alpha}_{\hat{\theta}}(u)]=\frac{n}{\left(\displaystyle\sum_{i=1}^n\Psi_{ii}^{-1}\right)^2}\sum_{i=1}^n\sum_{l=1}^n(\Psi_{ii}^{-1})^2\bar{b}_{il}^2\sigma_0^2f^{-1}(u)\Omega_{11}^{-1}(u)v_0$$

4.6　本章小结

　　本章分析了半参数变系数空间误差回归模型的模型设定、参数和非参数估计以及估计量的大样本性质等问题，此类模型的优势在于：一方面，考虑到半参数变系数回归模型误差项可能存在的空间相关性特点时，能够保证模型参数部分的估计更为有效，可以尽量避免空间相关性结构对估计结果产生的扭曲；另一方面，解释变量中非参数部分的设定能够有效提高模型在实际应用中的适用性。可以看出，当误差项含有空间相关性时，半参数变系数空间误差模型在纠正误差干扰方面具有显著作用，并且相比以往研究，这里提出的模型不仅放宽了解释变量为单纯线性影响 (全局空间误差回归模型) 或纯粹非线性影响 (Su, 2012) 的模型设定，而且变系数部分的估计能够有效避免 "维数灾难" 问题。

　　本章中我们采取的是截面似然估计方法，证明了模型参数和非参数估计量的一致性和渐近正态性，并通过蒙特卡罗模拟方法探讨了估计方法的小样本表现。模

拟结果显示，参数和非参数部分估计的偏误和样本标准差均随样本容量的增加而下降，并且在样本容量较大时基本等价于由渐近分布推导得到的标准差，这些与理论分析结果相吻合；在不同的空间相关性程度下，参数部分 β_1 和 β_2 的估计较为稳健，而空间误差相关系数的估计则在稳健性方面略显不足；进一步，对比普通半参数变系数回归模型和全局空间误差回归模型，本章提出的半参数变系数空间误差回归模型在捕捉非线性特征和处理空间效应两方面的表现要更为优秀。另外，作为特例，我们引入了一类特殊的半参数空间误差回归模型，数值模拟结果同样体现了该模型的适用性，当然，这些工作有助于加深对半参数变系数空间误差回归模型的深刻理解，使得模型在实际操作中具有更广泛的应用空间。

需要指出的是，针对本章提出的半参数变系数空间误差回归模型，涉及参数部分的估计时，对误差项之间空间相关性结构的处理能够有效提高参数估计量的估计效果，这点已得到充分证实；然而，涉及非参数部分的估计时，我们近似忽略了空间相关性结构的影响，对于这部分的处理，究竟是倾向于"Working Independence"，还是兼顾到协方差结构，本身也是值得研究的话题。虽然我们对考虑空间相关性结构时的非参数估计同样进行了相关探索，但仍有很多工作尚未完成。因此，未来的研究可以以此为基础，进一步深入考察空间相关性结构对参数和非参数估计的影响。

第5章 混合地理加权空间滞后回归模型的估计

5.1 引 言

在现实经济或社会结构中,空间依赖性的广泛存在,使得空间相关性一直是空间计量经济学研究的重点领域。最初的研究主要是在截面线性回归模型中考虑空间自相关性,其中 Fisher (1971),Cliff 和 Ord (1973,1981) 等学者做了大量铺垫性工作,后有学者 Kelejian 和 Prucha (1999,2010),Lee (2004,2007) 等进行了很多有益的拓展,成果显著。然而,不容忽视的是,空间异质性的存在同样是影响空间效应的一个重要层面,回溯前人的研究成果不难发现,对空间异质性的探索仍然略显薄弱。Brunsdon 等 (1996) 和 Fotheringham 等 (1997) 提出了一种称为地理加权回归的空间变系数模型来处理空间异质性,取得了较好的效果。近年来,地理加权回归作为一类能简单有效处理空间非平稳性的建模技术得到了广泛的拓展和应用。然而,实际空间数据可能同时存在空间相关性和空间异质性两类属性,在这种情况下,问题将变得更为复杂。

对于如何处理截面数据单元可能同时存在空间相关性及空间异质性的问题,目前相关研究文献并不多见。Brunsdon (1998),Paze 等 (2002a) 做过一些开创性研究,他们基于极大似然方法研究了地理加权回归模型在空间相关下的估计问题,在模型处理上对每个观测点都进行了线性回归,并没有将空间异质性与空间相关性纳入一个模型进行考虑;魏传华等 (2010) 尝试在空间自相关存在的情况下对地理加权回归模型进行回归,但模型中一并将解释变量作为空间变系数部分进行处理,缺乏一定的灵活性。由于该问题的复杂性,至今关于这方面的理论及应用研究仍有许多问题亟待解决。为此,在前人研究的基础上,本章试图进一步对截面单元可能同时存在两种空间效应的情况进行拓展研究。其主要工作分为两方面:其一构建空间相关性 Moran's I 指标实现对混合地理加权回归模型的空间相关性检验;其二讨论将截面空间滞后回归模型和混合地理加权回归模型进行融合,放到同一个全局模型下进行考虑。我们旨在处理空间相关性的同时,又能兼顾到解释变量可能存在常系数和空间变系数这一情况,并将这类新定义的模型称为混合地理加权空间滞后回归模型。在这样的分析框架下,可以预期扩展的空间计量模型可能具有以下特点:在处理空间数据时,通过混合地理加权思想的引入,不仅能够捕捉到空间结构可能存在的异质性,在一定程度上还有助于解决空间自相关问题,并且模型具有更小的残差;对于空间变系数部分,每个样本空间单元对应一个系数值,使得模型结果更能反映局部情况，探索相应变量的空间变异特征和空间规律。

本章余下部分的内容安排如下：5.2 节给出混合地理加权回归模型的空间相关性检验；5.3 节提出一类新的混合地理加权空间滞后回归模型，并构造其参数估计方法；5.4 节采用蒙特卡罗模拟方法考察混合地理加权回归模型空间相关性的检验功效，以及混合地理加权空间滞后回归模型参数估计的有限样本表现；最后是主要结论总结。

5.2 混合地理加权回归模型的空间相关性检验

5.2.1 混合地理加权回归模型

按照先全局变量后局部变量的排列方式，混合地理加权回归模型的数学表达式为

$$y_i = \sum_{j=1}^{q} \beta_j x_{ij} + \alpha_0(u_i, v_i) + \sum_{k=1}^{p} \alpha_k(u_i, v_i) z_{ik} + \varepsilon_i, \quad i = 1, 2, \cdots, n \quad (5.1)$$

或

$$y_i = \beta_0 + \sum_{j=1}^{q} \beta_j x_{ij} + \sum_{k=1}^{p} \alpha_k(u_i, v_i) z_{ik} + \varepsilon_i, \quad i = 1, 2, \cdots, n \quad (5.2)$$

其中，β_j 为第 j 个采样点的常参数；(u_i, v_i) 为第 i 个采样点的坐标；$\alpha_k(u_i, v_i)$ 是第 i 个采样点上的第 k 个回归参数且为地理位置的函数；$\varepsilon_i \sim N(0, \sigma^2)$。式 (5.1) 中的回归常数为变参数，而式 (5.2) 中的回归常数为常参数，也就是说具体应用时回归常数要么是常参数，要么是变参数。为了明确起见，我们仅以式 (5.2) 为例加以讨论，令

$$Y = \begin{pmatrix} y_1 \\ y_2 \\ \vdots \\ y_n \end{pmatrix}, \quad X = \begin{pmatrix} X_1^{\mathrm{T}} \\ X_2^{\mathrm{T}} \\ \vdots \\ X_n^{\mathrm{T}} \end{pmatrix}, \quad X_i = \begin{pmatrix} 1 \\ x_{i1} \\ x_{i2} \\ \vdots \\ x_{iq} \end{pmatrix}$$

$$\beta = \begin{pmatrix} \beta_0 \\ \beta_1 \\ \beta_2 \\ \vdots \\ \beta_q \end{pmatrix}, \quad Z = \begin{pmatrix} Z_1^{\mathrm{T}} \\ Z_2^{\mathrm{T}} \\ \vdots \\ Z_n^{\mathrm{T}} \end{pmatrix}, \quad Z_i = \begin{pmatrix} z_{i1} \\ z_{i2} \\ \vdots \\ z_{ip} \end{pmatrix}, \quad \varepsilon = \begin{pmatrix} \varepsilon_1 \\ \varepsilon_2 \\ \vdots \\ \varepsilon_n \end{pmatrix}$$

$$\alpha = \begin{pmatrix} \alpha_1(u_1,v_1) & \cdots & \alpha_l(u_1,v_1) & \cdots & \alpha_p(u_1,v_1) \\ \alpha_1(u_2,v_2) & \cdots & \alpha_l(u_2,v_2) & \cdots & \alpha_p(u_2,v_2) \\ \vdots & & \vdots & & \vdots \\ \alpha_1(u_n,v_n) & \cdots & \alpha_l(u_n,v_n) & \cdots & \alpha_p(u_n,v_n) \end{pmatrix} = \begin{pmatrix} \alpha(u_1,v_1)^{\mathrm{T}} \\ \alpha(u_2,v_2)^{\mathrm{T}} \\ \vdots \\ \alpha(u_n,v_n)^{\mathrm{T}} \end{pmatrix}$$

$$M = \begin{pmatrix} Z_1^{\mathrm{T}}\alpha(u_1,v_1) \\ Z_2^{\mathrm{T}}\alpha(u_2,v_2) \\ \vdots \\ Z_n^{\mathrm{T}}\alpha(u_n,v_n) \end{pmatrix}$$

则式 (5.2) 可写成矩阵形式:

$$Y = X\beta + M + \varepsilon \tag{5.3}$$

对于模型 (5.3) 的估计, 采用魏传华和梅长林 (2005) 提出的两步估计法, 具体估计过程这里不再赘述。

5.2.2　空间相关性检验

在混合地理加权回归模型的基本假定中, 一般误差项设定为独立同分布的随机变量, 然而, 空间相关性的存在可能导致估计结果失真。因此, 在对空间数据进行研究时, 空间相关性的检验尤为重要。对于普通最小二乘回归, 存在两种常用的检验方法, 一种是针对回归残差设计的 Moran's I 指标和 Gearry'C 指标, 还有一种是在极大似然框架下构造的拉格朗日检验和似然比检验。后来, Tiefelsdorf 和 Boots (1995), Hepple (1998) 给出了不存在自相关情况下基于残差的 Moran's I 指标和 Gearry'C 指标的精确分布, 但计算量较大; Leung 等 (2000a) 将这种检验方法扩展到地理加权回归模型, 并给出了检验残差空间相关性的统计量。而对于混合地理加权回归模型, 至今还没有相关研究涉足空间相关性方面的检验, 有鉴于此, 本章我们提出了空间相关性 Moran's I 指标, 并首次尝试采用三阶矩 χ^2 逼近方法对其检验 p-值进行逼近。

对于空间相关性方面的检验, 类似于 3.2 节中有关的推导过程, 构造 Moran's I 指标的具体情况如下所述。

原假设 H_0 设为模型估计误差不存在空间相关性特征, 即 $\mathrm{var}(\varepsilon) = E(\varepsilon\varepsilon^{\mathrm{T}}) = \sigma^2 I$, 备择假设为模型估计误差存在空间相关性特征。由于实际中真正的误差项不可观测, 因此采用回归模型的残差向量 $\hat{\varepsilon}$ 进行代替, 其中 $\hat{\varepsilon} = (\hat{\varepsilon}_1, \hat{\varepsilon}_2, \cdots, \hat{\varepsilon}_n)^{\mathrm{T}}$, 根据魏传华和梅长林 (2005) 关于混合地理加权回归模型的估计结果, 可得

$$\hat{Y} = LY, \quad \hat{\varepsilon} = (I - L)Y = NY$$

这里，

$$L = S + (I - S)X(X^{\mathrm{T}}(I - S)^{\mathrm{T}}(I - S)X)^{-1}X^{\mathrm{T}}(I - S)^{\mathrm{T}}(I - S)$$

$$N = I - L$$

$$S = (Z_1^{\mathrm{T}}[Z^{\mathrm{T}}G(u_1, v_1)Z]^{-1}Z^{\mathrm{T}}G(u_1, v_1), \cdots, Z_n^{\mathrm{T}}[Z^{\mathrm{T}}G(u_n, v_n)Z]^{-1}Z^{\mathrm{T}}G(u_n, v_n))^{\mathrm{T}}$$

并且 S 中的 $G(u_i, v_i) = \mathrm{diag}(G_1(u_i, v_i), \cdots, G_n(u_i, v_i))$ 表示点 (u_i, v_i) 处相应的权函数矩阵，其中 $G_j(u_i, v_i)$ 为权函数。

给定残差向量 $\hat{\varepsilon}$ 后，构造的 Moran's I 指标为

$$I_0 = \frac{n}{s}\frac{\hat{\varepsilon}^{\mathrm{T}}W^*\hat{\varepsilon}}{\hat{\varepsilon}^{\mathrm{T}}\hat{\varepsilon}} \tag{5.4}$$

其中，$s = \sum_{i=1}^{n}\sum_{j=1}^{n}w_{ij}$，$W^* = (W^{\mathrm{T}} + W)/2$，$W$ 为相邻单元之间构成的标准化空间权重矩阵。式 (5.4) 可进一步简化为 $I_0 = \frac{\hat{\varepsilon}^{\mathrm{T}}W^*\hat{\varepsilon}}{\hat{\varepsilon}^{\mathrm{T}}\hat{\varepsilon}}$。上面的 Moran's I 指标即为原假设和备择假设下，空间相关性的检验统计量。令 r 为 I_0 的观测值，则 I_0 的检验 p-值为

$$p = P(I_0 \geqslant r) \quad \text{或} \quad p = P(I_0 \leqslant r) \tag{5.5}$$

其中，$I_0 \geqslant r$ 衡量误差项存在正相关的情况；反之，$I_0 \leqslant r$ 衡量误差项存在负相关的情况。对于给定的显著性水平 α，若 $p < \alpha$，则拒绝原假设 H_0，误差项之间存在空间相关性。

在假设 H_0 下，我们有 $\varepsilon \sim N(0, \sigma^2 I)$。Fotheringham 等 (2002) 指出地理加权回归模型中，局部加权回归技术本身是一种研究降低偏差的估计方法，如果窗宽的选择使得回归偏差可近似忽略，那么这里不妨假定 $E(\hat{\varepsilon}) = E(Y - \hat{Y}) = 0$，即有 $\hat{\varepsilon} = \hat{\varepsilon} - E(\hat{\varepsilon}) = N(Y - E(Y)) = N\varepsilon$，因此有

$$I_0 = \frac{\varepsilon^{\mathrm{T}}N^{\mathrm{T}}W^*N\varepsilon}{\varepsilon^{\mathrm{T}}N^{\mathrm{T}}N\varepsilon} \tag{5.6}$$

可以看出，I_0 关于 σ^2 具有不变性。不失一般性，可以假定 $\sigma^2 = 1$，即在原假设 H_0 下，$\varepsilon \sim N(0, I)$。此时，式 (5.5) 可变为

$$p = P(I_0 \leqslant r) = P\left(\frac{\varepsilon^{\mathrm{T}}N^{\mathrm{T}}W^*N\varepsilon}{\varepsilon^{\mathrm{T}}N^{\mathrm{T}}N\varepsilon} \leqslant r\right) = P(\varepsilon^{\mathrm{T}}N^{\mathrm{T}}(W^* - rI)N\varepsilon \leqslant 0) \tag{5.7}$$

下面我们将采用三阶矩 χ^2 逼近计算 $P(I_0 \leqslant r)$[①]。令 $Q = \varepsilon^{\mathrm{T}}N^{\mathrm{T}}(W^* - rI)N\varepsilon$，那么利用三阶矩 χ^2 逼近可求得其检验 p-值，主要分为两种情况：

---

① $P(I_0 \geqslant r)$ 的计算过程类似，限于篇幅没有列出。

当 $E[Q - E(Q)]^3 > 0$ 时, 有

$$
\begin{aligned}
p &= P(I_0 \leqslant r) = P(Q \leqslant 0) \\
&\approx P\left(\chi_d^2 \leqslant d - \frac{1}{2}E(Q)\mathrm{var}(Q)/\mathrm{tr}[N^{\mathrm{T}}(W^* - rI)N]^3\right)
\end{aligned}
\tag{5.8}
$$

当 $E[Q - E(Q)]^3 < 0$ 时, 有

$$
p = P(I_0 \leqslant r) \approx 1 - P\left(\chi_d^2 \leqslant d - \frac{1}{2}E(Q)\mathrm{var}(Q)/\mathrm{tr}[N^{\mathrm{T}}(W^* - rI)N]^3\right)
\tag{5.9}
$$

其中,

$$
E(Q) = \mathrm{tr}[N^{\mathrm{T}}(W^* - rI)N], \quad \mathrm{var}(Q) = 2\mathrm{tr}[N^{\mathrm{T}}(W^* - rI)N]^2
$$

$$
E[Q - E(Q)]^3 = 8\mathrm{tr}[N^{\mathrm{T}}(W^* - rI)N]^3
$$

$$
d = \frac{8[\mathrm{var}(Q)]^3}{\{E[Q - E(Q)]^3\}^2} = \frac{\{\mathrm{tr}[N^{\mathrm{T}}(W^* - rI)N]^2\}^3}{\{\mathrm{tr}[N^{\mathrm{T}}(W^* - rI)N]^3\}^2}
$$

实际中 $E[Q - E(Q)]^3 = 0$ 的情况很少出现, 这时有 $\mathrm{tr}[N^{\mathrm{T}}(W^* - rI)N]^3 = 0$, 若出现这一情况, 类似于 3.2 节, 我们同样可采用精确方法 (Imhof, 1961) 求解, 或者令 $p = \Phi[E(Q)/\sqrt{\mathrm{var}(Q)}]$, 其中 $\Phi(\cdot)$ 为标准正态分布的分布函数。

另外, 由于 OLS 估计是地理加权回归模型或者混合地理加权回归模型估计在权函数设定为单位阵时的特殊情况, 我们在此同样给出了备择假设为全局空间模型[①]时的空间相关性检验方法 (其结果将在数值模拟时用到)。在零假设为真的情况下, 全局空间模型变为普通的线性回归模型, 其残差向量可表示为

$$
\hat{\varepsilon} = [I - X(X^{\mathrm{T}}X)^{-1}X^{\mathrm{T}}]Y = [I - X(X^{\mathrm{T}}X)^{-1}X^{\mathrm{T}}]\varepsilon \doteq N\varepsilon
\tag{5.10}
$$

依照上述三阶矩 χ^2 逼近方法, 令 $Q = \varepsilon^{\mathrm{T}}(NW^*N - rN)\varepsilon$, 那么对于普通的线性回归模型, 求得检验 p-值同样可以分为两种情况:

当 $E[Q - E(Q)]^3 > 0$ 时, 有

$$
\begin{aligned}
p &= P(I_0 \leqslant r) = P(Q \leqslant 0) \\
&\approx P\left(\chi_d^2 \leqslant d - \frac{1}{2}E(Q)\mathrm{var}(Q)/\mathrm{tr}[N^{\mathrm{T}}W^*N - rN]^3\right)
\end{aligned}
\tag{5.11}
$$

当 $E[Q - E(Q)]^3 < 0$, 有

$$
p = P(I_0 \leqslant r) \approx 1 - P\left(\chi_d^2 \leqslant d - \frac{1}{2}E(Q)\mathrm{var}(Q)/\mathrm{tr}[N^{\mathrm{T}}W^* - rN]^3\right)
\tag{5.12}
$$

---

① 全局空间模型是针对混合地理加权空间模型而言, 包括常见的空间滞后回归模型、空间误差回归模型等形式。

其中,

$$E(Q) = \mathrm{tr}(W^*N) - r(n-k-1)$$

$$\mathrm{var}(Q) = 2[\mathrm{tr}(W^*N)^2 - 2r\mathrm{tr}(W^*N) + r^2(n-k-1)]$$

$$E[Q - E(Q)]^3 = 8[(W^*N)^3 - 3r(W^*N)^2 + 3r^2(W^*N) - r^3(n-k-1)]$$

$$d = \frac{8[\mathrm{var}(Q)]^3}{\{E[Q-E(Q)]^3\}^2} = \frac{[\mathrm{tr}(N^\mathrm{T}W^*N - rN)^2]^3}{[\mathrm{tr}(N^\mathrm{T}W^*N - rN)^3]^2}$$

这里,n 为样本个数,k 为解释变量的个数。

5.3 混合地理加权空间滞后回归模型的参数估计

5.3.1 模型设定

混合地理加权回归模型揭示了空间数据的非平稳性,但没有将空间相关性考虑在内,而空间滞后回归模型考虑了空间相关性,却忽略了可能存在的空间异质性。因此,我们试图建立一类新的混合地理加权空间滞后回归模型来解决空间数据可能同时存在的空间相关性及空间异质性。按照先全局变量后局部变量的排列方式,其数学表达式定义为

$$y_i = \rho\left(\sum_{j=1}^n w_{ij}y_j\right) + \sum_{j=1}^q \beta_j x_{ij} + \alpha_0(u_i, v_i)$$

$$+ \sum_{k=1}^p \alpha_k(u_i, v_i)z_{ik} + \varepsilon_i, \quad i = 1, 2, \cdots, n \tag{5.13}$$

或

$$y_i = \rho\left(\sum_{j=1}^n w_{ij}y_j\right) + \beta_0 + \sum_{j=1}^q \beta_j x_{ij}$$

$$+ \sum_{k=1}^p \alpha_k(u_i, v_i)z_{ik} + \varepsilon_i, \quad i = 1, 2, \cdots, n \tag{5.14}$$

其中,ρ 为待估未知参数;w_{ij} 为预先给定的 $n \times n$ 阶空间邻接矩阵 W 中的元素,一般是基于空间位置距离关系和相邻关系的结合,其他符号的意义与式 (5.1) 和式 (5.2) 中相同。为了明确起见,我们仅以式 (5.14) 为例加以讨论,其矩阵形式为

$$Y = \rho WY + X\beta + M + \varepsilon \tag{5.15}$$

不难看出,若 $M = 0$,则式 (5.15) 变为普通的空间滞后回归模型;若 $\rho = 0$,则式 (5.15) 变为混合地理加权回归模型。

5.3.2　模型参数估计

基于式 (5.15) 的特点，我们可以将其分成由线性部分 $\rho WY + X\beta$ 和变系数部分 M 组成，从而借鉴两步估计法 (魏传华，梅长林，2005) 来估计模型未知参数。具体步骤如下：

第一步，假设线性部分 $\rho WY + X\beta$ 中的 ρ 和 β 已知，那么该模型可转化为空间变系数回归模型 $Y^* = M + \varepsilon$，其中 $Y^* = T(\rho)Y - X\beta$，$T(\rho) = I - \rho W$。对于该模型，利用空间局部加权最小二乘法 (地理加权回归方法) 可得

$$\hat{M} = SY^* = S(T(\rho)Y - X\beta) \tag{5.16}$$

其中，

$$S = \begin{pmatrix} Z_1^{\mathrm{T}}[Z^{\mathrm{T}}G(u_1, v_1)Z]^{-1}Z^{\mathrm{T}}G(u_1, v_1) \\ Z_2^{\mathrm{T}}[Z^{\mathrm{T}}G(u_2, v_2)Z]^{-1}Z^{\mathrm{T}}G(u_2, v_2) \\ \vdots \\ Z_n^{\mathrm{T}}[Z^{\mathrm{T}}G(u_n, v_n)Z]^{-1}Z^{\mathrm{T}}G(u_n, v_n) \end{pmatrix}$$

$$G(u_i, v_i) = \begin{pmatrix} G_1(u_i, v_i) & 0 & \cdots & 0 \\ 0 & G_2(u_i, v_i) & \cdots & 0 \\ \vdots & \vdots & & \vdots \\ 0 & 0 & \cdots & G_n(u_i, v_i) \end{pmatrix}$$

如第 2 章所指出，实际研究中选取的权函数主要有以下三种：

高斯距离权函数：$G_j(u_i, v_i) = \Phi\left(\dfrac{d_{ij}}{\sigma h}\right)$；

指数距离权函数：$G_j(u_i, v_i) = \exp\left[-\left(\dfrac{d_{ij}}{h}\right)^2\right]$；

三次方距离权函数：$G_j(u_i, v_i) = \left[1 - \left(\dfrac{d_{ij}}{h}\right)^3\right]^3 I(d_{ij} < h)$，

其中，d_{ij} 为位置 (u_i, v_i) 到 (u_j, v_j) 的距离；$\Phi(\cdot)$ 为标准正态分布的分布函数；σ 为距离 d_{ij} 的标准差；h 是窗宽；q_i 为观测值 i 到第 q 个最近邻居之间的距离；$I(\cdot)$ 为示性函数；$j = 1, 2, \cdots, n$。这里将选取较为常用的指数距离权函数展开研究。

将 M 的估计代入式 (5.15) 中，整理可得

$$T(\rho)Y - X\beta = S(T(\rho)Y - X\beta) + \varepsilon \tag{5.17}$$

第二步，利用截面似然估计的方法对式 (5.17) 求解。式 (5.17) 的对数似然函

数为

$$L(Y\,|\theta) = -\frac{1}{2\sigma^2}[(T(\rho)Y - X\beta)^{\mathrm{T}}P(T(\rho)Y - X\beta)]$$
$$-\frac{n}{2}\ln(2\pi\sigma^2) + \ln|T(\rho)| + \ln|I - S| \tag{5.18}$$

其中, $\theta = (\beta^{\mathrm{T}}, \rho, \sigma^2)^{\mathrm{T}}$, $P = (I - S)^{\mathrm{T}}(I - S)$。那么式 (5.18) 取最大值时的 $\hat\theta$ 即为 θ 的估计值, $\hat\theta = \underset{\{\theta\}}{\arg\max}\ L(Y\,|\theta)$。对数似然函数式 (5.18) 分别对 β 和 σ^2 求导, 并令其等于零, 整理可得

$$\begin{cases} \hat\beta(\rho) = (X^{\mathrm{T}}PX)^{-1}X^{\mathrm{T}}PT(\rho)Y \\ \hat\sigma^2(\rho) = \dfrac{1}{n}(T(\rho)Y)^{\mathrm{T}}(I - X(X^{\mathrm{T}}PX)^{-1}X^{\mathrm{T}}P)^{\mathrm{T}}P(I - X(X^{\mathrm{T}}PX)^{-1}X^{\mathrm{T}}P)(T(\rho)Y) \end{cases}$$
$$\tag{5.19}$$

将 $\hat\beta$ 和 $\hat\sigma^2$ 分别代入 $L(Y\,|\theta)$, 得到关于 ρ 的集中对数似然函数:

$$L(Y\,|\theta) = -\frac{n}{2}\ln\hat\sigma^2 + \ln|T(\rho)| - \frac{n}{2} - \frac{n}{2}\ln 2\pi + \ln|I - S| \tag{5.20}$$

式 (5.20) 是参数 ρ 的非线性函数, 运用优化算法将其极大化可得到 ρ 的估计 $\hat\rho$。

第三步, 将第二步得到的 ρ 的估计 $\hat\rho$ 代入式 (5.19), 即可得到 β 和 σ^2 的最终估计为

$$\begin{cases} \hat\beta(\hat\rho) = (X^{\mathrm{T}}PX)^{-1}X^{\mathrm{T}}PT(\hat\rho)Y \\ \hat\sigma^2(\hat\rho) = \dfrac{1}{n}(T(\hat\rho)Y)^{\mathrm{T}}(I - X(X^{\mathrm{T}}PX)^{-1}X^{\mathrm{T}}P)^{\mathrm{T}}P(I - X(X^{\mathrm{T}}PX)^{-1}X^{\mathrm{T}}P)(T(\hat\rho)Y) \end{cases}$$
$$\tag{5.21}$$

据此, 变系数部分的估计为

$$\hat\alpha(u_i, v_i) = [Z^{\mathrm{T}}G(u_i, v_i)Z]^{-1}Z^{\mathrm{T}}G(u_i, v_i)(T(\hat\rho)Y - X\hat\beta(\hat\rho)) \tag{5.22}$$

由式 (5.16) 和式 (5.21) 可得到 Y 的拟合值为

$$\hat Y = T^{-1}(\hat\rho)(X\hat\beta(\hat\rho) + \hat M)$$
$$= T^{-1}(\hat\rho)[S + (I - S)X(X^{\mathrm{T}}PX)^{-1}X^{\mathrm{T}}P]T(\hat\rho)Y = S^*Y \tag{5.23}$$

其中, $S^* = T^{-1}(\hat\rho)[S + (I - S)X(X^{\mathrm{T}}PX)^{-1}X^{\mathrm{T}}P]T(\hat\rho)$。

在地理加权回归模型中, 通常采用交叉验证法确定合适的窗宽 h, 即选取 h, 使 $CV(h) = \dfrac{1}{n}\sum_{i=1}^{n}(y_i - \hat y_{(-i)}(h))^2$ 达到最小, 其中 $\hat y_{(-i)}(h)$ 是在给定 h 值下删掉第 i 组观测数据后, 估计得到的 y_i 的预测值, 但实际操作中计算耗时。与魏传华和梅长

林 (2005) 的方法类似, 我们可以采用计算量较小的广义交叉验证法来确定最优窗宽 h_0, h_0 满足 $GCV(h_0) = \min\limits_{\{h>0\}} GCV(h)$, 其中 $GCV(h) = \sum\limits_{i=1}^{n} [(y_i - \hat{y}_i(h))/(1 - s_{ii}^*(h))]^2$, $s_{ii}^*(h)$ 是 $S^*(h)$ 的第 i 个对角元素, 并且 $\hat{y}_i(h)$ 是 y 的第 i 个拟合值。

5.4　蒙特卡罗模拟结果

为了考察 5.2 节和 5.3 节分别提出的检验统计量和参数估计方法的效果, 下面分两部分进行有关的数值模拟。

5.4.1　空间相关性检验的模拟过程

在模拟试验中, 所选取的研究区域为边长为 $m-1$ 个距离单位的正方形, 观测位置在 $m \times m$ 个格子点上, 各点之间的水平与垂直距离均为 1 个长度单位, 这样观测点的数目 $n = m \times m$。以 u_i 和 v_i 分别表示第 i 个观测点的横坐标和纵坐标, 其中规定观测点的顺序按由左至右, 由下至上的顺序排列, 那么观测点的坐标 (u_i, v_i) 为 $u_i = \mathrm{mod}(i-1, m)$, $v_i = [(i-1)/m]$, 其中 $\mathrm{mod}(i-1, m)$ 为 $i-1$ 除以 m 的余数, 而 $[(i-1)/m]$ 是 $(i-1)/m$ 的整数部分。

构造具有空间相关性的数据结构, 考虑如下几种模型:

模型 M5.1: $y_i = \rho\left(\sum\limits_{j=1}^{n} w_{ij}y_j\right) + \beta_1 x_{i1} + \beta_2 x_{i2} + \alpha_1(u_i, v_i)z_{i1} + \varepsilon_i$, 其中 $\beta_1 = 3$, $\beta_2 = 2$, $\alpha_1(u_i, v_i) = 1$, $i = 1, 2, \cdots, n$;

模型 M5.2: $y_i = \rho\left(\sum\limits_{j=1}^{n} w_{ij}y_j\right) + \beta_1 x_{i1} + \beta_2 x_{i2} + \alpha_1(u_i, v_i)z_{i1} + \varepsilon_i$, 其中 $\beta_1 = 3$, $\beta_2 = 2$, $\alpha_1(u_i, v_i) = 2\ln((1 + u(i))/4)$, $i = 1, 2, \cdots, n$;

模型 M5.3: $y_i = \beta_1 x_{i1} + \beta_2 x_{i2} + \alpha_1(u_i, v_i)z_{i1} + u_i$, $u_i = \lambda\left(\sum\limits_{j=1}^{n} w_{ij}u_j\right) + \varepsilon_i$, 其中 $\beta_1 = 3$, $\beta_2 = 2$, $\alpha_1(u_i, v_i) = 1$, $i = 1, 2, \cdots, n$;

模型 M5.4: $y_i = \beta_1 x_{i1} + \beta_2 x_{i2} + \alpha_1(u_i, v_i)z_{i1} + u_i$, $u_i = \lambda\left(\sum\limits_{j=1}^{n} w_{ij}u_j\right) + \varepsilon_i$, 其中 $\beta_1 = 3$, $\beta_2 = 2$, $\alpha_1(u_i, v_i) = 2\ln((1 + u(i))/4)$, $i = 1, 2, \cdots, n$。

显然, M5.1 和 M5.3 为全局空间模型, M5.2 和 M5.4 为具有空间相关性的混合地理加权回归模型, 并且空间相关性的构造结构分为空间滞后和误差滞后两种类型。这里, 误差项均服从正态分布 $\varepsilon_i \sim N(0, 1)$, 各模型中解释变量的值是独立产生的服从均匀分布的随机数, x_{i1} 为常数项, $x_{i2} \sim U(0, 1)$, $z_{i1} \sim U(0, 1)$, w_{ij} 为空间

权重矩阵 W 中的元素。空间权重矩阵的构造方式很多，一般有 Rook 邻近和 Queen 邻近，还有一种常见的是基于距离的空间权重矩阵，此时权重矩阵 W 是不同空间单元之间距离的函数，即 $w_{ij} = w_{ij}(d)$，其中 d 是两个空间单元的距离。在模拟中我们采用较为常用的 Rook 相邻型矩阵和基于距离的空间权重矩阵两种类型，地理加权的权函数采用指数距离权函数。分别取 $m=10$ 和 $m=12$，ρ 和 λ 在 $[-0.9, 0.9]$ 内以步长 0.2 均匀取值，对每一种情形 (m, ρ) 和 (m, λ)，生成数据 $(y_i, x_{i1}, x_{i2}, z_{i1})$，并采用 OLS 估计和两步法估计分别拟合构造的全局空间模型及混合地理加权回归模型，求出残差向量 $\hat\varepsilon$ 及检验统计量 I_0 的观测值 r，其中每次重复中，混合地理加权回归窗宽 h 均由广义交叉验证法确定。进而利用三阶矩 χ^2 逼近得到的近似公式计算检验统计量的 p-值，重复上述试验 1000 次 (即产生 1000 个不同的随机向量 ε)，以 1000 次重复下的 p-值小于 α (即拒绝 H_0) 的频率模拟检验功效，为便于更好地理解，我们同时列出了每种情况下，1000 次重复所得到的 p-值平均值，分别如表 5.1 和表 5.2 所示。

表 5.1　W 为 Rook 矩阵时，1000 次重复下拒绝原假设的频率及 p-值平均值

ρ	m=10		m=12		λ	m=10		m=12	
	M5.1	M5.2	M5.1	M5.2		M5.3	M5.4	M5.3	M5.4
−0.9	1.000 (0.000)	1.000 (0.000)	1.000 (0.000)	1.000 (0.000)	−0.9	1.000 (0.000)	1.000 (0.000)	1.000 (0.000)	1.000 (0.000)
−0.7	0.999 (0.000)	1.000 (0.000)	1.000 (0.000)	1.000 (0.000)	−0.7	1.000 (0.000)	0.999 (0.001)	1.000 (0.000)	1.000 (0.000)
−0.5	0.987 (0.003)	0.986 (0.002)	0.999 (0.000)	0.989 (0.002)	−0.5	0.988 (0.003)	0.900 (0.019)	1.000 (0.000)	0.974 (0.005)
−0.3	0.718 (0.061)	0.651 (0.046)	0.843 (0.028)	0.699 (0.065)	−0.3	0.721 (0.063)	0.432 (0.151)	0.843 (0.031)	0.558 (0.104)
−0.1	0.191 (0.301)	0.095 (0.398)	0.224 (0.270)	0.101 (0.374)	−0.1	0.172 (0.313)	0.062 (0.436)	0.231 (0.270)	0.073 (0.427)
0	0.048 (0.489)	0.020 (0.565)	0.049 (0.491)	0.023 (0.602)	0	0.046 (0.509)	0.025 (0.599)	0.050 (0.514)	0.010 (0.615)
0.1	0.178 (0.280)	0.239 (0.252)	0.234 (0.268)	0.296 (0.189)	0.1	0.165 (0.314)	0.200 (0.271)	0.243 (0.258)	0.240 (0.232)
0.3	0.722 (0.055)	0.664 (0.065)	0.846 (0.030)	0.867 (0.023)	0.3	0.729 (0.061)	0.580 (0.091)	0.822 (0.033)	0.735 (0.051)
0.5	0.982 (0.004)	0.944 (0.008)	0.999 (0.000)	0.998 (0.000)	0.5	0.980 (0.004)	0.904 (0.016)	0.998 (0.001)	0.980 (0.005)
0.7	1.000 (0.000)	0.998 (0.000)	1.000 (0.000)	1.000 (0.000)	0.7	1.000 (0.000)	0.994 (0.001)	1.000 (0.000)	1.000 (0.000)
0.9	1.000 (0.000)	1.000 (0.000)	1.000 (0.000)	1.000 (0.000)	0.9	1.000 (0.000)	1.000 (0.000)	1.000 (0.000)	1.000 (0.000)

注: 括号中的数值为 Moran's I 检验统计量在 1000 次重复下拒绝原假设的 p-值平均值。

表 5.2 W 为距离矩阵时，1000 次重复下拒绝原假设的频率及 p-值平均值

ρ	$m=10$		$m=12$		λ	$m=10$		$m=12$	
	M5.1	M5.2	M5.1	M5.2		M5.3	M5.4	M5.3	M5.4
-0.9	0.582	0.507	0.683	0.599	-0.9	0.676	0.122	0.756	0.130
	(0.088)	(0.129)	(0.062)	(0.097)		(0.066)	(0.360)	(0.043)	(0.331)
-0.7	0.426	0.345	0.548	0.412	-0.7	0.487	0.070	0.598	0.069
	(0.140)	(0.198)	(0.102)	(0.163)		(0.122)	(0.438)	(0.089)	(0.404)
-0.5	0.290	0.199	0.338	0.171	-0.5	0.276	0.038	0.363	0.033
	(0.197)	(0.294)	(0.179)	(0.283)		(0.207)	(0.522)	(0.172)	(0.500)
-0.3	0.126	0.095	0.189	0.095	-0.3	0.149	0.020	0.195	0.027
	(0.319)	(0.423)	(0.281)	(0.412)		(0.318)	(0.596)	(0.263)	(0.586)
-0.1	0.073	0.036	0.081	0.032	-0.1	0.089	0.012	0.086	0.013
	(0.437)	(0.560)	(0.427)	(0.582)		(0.430)	(0.660)	(0.415)	(0.654)
0	0.043	0.023	0.049	0.013	0	0.054	0.005	0.053	0.007
	(0.503)	(0.634)	(0.488)	(0.671)		(0.504)	(0.705)	(0.510)	(0.705)
0.1	0.074	0.206	0.098	0.246	0.1	0.087	0.213	0.091	0.280
	(0.438)	(0.237)	(0.425)	(0.250)		(0.433)	(0.248)	(0.405)	(0.208)
0.3	0.217	0.483	0.291	0.559	0.3	0.205	0.305	0.284	0.377
	(0.283)	(0.130)	(0.238)	(0.103)		(0.297)	(0.192)	(0.241)	(0.161)
0.5	0.448	0.769	0.565	0.885	0.5	0.448	0.432	0.558	0.525
	(0.157)	(0.046)	(0.112)	(0.022)		(0.166)	(0.142)	(0.121)	(0.103)
0.7	0.716	0.972	0.825	0.998	0.7	0.692	0.577	0.787	0.673
	(0.066)	(0.006)	(0.038)	(0.001)		(0.079)	(0.100)	(0.052)	(0.066)
0.9	0.901	0.998	0.959	1.000	0.9	0.902	0.743	0.948	0.862
	(0.020)	(0.001)	(0.009)	(0.000)		(0.021)	(0.052)	(0.012)	(0.027)

注: 括号中的数值为 Moran's I 检验统计量在 1000 次重复下拒绝原假设的 p-值平均值。

根据表 5.1 和表 5.2 的模拟结果，可以看出:

(1) 研究不同的空间相关性结构对 Moran's I 指标检验功效的影响。当数据生成过程为空间滞后回归模型，空间权重矩阵为 Rook 矩阵，样本量为 100 或 144 时，对于全局空间滞后回归模型，Moran's I 的检验功效呈现对称性特征，而对于混合地理加权回归模型，若正、负相关性均较高，此时的检验功效基本一致，若处于较低的相关性区域，那么对正相关性的检验功效要明显高于负相关性的检验功效。例如，对于 M5.2 模型，空间权重矩阵为 Rook 矩阵，$m=12$ 时，如果 $\rho=0.3$ 和 $\rho=0.1$，拒绝原假设的频率分别为 0.867 和 0.296，这些都大于 $\rho=-0.3$ 和 $\rho=-0.1$ 时的频率 0.699 和 0.101；当数据生成过程转变为误差滞后回归模型时，无论全局空间模型，还是混合地理加权回归模型，都体现出与空间滞后回归模型检验相类似的特点。因此，可以看出，只要模型中存在空间相关性，Moran's I 指标都能够较好地识别，同时这也验证了三阶矩 χ^2 逼近方法的有效性和适用性，可以很好地用来检测混合地理加权回归模型中存在的空间相关性。

(2) 研究不同的空间衔接结构对检验功效的影响。对比数据生成过程为空间滞后或者误差滞后的情况，显然空间权重矩阵设定为 Rook 矩阵时的检验功效要强于空间权重矩阵为距离矩阵。特别地，考察基于距离的空间权重矩阵，当模型中存在正相关性时，Moran's I 检验统计量的表现要明显优于模型存在负相关性的情况，显然这时检验统计量对空间负相关的敏感性较差，不能很好地捕捉到模型中存在的负相关性信息，而这点与 Anselin 和 Rey (1990) 的研究结论相一致，检验统计量对于空间衔接结构的选择较为敏感。不过，随着样本量的增大，空间衔接结构对检验的影响逐步弱化。

(3) 研究样本量对 Moran's I 检验功效的影响。当数据生成过程为空间滞后或者误差滞后模型，空间权重矩阵为 Rook 矩阵或者距离矩阵时，无论全局空间模型，还是混合地理加权回归模型，检验功效均随样本量的增大而加强。

综合来看，在各种情况下，当原假设 H_0 为真时，即模型不存在空间相关性时，拒绝 H_0 的频率均小于或者接近于显著水平 0.05，表明检验水平是比较可靠的；当原假设不成立时，即模型存在相关性时，拒绝 H_0 的频率随着越来越背离原假设而逐步增大，这也体现了三阶矩 χ^2 逼近方法的有效性和判断空间相关性的准确性。当然，研究结果表明，对于混合地理加权回归模型，整体上对空间正相关性的检验要优于对负相关性的检验，并且空间衔接结构的差异也会对 Moran's I 检验功效产生一定的影响，统计量在空间相关性较小时的检验能力并不高，这些都是需要改进的地方。

5.4.2 混合地理加权空间滞后回归模型参数估计的模拟过程

考虑如下几种混合地理加权空间滞后回归模型：

模型 M5.5：$y_i = \rho \left(\sum_{j=1}^{n} w_{ij} y_j \right) + \beta_1 x_{i1} + \beta_2 x_{i2} + \alpha_1(u_i, v_i) z_{i1} + \varepsilon_i$，其中 $\rho = 0.5$，$\beta_1 = 3$，$\beta_2 = 2$，$\alpha_1(u_i, v_i) = 1$；

模型 M5.6：$y_i = \rho \left(\sum_{j=1}^{n} w_{ij} y_j \right) + \beta_1 x_{i1} + \beta_2 x_{i2} + \alpha_1(u_i, v_i) z_{i1} + \varepsilon_i$，其中 $\rho = 0.5$，$\beta_1 = 3$，$\beta_2 = 2$，$\alpha_1(u_i, v_i) = 2 \log((1 + u(i))/4)$；

模型 M5.7：$y_i = \rho \left(\sum_{j=1}^{n} w_{ij} y_j \right) + \beta_1 x_{i1} + \beta_2 x_{i2} + \alpha_1(u_i, v_i) z_{i1} + \alpha_2(u_i, v_i) z_{i2} + \varepsilon_i$，

其中 $\rho = 0.5$, $\beta_1 = 3$, $\beta_2 = 2$, $\alpha_1(u_i, v_i) = 2\log((1+u(i))/4)$, $\alpha_2(u_i, v_i) = u(i)+v(i)$;

模型 M5.8: $y_i = \rho \left(\sum_{j=1}^{n} w_{ij}y_j \right) + \beta_1 x_{i1} + \beta_2 x_{i2} + \alpha_1(u_i, v_i)z_{i1} + \alpha_2(u_i, v_i)z_{i2} + \varepsilon_i$,

其中 $\rho = 0.5$, $\beta_1 = 3$, $\beta_2 = 2$, $\alpha_1(u_i, v_i) = 2\log((1 + u(i))/4)$, $\alpha_2(u_i, v_i) = 2u(i)$。

这里, 误差项均服从正态分布 $\varepsilon_i \sim N(0, \sigma^2)$, 为进一步考察噪声方差对估计值的影响, 分别取 $\sigma^2 = 0.25$ 和 $\sigma^2 = 1$。空间权重矩阵采用 Rook 相邻权重矩阵, 地理加权的权函数设置, 以及各模型中解释变量的设定与表 5.1 中的模型相同, x_{i1} 为常数项, $x_{i2} \sim U(0,1)$, $z_{i1} \sim U(0,1)$, $z_{i2} \sim U(0,1)$。对每一种模型, σ^2 分别取 0.25 和 1 时, 都取 $m = 10$, $m = 12$ 和 $m = 15$ 三种情况进行模拟, 重复 1000 次, 从而对于每个常值系数, 将得到估计值的平均值作为常值系数的最终估计值, 并计算其样本标准差 (SD) 和根均方误 ($RMSE$)。为便于比较混合地理加权空间滞后回归模型与全局空间滞后回归模型在处理空间效应上的差异, 我们同时采用全局空间滞后回归模型对每一种设定的情况进行回归模拟。表 5.3 和表 5.4 分别给出了各种情形下模型参数的蒙特卡罗模拟结果, 对比发现:

(1) 当模型 M5.5 中的系数全部为常值系数时, 相比全局空间滞后回归模型, 混合地理加权空间滞后回归模型对于常值系数的估计并没有出现明显偏误, 并且随着样本量的不断扩大, 根均方误得到不断改善, 当样本容量达到最大时, 根均方误相应达到了最小。另外, 在模拟过程中, 我们同时考察了因变量的拟合值, 研究发现混合地理加权空间滞后回归模型估计得到的根均方误要小于全局空间滞后回归模型, 因变量的拟合值与真实值之间的偏误要更小, 而这与地理加权回归模型的特征是一致的。

(2) 当模型 M5.6 中出现空间变系数部分时, 可以清楚地观察到, 混合地理加权空间滞后回归模型能够捕捉到空间变系数的信息, 其明显优于全局空间滞后回归模型, 并且常值系数估计的根均方误远小于全局的空间滞后回归模型。在有限样本下, 常值系数的估计值与其真实值的偏误随样本容量的增加而减小, 估计上表现出一定的稳定性, 而全局空间滞后回归模型的估计则随着样本容量的增加出现更大的偏误。

(3) 当模型 M5.7 和模型 M5.8 中空间变系数部分增多时, 混合地理加权空间滞后回归模型估计的精度有所降低, 参数部分估计的偏误伴随空间复杂度的增加而增加, 但随着样本容量的增大, 模型估计的稳定性仍然有显著的提高, 这些特征表明模型的估计方法具有较强的稳定性。相应地, 此时对于全局空间滞后回归模型而言, 对常值系数部分的估计已经截然不同于真实生成模型, 出现了完全的模型误设情况。

表 5.3 $\sigma^2 = 0.25$ 时各常值系数的模拟结果

模型	m	混合地理加权空间滞后回归模型				全局空间滞后回归模型			
		β_1	β_2	ρ	σ^2	β_1	β_2	ρ	σ^2
M5.5	10	3.0169	2.0242	0.4964	0.2093	3.0044	2.0129	0.4985	0.2413
		(0.1696)	(0.1838)	(0.0219)	(0.0319)	(0.1630)	(0.1727)	(0.0210)	(0.0349)
		[0.1703]	[0.1852]	[0.0224]	[0.0520]	[0.1628]	[0.1729]	[0.0200]	[0.0361]
	12	3.0083	2.0180	0.4968	0.2102	2.9999	2.0085	0.4986	0.2439
		(0.1589)	(0.1553)	(0.0172)	(0.0268)	(0.1532)	(0.1467)	(0.0166)	(0.0296)
		[0.1591]	[0.1562]	[0.0173]	[0.0480]	[0.1530]	[0.1466]	[0.0173]	[0.0300]
	15	3.0043	2.0113	0.4994	0.2236	2.9968	2.0020	0.5011	0.2453
		(0.1199)	(0.1143)	(0.0130)	(0.0225)	(0.1180)	(0.1094)	(0.0128)	(0.0243)
		[0.1198]	[0.1147]	[0.0130]	[0.0346]	[0.1179]	[0.1093]	[0.0129]	[0.0247]
M5.6	10	3.0067	2.0429	0.4938	0.2405	2.5987	1.7944	0.6266	0.8908
		(0.1764)	(0.1988)	(0.0331)	(0.0343)	(0.1722)	(0.1944)	(0.0331)	(0.0831)
		[0.1764]	[0.2032]	[0.0332]	[0.0361]	[0.4366]	[0.3000]	[0.1308]	[0.6462]
	12	2.9861	1.9641	0.5018	0.2314	2.8646	1.2787	0.6006	0.7346
		(0.1330)	(0.1524)	(0.0240)	(0.0272)	(0.1357)	(0.1469)	(0.0242)	(0.0606)
		[0.1334]	[0.1565]	[0.0245]	[0.0332]	[0.1916]	[0.7361]	[0.1034]	[0.4884]
	15	3.0141	1.9814	0.4990	0.2528	2.6885	1.1541	0.6523	0.8648
		(0.1215)	(0.1153)	(0.0184)	(0.0224)	(0.1200)	(0.1101)	(0.0176)	(0.0542)
		[0.1221]	[0.1166]	[0.0173]	[0.0224]	[0.3338]	[0.8530]	[0.1603]	[0.6172]
M5.7	10	3.1793	1.8867	0.5053	0.3593	0.4667	0.3342	0.8047	6.3856
		(0.2223)	(0.1856)	(0.0142)	(0.0375)	(0.1783)	(0.1766)	(0.0117)	(0.2110)
		[0.2855]	[0.2172]	[0.0141]	[0.1157]	[2.5395]	[1.6751]	[0.3049]	[4.3854]
	12	3.1235	1.9799	0.5006	0.3704	1.7595	0.5657	0.7571	8.0447
		(0.1637)	(0.1752)	(0.0102)	(0.0325)	(0.1438)	(0.1511)	(0.0084)	(0.1940)
		[0.2049]	[0.1763]	[0.0100]	[0.1248]	[1.2487]	[1.4422]	[0.2573]	[7.7971]
	15	3.0313	1.9010	0.5009	0.3361	−0.4769	−1.8435	0.8382	10.8391
		(0.1348)	(0.1350)	(0.0073)	(0.0249)	(0.1146)	(0.1113)	(0.0048)	(0.1978)
		[0.1382]	[0.1673]	[0.0100]	[0.0894]	[3.4787]	[3.8451]	[0.3384]	[10.5909]
M5.8	10	2.8851	2.0656	0.5063	0.5846	1.6563	−1.5214	0.8580	10.4056
		(0.1686)	(0.2185)	(0.0127)	(0.0449)	(0.1625)	(0.1751)	(0.0100)	(0.2692)
		[0.2040]	[0.2280]	[0.0141]	[0.3375]	[1.3535]	[3.5257]	[0.3582]	[10.1592]
	12	3.0182	1.9001	0.5010	0.4946	−0.8596	−1.1209	0.9427	15.1294
		(0.1643)	(0.1691)	(0.0091)	(0.0321)	(0.1383)	(0.1601)	(0.0076)	(0.2904)
		[0.1652]	[0.1962]	[0.0100]	[0.2466]	[3.8620]	[3.1250]	[0.4427]	[14.8822]
	15	2.9512	1.9684	0.4970	0.4384	1.1282	−0.9134	0.7769	11.8211
		(0.1338)	(0.1204)	(0.0322)	(0.0312)	(0.1381)	(0.1285)	(0.0496)	(0.7752)
		[0.1423]	[0.1244]	[0.0323]	[0.1909]	[1.8768]	[2.9163]	[0.2813]	[11.5970]

注：圆括号中的数值代表估计系数的样本标准差，方括号中的数值代表估计系数的根均方误。

(4) 随着扰动项方差的增大，对常值系数估计的干扰增强，即方差增大，参数估计的偏误趋于增加。不过，样本容量的增大在一定程度上能够减弱方差对参数估计的影响效果。例如，当方差为 1 时，各模型常值系数的偏误均明显大于方差为 0.25 时的情况。

表 5.4　$\sigma^2 = 1$ 时各常值系数的模拟结果

模型	m	混合地理加权空间滞后回归模型				全局空间滞后回归模型			
		β_1	β_2	ρ	σ^2	β_1	β_2	ρ	σ^2
M5.5	10	3.0478	2.0443	0.4899	0.8217	3.0162	2.0111	0.4968	0.9560
		(0.3348)	(0.3374)	(0.0418)	(0.1220)	(0.3245)	(0.3307)	(0.0406)	(0.1347)
		[0.3378]	[0.3399]	[0.0430]	[0.2159]	[0.3246]	[0.3305]	[0.0407]	[0.1416]
	12	3.0180	2.0529	0.4917	0.8446	2.9974	2.0231	0.4973	0.9742
		(0.2925)	(0.3033)	(0.0296)	(0.0907)	(0.2786)	(0.2920)	(0.0291)	(0.1098)
		[0.2928]	[0.3076]	[0.0307]	[0.1846]	[0.2783]	[0.2926]	[0.0292]	[0.1126]
	15	3.0435	2.0170	0.4918	0.8426	2.9988	1.9871	0.4984	0.9705
		(0.2587)	(0.2605)	(0.0354)	(0.0883)	(0.2832)	(0.2591)	(0.0355)	(0.0977)
		[0.2621]	[0.2608]	[0.0363]	[0.1804]	[0.2829]	[0.2591]	[0.0355]	[0.1020]
M5.6	10	2.9657	2.1670	0.4787	0.8648	2.1618	2.1778	0.6189	1.4922
		(0.3677)	(0.3903)	(0.0619)	(0.1235)	(0.3662)	(0.3769)	(0.0607)	(0.1952)
		[0.3689]	[0.4242]	[0.0654]	[0.1830]	[0.9145]	[0.4163]	[0.1334]	[0.5285]
	12	3.0540	2.0360	0.4819	0.8647	2.8742	1.5595	0.5918	1.4397
		(0.2863)	(0.3134)	(0.0489)	(0.1012)	(0.2847)	(0.3003)	(0.0483)	(0.1534)
		[0.2911]	[0.3151]	[0.0521]	[0.1689]	[0.3110]	[0.5329]	[0.1037]	[0.4656]
	15	3.0069	2.0194	0.4882	0.8809	2.6898	1.3774	0.6155	1.5324
		(0.2543)	(0.2495)	(0.0417)	(0.0927)	(0.2782)	(0.2438)	(0.0433)	(0.1569)
		[0.2541]	[0.2500]	[0.0433]	[0.1508]	[0.4165]	[0.6685]	[0.1234]	[0.5550]
M5.7	10	2.9933	2.1024	0.5099	0.9748	2.2988	0.5112	0.7414	7.0435
		(0.4061)	(0.4313)	(0.0289)	(0.1237)	(0.3846)	(0.3826)	(0.0254)	(0.4309)
		[0.4057]	[0.4429]	[0.0305]	[0.1261]	[0.7996]	[1.5370]	[0.2427]	[6.0588]
	12	2.9449	1.8834	0.5073	0.8804	1.4984	−1.3266	0.8135	9.2612
		(0.3035)	(0.3090)	(0.0174)	(0.1002)	(0.2687)	(0.2590)	(0.0132)	(0.4360)
		[0.3082]	[0.3300]	[0.0189]	[0.1560]	[1.5254]	[3.3366]	[0.3137]	[8.2727]
	15	3.0362	1.9715	0.4988	0.8947	0.6002	−0.4734	0.8182	13.6516
		(0.2458)	(0.2447)	(0.0258)	(0.0852)	(0.2267)	(0.2266)	(0.0381)	(0.7518)
		[0.2482]	[0.2462]	[0.0259]	[0.1354]	[2.4104]	[2.4837]	[0.3205]	[12.6739]
M5.8	10	2.8437	2.0241	0.4995	1.1005	−1.2876	1.6652	0.8603	11.5497
		(0.3961)	(0.3494)	(0.0275)	(0.1361)	(0.3196)	(0.3199)	(0.0191)	(0.6030)
		[0.4255]	[0.3499]	[0.0275]	[0.1691]	[4.2995]	[0.4628]	[0.3608]	[10.5669]
	12	3.0786	2.0551	0.4901	1.0480	−0.5601	−1.3203	0.8941	12.6625
		(0.2990)	(0.3081)	(0.0179)	(0.1051)	(0.2464)	(0.2614)	(0.0114)	(0.5179)
		[0.3088]	[0.3127]	[0.0205]	[0.1155]	[3.5686]	[3.3305]	[0.3943]	[11.6740]
	15	2.8563	2.1352	0.5029	1.0366	−1.2083	−0.6427	0.8956	18.6849
		(0.2821)	(0.2423)	(0.0110)	(0.0890)	(0.2339)	(0.2120)	(0.0076)	(0.4762)
		[0.3163]	[0.2773]	[0.0114]	[0.0961]	[4.2148]	[2.6512]	[0.3957]	[17.6913]

注：圆括号中的数值代表估计系数的样本标准差，方括号中的数值代表估计系数的根均方误。

简言之，实验结果表明，相比全局空间滞后回归模型，混合地理加权空间滞后回归模型在空间异质性的处理上表现出更大的优越性，常参数的标准差和根均方误差均随样本量的扩大而下降，说明该估计方法是可靠的；另外，模型估计的精度在一定程度上会受到空间复杂度和扰动项方差的影响，空间结构越复杂，方差越大，估计的偏误也会越大。

5.5 本 章 小 结

在经济社会的各个领域，空间计量模型已被广泛应用，而对空间效应的处理一直备受学者们的关注。本章针对混合地理加权回归模型中可能存在的空间相关性，提出了相应的空间相关性检验统计量；进一步，试图把空间异质性和空间相关性两种空间效应，纳入同一个全局模型进行考虑，旨在空间相关性存在的条件下，能够有效处理空间异质性问题。研究结果总结如下：

其一，实现了对混合地理加权回归模型的空间相关性检验。统计量选取的是 Moran's I 检验指标，采取的是一种计算检验 p-值的三阶矩 χ^2 逼近方法，而这种逼近方法在很多研究中均被证实是一种具有相当高精度的方法，蒙特卡罗模拟结果很好地支持了这一结论，同时研究结果还表明在样本容量逐步增大的情况下，空间相关性的检验也相当稳健。

其二，提出了一类新的混合地理加权空间滞后回归模型，给出其估计方法，并考察了该估计的可靠性及稳健性。新的混合地理加权空间滞后回归模型引入了因变量的空间滞后部分，并且允许部分解释变量的系数随空间位置的不同而变化，能够同时反映出空间相关性以及空间异质性；区别于以往混合地理加权回归模型及全局空间滞后回归模型的估计方法，我们引入截面似然估计的思想，给出了模型参数估计的构造方法以及权函数中窗宽的选择准则，蒙特卡罗模拟结果表明该估计方法具有较高的可靠性和稳健性，与全局空间滞后回归模型相比，混合地理加权空间滞后回归模型在处理空间异质性方面具有更优良的表现。

概言之，我们提出的混合地理加权空间滞后回归模型为解决空间效应 (包括空间相关性和空间异质性) 问题提供了一种全新的、易于实现的可靠方法，且混合地理加权回归模型空间相关性的检验方法也有望推广到其他空间非参数计量模型中。

第6章 资源禀赋、地方政府博弈与公共品供给

6.1 引　言

　　资源诅咒是一个世界性谜题，自 Sachs 和 Warner (1995) 对这一假说进行开创性研究以来，关于资源禀赋对经济增长是福兮亦是祸兮的话题，一直以来在理论和实证上都备受争议。为什么一个貌似简单易答的问题却引起了经济学界数十年来的激烈争论？主流解释从两方面加以分析：一方面，Sachs 和 Warner (1997)，Gylfason 等 (1999)，Papyrakis 和 Gerlagh (2004) 等大量的实证研究都支持了资源诅咒假说的存在性。继而，对资源诅咒传导机制的研究成为争论焦点，贸易条件论 (Harvey et al.，2010)、"荷兰病" 效应 (Chen，Rogoff，2003)、挤出效应 (Sachs，Warner，2001) 和制度效应 (Sala-i-Martin，Subramanian，2003；Cabrales，Hauk，2011) 等均为资源诅咒的机理解释提供了有力支撑。另一方面，资源诅咒并非放之四海而皆准，细细数来还有很多国家得到了自然的祝福，视自然资源为 "神赐天粮"，资源丰裕对这些国家国民财富的积累起到了重大作用。其中，以钻石资源丰富而闻名的博茨瓦纳成功避免了 "资源诅咒" 陷阱尤为引人关注 (Sarraf，Jiwanji，2001)；亦有挪威，这个仅次于沙特阿拉伯和俄罗斯的世界第三大石油出口国，不仅没有出现所谓的 "荷兰病" 效应，相反制造业的发展欣欣向荣 (Larsen，2006)；还有一些拉丁美洲国家，如智利、秘鲁等，经过发展政策的一系列改革 (诸如鼓励非矿业部门的发展、吸引外资、出口多样化和设立稳定基金等)，在经济增长方面同样取得了显著成效。

　　诚然，作为人类生存和生活的重要物质源泉，自然资源在人类发展历程中一直扮演着重要角色，正是这一特殊要素所拥有的 "双重" 效应影响了不同国家的经济增长轨迹。然而，值得指出的是，随着研究的不断深入，越来越多的学者意识到片面追求经济增长可能会引发更多的负面社会问题，因此，最新的文献进展开始逐步关注资源禀赋对社会发展的影响。Hajkowicz 等 (2011) 采用澳大利亚 71 个地区的数据，分析了资源禀赋与当地居民生活质量之间的关系，其中生活质量指标包括居民收入、住房支付能力、信息化设施、教育水平、预期寿命以及就业等多方面，不过研究结论并没有发现资源禀赋恶化人们生活质量的明显证据，反而有助于提高居民的生活水平；Alexeev 和 Conrad (2011) 以世界上 100 多个国家的跨国数据为研究对象，检验了 "点资源" 丰裕度与经济增长、制度质量、人力资本、物质资本，以及社会福利等因素之间的关联性，与以往研究不同，他们发现没有充分的证据表明资源诅咒存在。特别地，对于一些经济转型国家，资源富裕与较低的初级教

育入学率、较高的婴儿死亡率等存在一定联系，但总体来看，资源诅咒的负面效应并非十分显著；Rosa 和 Iootty (2012) 基于世界治理指标 (Worldwide Governance Indicators) 提取了 212 个国家 1996—2010 年以来的数据，运用动态面板数据模型分析了资源依赖对政府效率产生的负面影响，并指出资源依赖不利于市场竞争力的提升，对整个经济社会的发展具有负外部性。综合来看，虽然学者们的研究方向及政策导向逐步倾向于社会发展，但研究结论大多因时因地而异，且研究领域依然较为零散，还有很大的拓展空间。

其实，细细揣摩涉及资源禀赋的相关研究结果，不难发现政府一直在其中扮演重要角色。正如 Olson (2000) 所言，在任何一个社会里，只要巧取豪夺比生产建设来得容易，掠夺活动就会使投资、分工、合作等创造活动萎缩，经济就不发达，社会就贫穷；反之，只要存在激励机制诱使企业或个人积极进行生产创造，经济就繁荣，社会就富足。可见，政府的抉择对经济发展起着十分重要的作用 (陈抗等，2002)。而 Pigou (1932) 指出政府存在的一个重要原因就是能有效地为社会提供公共品，那么，一个有意思的问题产生了，对于自然资源这类 "神赐天粮"，将在多大程度上影响地方政府的激励结构，其与公共品的供给之间又到底有何联系，即在什么条件下政府会制定相应政策投入到公共品的供给，促进生产？在什么条件下，政府又将利用相应的权力争取大部分的资源收益，抑制生产？显然，公共品供给作为政府政策制定的一个重要组成部分，对这些问题的解答意义深远。Dunning (2005) 通过构建理论模型分析了资源禀赋、经济发展与政治稳定三者之间的相互关系，其文献中以政府提供公共品作为影响非资源部门生产率的一个关键因素，以此为切入点体现政府倾向经济发展的多样化，进而对政府是否投资公共品给出不同情况下的理论解释，指出资源价格的波动性、非资源部门的发展现状等因素都会直接左右上层阶级的政策选择；Caselli (2006) 指出资源禀赋丰裕将导致更深层的权力争斗，使得公共品的投资回报率较低，政府并没有动力提供公共品，然而，这并不能合理解释为什么钻石资源丰富的博茨瓦纳提供了较多的生产设施、教育和医疗服务 (Acemoglu et al., 2002)，而尼日利亚却相背而驰 (Sala-i-Martin，Subramanian，2003)。或许仅仅考虑资源 "诅咒" 社会发展本身就有欠完善 (Rosser，2006)；徐康宁和王剑 (2006) 对中国资源问题展开研究时，也曾考虑到资源丰裕程度与政府公共支出行为之间的相互关系，但并没有通过实际经验数据检验政府行为与资源因素之间的内在联系，他们的文献中仅以山西为例说明缺乏足够的普遍指导意义。鉴于中国地域辽阔，加之东中西地区自然环境、资源禀赋等存在明显差异，又夹杂着错综复杂的历史文化因素，可以预期，资源禀赋与政府行为之间的关系可能更加扑朔迷离。

基于上述分析，资源禀赋和地方公共品供给水平之间的关系并没有充分的理论证明和足够的实证检验，涉及中国的研究则更少。同时，需要进一步阐明的是，国内有关公共品供给的经验文献，多集中于财政分权 (乔宝云等，2006；傅勇，2010；

陈硕，2010) 和官员晋升 (周黎安，2004；王世磊，张军，2008) 等视角，并且在 "中国式分权" 的市场化转型背景下，大多数研究得到了国内公共品供给不足等结论。后有学者关注到要素市场改革的重要性，将地方政府的土地要素控制权与公共品供给结构联系起来，进行了有益扩充，进一步窥察了公共品供给的影响机制 (左翔，殷醒民，2013)。

　　有鉴于此，本章尝试以资源禀赋这一特殊要素作为切入点，从理论上分别探讨在自然资源丰裕和匮乏的地区，地方政府将以什么条件决定其在公共品上的投入力度。本章以理论出发点为铺垫，最终向实证落脚点靠拢，铺开了一条延伸于出发点和落脚点之间的探索之旅：首先，构建一个政府、民间争取资源收益的两阶段博弈模型，从政府及其偏好出发，推导出公共品的各种供给条件，从而为地方政府的行为模式提供一个内在一致性的机理解释；其次，对所得出的理论命题与两类全新的半参数变系数空间回归模型相结合构造出本章的实证分析框架，并采用中观层面的中国地级城市数据对理论命题进行实证研究。这里，首次尝试将半参数变系数空间滞后回归模型和半参数变系数空间误差回归模型引入实证分析，为揭示空间外溢效应以及呈现一些重要经济变量的异质性变化特征等提供了新的分析工具。

　　本章余下部分的内容安排如下：6.2 节给出两阶段博弈模型的理论推导及相应分析；6.3 节根据理论推导结果构造主要的实证分析框架；6.4 节分别基于半参数变系数空间滞后回归模型和半参数变系数空间误差回归模型得到主要的实证分析结果；最后是主要结论总结。

6.2　理论分析框架

　　本节通过一个两阶段博弈模型描述地方政府与民间在争取资源收益时的博弈行为，从而推导出资源禀赋与政府公共品供给之间的相互关系。本章所用模型基于 Sarr 和 Wick (2010) 等的文献的研究框架和思路。当然，根据分析问题的实际需要，我们对模型设定的经济环境进行了适当改造，并且在博弈均衡的求解过程中对博弈主体的时序做了重新调整。

6.2.1　基本假定与博弈过程

　　理论上讲，资源禀赋作为一种 "神赐天粮"，属于外生的非生产活动价值，政府和民间都应当成为自然资源的所有权主体，并分享资源开发带来的收益，即使自然资源为国家所有，民间同样有争取资源开发收益的权利。因此，设定这样的分析框架，研究一个自然资源丰裕的地区，资源收益将如何在各利益主体之间进行均衡。通常，在公共品的提供和分配过程中，可能存在中央政府、地方政府与民间等多方利益主体之间的博弈行为以及动态调整关系。其中，中央政府与地方政府、地方政府与民间都可能存在不同层次的利益协调问题，并且不同层面的利益主体的激励机制与其所获得的收益直接相关。对于中央政府与地方政府，丁菊红和邓可斌 (2008)、傅勇 (2008) 等分别从不同的角度对公共品供给的动态博弈作过相应研究，成果突出。这里，区别于诸多涉及中央政府与地方政府二者之间的关系分析，我们仅将研究视角集中在地方区域，也就是重点探讨地方政府和民间对公共品供给的博弈行为。当然，需要指出的是，总体来看，地方政府在某些调控方面可能会起到中央政府无法起到的积极作用，因此，按公共品受益范围的层次性和差异性，地方政府能够提供一些有别于中央政府的地区性公共品。例如，中央政府更多地承担着全国性公共品的提供，而地方政府可根据地区居民的偏好提供地区性公共品。基于此，后面分析所涉及的公共品则主要指一些地区性公共品①。

假定存在两个主要的利益主体：地方政府和民间。显然，从经济学角度而言，可将地方政府作为一个独立的微观主体分析，但其偏好又与民间主体存在很大差别，政府行为能够被民间所观察，政府政策的制定又在很大程度上引导和影响民间行为，因此，政府的偏好形成过程比民间要更加复杂，从这点来看双方之间的博弈更适合斯坦克伯格 (Stackelberg) 模型，政府凭借强大的政治权力处于博弈的主体地位 (李琴等，2005；张一，2009)，即为领导者。接下来关注的问题是，在自然资源丰裕的地区，政府对公共品的偏好将如何改变双方在博弈中的相对均衡，又是什么样的条件和动机决定了政府对公共品的偏好方式。

考虑一个自然资源丰裕的地区，代表性的利益主体分为政府 G 和民间 P，经济活动分为生产部门和资源部门 (非生产部门)。其中，资源部门的价值以资源禀赋 Z 来衡量，分配于政府和民间两个利益主体之间，生产部门创造的价值，以外生给定的比率 t 由政府得到，表示地方政府向民间征收的比例所得税。对于两个利益主体的经济活动，民间的总付出 T 分为生产活动付出 L 和争取资源利益付出 M $(T = L + M)$，相应的政府行为活动也分为两种：其一，制定发展政策以决定是否投资公共品，用 ϕ 表示，$\phi = \{0,1\}$，1 代表投资，0 代表不投资②，投资公共品的成本记为 I；其二，付出努力 R 争取资源收益。同时，设定以下各种函数：

(1) 生产函数 $F(A, \phi, L) = (1 + A)f(\phi, L)$，其中 A 为劳动生产率，生产函数满足 $f(1, L) - f(0, L) > 0$，$\frac{\partial f}{\partial L} > 0$，$\frac{\partial^2 f}{\partial L^2} \leqslant 0$，$\frac{\partial f(1, L)}{\partial M} - \frac{\partial f(0, L)}{\partial M} < 0$，体现的含义是社会总产出与公共品的投入及民间的付出成正比，其中 $f(1, L) - f(0, L) > 0$ 表示当政府选择投入公共品时，社会总产出要更多；而 $\frac{\partial f(1, L)}{\partial M} - \frac{\partial f(0, L)}{\partial M} < 0$ 表示当政府选择投入公共品时，社会总产出的损失成本减少。

---

① 本书中没有对地方性公共品进行具体的分类讨论，而是简单地假定在博弈过程中，利益主体对这些公共品的需求保持一致。

② Dunning (2005) 同样将公共品投资定义为二进制选择变量。

(2) 资源收益占有函数 $S(M,R)$，代表的是民间对资源收益的占有比例，$1-S(M,R)$ 则是政府的占有比例，满足 $\dfrac{\partial S}{\partial M}>0$，$\dfrac{\partial S}{\partial R}<0$，$\dfrac{\partial^2 S}{\partial M^2}<0$，$\dfrac{\partial^2 S}{\partial R^2}>0$，$\dfrac{\partial^2 S}{\partial M\partial R}<0$，主要体现的是民间对资源收益的占有比例随着自身付出的增加而增加，且与政府的付出成反比。其中 $\dfrac{\partial^2 S}{\partial M\partial R}<0$ 表示民间资源收益对自身付出的边际收益随着政府付出的增加而减少。

(3) 政府成本函数 $C(\phi,R)$，满足 $C(1,R)-C(0,R)>0$，$\dfrac{\partial C(1,R)}{\partial R}-\dfrac{\partial C(0,R)}{\partial R}>0$，$\dfrac{\partial C}{\partial R}>0$。成本函数与公共品的投入、政府的付出成正比例变动，而当政府选择投入公共品时，长期将提升民间的身体素质、教育水平以及相互间更方便的信息流通，这意味着政府要想获得更多的资源收益，付出也将更多。另外，由于政府是领导者，在资源争取上占有先机，因此，对于经济政策的制定拥有更多话语权，组织安排等方面也更具凝聚性，相比较为分散的民间利益主体，这里仅对政府定义了成本函数。

在斯坦克伯格模型博弈中，政府和民间将按照以下顺序进行抉择：

(1) 依据现有给定的劳动生产率水平 A，政府决定是否参与公共品的投资 $\phi=\{0,1\}$；

(2) 动态博弈过程分为两个阶段：第一阶段，领导者政府主体决定付出努力 R 争取资源收益；第二阶段，追随者民间主体针对政府的行为作出反应，选择合适的努力 M 以使自己的利益最大化。

具体求解过程中，为方便研究，我们对上述函数的具体形式做了如下设定：生产函数 $F(A,\phi,L)=(1+A)(1+\phi)(1+L)$，成本函数 $C(\phi,R)=c(1+\phi)R$，c 为比例因子，资源占有函数 $S(M,R)=\min\left\{\dfrac{M^\alpha}{R^\gamma},1\right\}$，$0<\alpha<1$，$0<\gamma<1$；这里对资源占有函数做简单说明，参数 α 和 γ 在 $S(M,R)$ 中具有关键作用，$\alpha-\gamma$ 的大小反映了双方在博弈中对资源的相对控制力，若 $\gamma>\alpha$，则表明政府在资源占有上拥有更多的话语权；反之，$\gamma<\alpha$ 表明民间拥有更多的话语权。

接下来，采用逆向递推法求解最优化问题。

首先考虑第二阶段中，民间利益的最大化。对于民间行为，假定获得的收益分为两部分：一部分是投入生产活动创造的价值；另一部分是通过付出一定的努力从资源收益中获取利益。那么

$$\max_{\{M:\mathrm{s.t.}M+L\leqslant T\}}\pi_P=(1-t)(1+A)(1+\phi)(1+L)+\frac{M^\alpha}{R^\gamma}Z \tag{6.1}$$

使民间利益最大化的条件是 $\dfrac{\partial\pi_P}{\partial M}=0$，可解得民间最优努力程度的反应函数为

$$M(A,\phi,R) = \left(\frac{1}{\alpha Z}(1-t)(1+A)(1+\phi)\right)^{\frac{1}{\alpha-1}} R^{\frac{\gamma}{\alpha-1}} \tag{6.2}$$

知道民间主体面对给定政府付出努力 R 的反应函数后，考虑政府的行为。政府可从两种途径获得收益，一种来自生产部门创造的价值，另一种来自非生产部门的资源收益，而政府在博弈过程中想要赢得更多筹码，同时还能够减少民间对争取资源收益所付出的努力，一个重要手段就是提高人们的劳动积极性，促使人们将更多的精力投入到生产活动中。显然，增加公共品的投入可以为人们的生产生活创造更优良的条件，促进社会总产出和福利水平的提高 (Dunning, 2005)，而经济发展也会增加居民对公共品的需求。因此，政府主体的最优选择模型如下：

$$\max_{\{R\}} \pi_G = t(1+A)(1+\phi)(1+T-M) + \left(1 - \frac{M^\alpha}{R^\gamma}\right)Z - c(1+\phi)R - I \tag{6.3}$$

将 $M(A,\phi,R)$ 代入式 (6.3)，同理可解得政府付出的最优努力为 $R^*(A,\phi)$。经过整理后得到斯坦克伯格模型的最优均衡解为

$$\begin{cases} R^*(A,\phi) = K_1 \left(\dfrac{Z}{1+\phi}\right)^{\frac{1}{\gamma+1-\alpha}} (1+A)^{-\frac{\alpha}{\gamma+1-\alpha}} \\[3mm] M^*(A,\phi) = K_2 \left(\dfrac{Z}{1+\phi}\right)^{\frac{1}{\gamma+1-\alpha}} (1+A)^{-\frac{\alpha}{\gamma+1-\alpha}} \end{cases} \tag{6.4}$$

其中，

$$K_1 = \left(t+(1-t)\frac{1}{\alpha}\right)^{\frac{1-\alpha}{\gamma+1-\alpha}} \left(\frac{\alpha}{1-t}\right)^{\frac{1}{\gamma+1-\alpha}} \left(\frac{\gamma}{c(1-\alpha)}\right)^{\frac{1-\alpha}{\gamma+1-\alpha}}$$

$$K_2 = \left(t+(1-t)\frac{1}{\alpha}\right)^{-\frac{\gamma}{\gamma+1-\alpha}} \left(\frac{\alpha}{1-t}\right)^{\frac{1}{\gamma+1-\alpha}} \left(\frac{c(1-\alpha)}{\gamma}\right)^{\frac{\gamma}{\gamma+1-\alpha}}$$

式 (6.4) 具有较强的经济含义，我们将其概括为命题 6.1。

命题 6.1 政府主体争取资源利益的付出会随着公共品的投入和劳动生产率的提高而降低，但与资源禀赋的丰裕程度成正比；同样，民间主体的付出也会随着公共品的投入和劳动生产率的提高而降低，并与资源禀赋同方向变动。

命题 6.1 揭示的内容符合人们的直观认识。通常，当自然资源蕴藏的价值上升时，必然会引起利益主体更多的关注；而当公共品的投入增加，劳动生产率提高时，这时的社会总产出也在不断上升，人们的生产生活条件较为优越，若此时收益能够达到最大，自然对资源利益的追逐会相对减少，同时这也体现了人们对资源利益的偏好与其自身生存状况以及政府利益主体的相对状况等密切相关。

6.2.2 地方政府行为

前面讨论了给定劳动生产率水平 A 及公共品投资决策 ϕ 的情况下，经济行为主体达到的最优水平。在上述斯坦克伯格博弈均衡的框架下，进一步分析劳动

生产率水平与政府公共品投资选择之间的动态关联性。那么，我们的问题转化为什么样的劳动生产率水平 A 将使得政府收益 $\pi_G(A,\phi)$ 达到最大化？此时，政府又将对公共品的投入作出何种选择？其中，$\pi_G(A,1)$ 代表政府投资公共品带来的收益，$\pi_G(A,0)$ 代表政府没有投入公共品时的收益。这里，为便于比较研究，我们补充了一种地区资源匮乏的情形，资源丰裕以 r 表示，资源匮乏以 n 表示。对资源匮乏的情况同样做一些基本假定，资源禀赋的价值 $Z=0$，民间主体只有在生产部门工作一种选择，不存在与政府主体之间对资源收益的竞争行为，那么，综合分析资源丰裕和资源匮乏两种情况，政府只有达到下面的条件才会选择对公共品进行投资：

$$\Delta\pi_G^j(A) = \pi_G^j(A,1) - \pi_G^j(A,0) \geqslant I, \quad j=\{r,n\} \tag{6.5}$$

对于资源匮乏的地区：

$$\Delta\pi_G^n(A) = t(1+A)(1+T) \tag{6.6}$$

对于资源丰裕的地区：

$$\begin{aligned}
\Delta\pi_G^r(A) = {} & \Delta\pi_G^n(A) + t(1+A)[M^*(A,0) - 2M^*(A,1)] \\
& - [S(M^*(A,1),R^*(A,1)) - S(M^*(A,0),R^*(A,0))]Z \\
& - c[2R^*(A,1) - R^*(A,0)]
\end{aligned} \tag{6.7}$$

将均衡解式 (6.4) 代入式 (6.7)，化简后得到

$$\Delta\pi_G^r(A) = \Delta\pi_G^n(A) + [tP_1 - cP_2 - P_3]Z^{\frac{1}{\gamma+1-\alpha}}(1+A)^{-\frac{\alpha}{\gamma+1-\alpha}} \tag{6.8}$$

其中，

$$P_1 = \left[1 - \left(\frac{1}{2}\right)^{\frac{\alpha-\gamma}{\gamma+1-\alpha}}\right]K_1$$

$$P_2 = \left[\left(\frac{1}{2}\right)^{\frac{\alpha-\gamma}{\gamma+1-\alpha}} - 1\right]K_2$$

$$P_3 = \left[\left(\frac{1}{2}\right)^{\frac{\alpha-\gamma}{\gamma+1-\alpha}} - 1\right]K_3$$

K_1 和 K_2 见式 (6.4)，

$$K_3 = \left(t + (1-t)\frac{1}{\alpha}\right)^{-\frac{\gamma}{\gamma+1-\alpha}}\left(\frac{\alpha}{1-t}\right)^{\frac{\alpha-\gamma}{\gamma+1-\alpha}}\left(\frac{c(1-\alpha)}{\gamma}\right)$$

引理 6.1 (1) 如果 $\alpha > \gamma$，那么 $\Delta\pi_G^r(A)$ 在区间 $[0, A^*]$ 严格递减，在区间 $[A^*, +\infty]$ 严格递增，其中，

$$A^* = \left(\frac{\alpha}{\gamma+1-\alpha}\frac{tP_1-cP_2-P_3}{t(1+T)}\right)^{\frac{\gamma+1-\alpha}{\gamma+1}}Z^{\frac{1}{\gamma+1}}-1$$

这时 $\Delta\pi_G^r(A)$ 为严格凸函数；

(2) 如果 $\alpha < \gamma$，那么 $\Delta\pi_G^r(A)$ 对于任何 A 严格递增，且为严格凹函数。

证明 对于资源丰裕的地区：

$$\Delta\pi_G^r(A) = t(1+A)(1+T) + (tP_1-cP_2-P_3)Z^{\frac{1}{\gamma+1-\alpha}}(1+A)^{-\frac{\alpha}{\gamma+1-\alpha}}$$

$$\frac{\partial\Delta\pi_G^r(A)}{\partial A} = t(1+T) - \frac{\alpha}{\gamma+1-\alpha}(tP_1-cP_2-P_3)Z^{\frac{1}{\gamma+1-\alpha}}(1+A)^{-\frac{\gamma+1}{\gamma+1-\alpha}} \quad (6.9)$$

$$\frac{\partial^2\Delta\pi_G^r(A)}{\partial A^2} = \frac{\alpha(\gamma+1)}{(\gamma+1-\alpha)^2}(tP_1-cP_2-P_3)Z^{\frac{1}{\gamma+1-\alpha}}(1+A)^{-\frac{2\gamma+2-\alpha}{\gamma+1-\alpha}}$$

当 $\alpha > \gamma$ 时，有 $P_1 > 0$，$P_2 < 0$，$P_3 < 0$，可知 $tP_1-cP_2-P_3 > 0$，那么

$$\frac{\partial\Delta\pi_G^r(A)}{\partial A} = \begin{cases} < 0, & A < A^* \\ = 0, & A = A^* \\ > 0, & A > A^* \end{cases}$$

其中，

$$A^* = \left(\frac{\alpha}{\gamma+1-\alpha}\frac{tP_1-cP_2-P_3}{t(1+T)}\right)^{\frac{\gamma+1-\alpha}{\gamma+1}}Z^{\frac{1}{\gamma+1}}-1$$

又 $\frac{\partial^2\Delta\pi_G^r(A)}{\partial A^2} > 0$，因此，对于任何 A，$\frac{\partial^2\Delta\pi_G^r(A)}{\partial A^2}$ 为凸函数。

当 $\alpha < \gamma$ 时，有 $P_1 < 0$，$P_2 > 0$，$P_3 > 0$，可知 $tP_1-cP_2-P_3 < 0$，那么对于任何 A，$\frac{\partial\Delta\pi_G^r(A)}{\partial A} > 0$，并且 $\frac{\partial^2\Delta\pi_G^r(A)}{\partial A^2} < 0$，因此，$\Delta\pi_G^r(A)$ 严格递增，且为严格凹函数。

结合引理 6.1，我们可通过直观判断和简单分析得到引理 6.2。

引理 6.2 (1) 对于任意 α 和 γ，如果 $\Delta\pi_G^r(0) < I$，那么存在唯一点 A_r^*，可使得对于满足 $A \geqslant A_r^*$ 的任何点 A 都将使政府投资公共品为最优选择，其中 $\Delta\pi_G^r(A_r^*) = I$；

(2) 对于任意 α 和 γ，如果 $\min[\Delta\pi_G^r(A)] > I$，那么对于任何点 A，政府选择投资公共品都是最优的。

证明 根据式 (6.5)，对于 $\Delta\pi_G(A) \geqslant I$，此时对公共品的投资均是最优选择。

当 $\alpha > \gamma$ 时，由引理 6.1 可知，存在点 A^*，使得 $\Delta\pi_G^r$ 在区间 $[0, A^*]$ 严格递减，在区间 $[A^*, +\infty]$ 严格递增。一方面，若有 $\min[\Delta\pi_G^r(A)] < \Delta\pi_G^r(0) < I$，根据

$\lim\limits_{A\to\infty}\Delta\pi_G^r(A)=+\infty$，$I$ 是有限的，可知在区间 $[A^*,+\infty]$，存在唯一的生产率水平 A_r^*，满足 $A>A_r^*$ 时政府投资公共品最优；若有 $\min[\Delta\pi_G^r(A)]<I<\Delta\pi_G^r(0)$，那么 $\Delta\pi_G^r(A)$ 与 I 将存在两个交点 $A_{r\text{low}}^*$ 和 $A_{r\text{high}}^*$，这时存在两种情况 $A<A_{r\text{low}}^*$ 和 $A>A_{r\text{high}}^*$ 时，投资公共品将达到最优；另一方面，若有 $\Delta\pi_G^r(A)>\min[\Delta\pi_G^r(A)]>I$，那么对任何生产率水平 A，政府选择公共品的投资都是最优的。

当 $\alpha<\gamma$ 时，同样由引理 6.1 可知，$\Delta\pi_G^r(A)$ 对于任何 A 严格递增。此时，若有 $\min[\Delta\pi_G^r(A)]=\Delta\pi_G^r(0)<I$，根据 $\lim\limits_{A\to\infty}\Delta\pi_G^r(A)=+\infty$，$I$ 是有限的，可知存在唯一的生产率水平 A_r^*，满足 $A>A_r^*$ 时政府投资公共品达到最优；若有 $\min[\Delta\pi_G^r(A)]=\Delta\pi_G^r(0)<1$，显然，对于任何 A，都将满足投资公共品最优。

直觉上看，引理 6.2 蕴含这样的道理，如果政府对公共品的投资水平很低，那么劳动生产率对政府是否选择投资不会产生实质性的影响；然而，如果政府决定对公共品的投资力度很大，那么这时政府将会充分考虑生产部门的生产率是否达到或者超过投资公共品的最优水平。

对于资源丰裕的地区，政府是否投资公共品取决于劳动生产率水平的临界值 A_r^*，这里 $\Delta\pi_G^r(A_r^*)=I$；同样，对于资源匮乏的地区，也应满足 $\Delta\pi_G^n(A_n^*)=I$，于是得到如下关系：

$$t(1+A_n^*)(1+T)-I=0 \quad (6.10)$$

$$t(1+A_r^*)(1+T)+(tP_1-cP_2-P_3)Z^{\frac{1}{\gamma+1-\alpha}}(1+A_r^*)^{-\frac{\alpha}{\gamma+1-\alpha}}-I=0 \quad (6.11)$$

显然，对于资源匮乏的地区 $(Z=0)$，此时资源禀赋并不会对劳动生产率产生影响，那么，对于资源丰裕的地区，资源禀赋与劳动生产率之间的关系如何？命题 6.2 给出了回答。

命题 6.2　当 $\alpha>\gamma$ 时，$\dfrac{\partial A_r^*}{\partial Z}<0$；当 $\alpha<\gamma$ 时，$\dfrac{\partial A_r^*}{\partial Z}>0$。

证明　根据式 (6.11)，两边分别对 Z 求导，整理后得到

$$\frac{\partial A_r^*}{\partial Z}=-\frac{\dfrac{1}{\gamma+1-\alpha}\left[Z^{\frac{\alpha-\gamma}{\gamma+1-\alpha}}(1+A_r^*)^{-\frac{\alpha}{\gamma+1-\alpha}}(tP_1-cP_2-P_3)\right]}{t(1+T)-\dfrac{\alpha}{\gamma+1-\alpha}Z^{\frac{1}{\gamma+1-\alpha}}(1+A_r^*)^{-\frac{\gamma+1}{\gamma+1-\alpha}}(tP_1-cP_2-P_3)} \quad (6.12)$$

其中，分母为式 (6.9) 中的 $\dfrac{\partial\Delta\pi_G^r(A)}{\partial A}\big|_{A=A_r^*}$，分子大小取决于 $\alpha-\gamma$。

当 $\alpha>\gamma$ 时，$tP_1-cP_2-P_3>0$，分子的符号为正；对于分母，根据引理 6.1，可分为两种情况：如果 $\min[\Delta\pi_G^r(A)]<\Delta\pi_G^r(0)<I$，那么当 $A_r^*>A^*$ 时，$\dfrac{\partial\Delta\pi_G^r(A)}{\partial A}\big|_{A_r^*}>0$，有 $\dfrac{\partial A_r^*}{\partial Z}<0$；如果 $\min[\Delta\pi_G^r(A)]<I<\Delta\pi_G^r(0)$，存在两个临界值点 $A_{r\text{low}}^*$ 和 $A_{r\text{high}}^*$，那么当 $A_{r\text{low}}^*<A^*$ 时，$\dfrac{\partial\Delta\pi_G^r(A_{r\text{low}}^*)}{\partial A}<0$，有

$\dfrac{\partial A^*_{r\text{low}}}{\partial Z} > 0$，当 $A^*_{r\text{high}} > A^*$ 时，$\dfrac{\partial \Delta\pi^r_G(A)}{\partial A}\Big|_{A^*_{r\text{high}}} > 0$，有 $\dfrac{\partial A^*_{r\text{high}}}{\partial Z} < 0$。通常，如果我们考虑政府公共品的投入较大，那么意味着 $\dfrac{\partial A^*_r}{\partial Z} < 0$ 为常见情况。

当 $\alpha < \gamma$ 时，$tP_1 - cP_2 - P_3 < 0$，分子的符号为负；结合引理 6.1，可知 $\Delta\pi^r_G$ 对于任何 A 严格递增，且为严格凹函数，那么 $\dfrac{\partial \Delta\pi^r_G(A)}{\partial A}\Big|_{A^*_r} > 0$，有 $\dfrac{\partial A^*_r}{\partial Z} > 0$。

命题 6.2 揭示了：对于资源丰裕的地区，如果政府对资源拥有更多的控制权，那么资源禀赋的增加将导致最优劳动生产率临界值的上升，这也意味着政府对公共品投入的可能性进一步降低，此时政府可能出于自身利益，忽视对公共品的投入，对整个社会而言，就会出现公共品供给不足的现象，于是公众福利水平的提高将极其有限；反之，如果民间对资源拥有更多的控制权，那么资源禀赋的增加将激励政府选择更多的公共品投入以达到利益最大化。同时，随着经济的发展，当地居民也会对地方政府施加压力，迫使政府改变其偏好，不断增加公共品供给。

在命题 6.2 的基础上，进一步可得到下面很有意义的结论。

命题 6.3 当 $\alpha > \gamma$ 时，$A^*_r < A^*_n$；当 $\alpha < \gamma$ 时，$A^*_r > A^*_n$。

证明 我们知道，式 (6.8) 满足

$$\Delta\pi^r_G(A) = \Delta\pi^n_G(A) + [tP_1 - cP_2 - P_3]Z^{\frac{1}{\gamma+1-\alpha}}(1+A)^{-\frac{\alpha}{\gamma+1-\alpha}}$$

当 $\alpha > \gamma$ 时，$tP_1 - cP_2 - P_3 > 0$，对于任何 A，有 $\Delta\pi^r_G(A) > \Delta\pi^n_G(A)$，即

$$\Delta\pi^r_G(A) - I > \Delta\pi^n_G(A) - I$$

不妨取 $A = A^*_n$，可得到

$$\Delta\pi^r_G(A^*_n) - I > \Delta\pi^n_G(A^*_n) - I, \quad \Delta\pi^r_G(A^*_n) - I > 0$$

在资源丰裕的地区，政府选择投入公共品的最优生产率临界点为 A^*_r，可知 $A^*_r < A^*_n$。

当 $\alpha < \gamma$ 时，$tP_1 - cP_2 - P_3 > 0$，对任何 A，可得

$$\Delta\pi^r_G(A) - I > \Delta\pi^n_G(A) - I$$

不妨取 $A = A^*_n$，有

$$\Delta\pi^r_G(A^*_n) - I < \Delta\pi^n_G(A^*_n) - I, \quad \Delta\pi^r_G(A^*_n) - I < 0$$

对资源匮乏的地区，政府选择投入公共品的最优生产率临界点为 A^*_n，但对资源丰裕的地区，A^*_n 并非政府的最优选择值，因此 $A^*_r > A^*_n$。

命题 6.3 是在命题 6.2 基础上的拓展，它揭示了地方政府提供公共品与否，主要取决于政府与民间对资源禀赋的相对控制力，以及社会的劳动生产率水平。当政

府对资源拥有更多控制权时，相比资源匮乏地区，资源丰裕地区的政府需要更高的劳动生产率水平来支撑对公共品投入的选择，这意味着除非社会的劳动生产率水平较高，否则政府将没有足够的动力进行投资；而当民间拥有较多控制权时，资源丰裕地区的政府会更加积极地投身于公共品事业，这时对具有资源优势的地区来说，人们的社会福利水平将更高。

综合命题 6.2 和命题 6.3，关于资源禀赋与公共品供给之间的关系，不能笼统地将资源禀赋与资源诅咒二者直接联系起来，从而作出资源禀赋会引起社会公平品供给短缺的简单结论，分析它们之间的关系应依据不同的社会生产条件、发展情况等作出合理判断，并且不同类型的公共品与资源禀赋之间的关系也可能具有自身特点，不能一概而论。同时，还应考虑到，经济发展水平与公共品供给之间的关系可能会受到当地资源禀赋的影响。因此，下面将侧重于分析以下两个方面：其一，主要研究资源禀赋与各种类型地方政府公共品供给水平之间可能存在的异质性关系；其二，以资源禀赋为转换变量，分析经济发展水平[1]与地方公共品供给水平之间的动态变化关系，其中"动态"是指二者之间的影响随着资源禀赋大小的变化而变化。

6.3　实 证 框 架

结合现有公共品供给理论的研究进展，本节的实证分析将作出以下沿承和突破。首先，一直以来，有关公共品的外部效应引起了国内外学者的极大关注 (Besley, Coate, 2003; Brueckner, 2003; 尹恒, 徐琰超, 2011)，一个地区的居民在享受相邻地区提供公共服务的同时，也承担着相邻地区公共服务的额外成本，由此导致地区间在制定预算支出政策时产生相互影响 (张征宇, 朱平芳, 2010)。而研究溢出效应的空间计量模型，将主要通过模型中的空间自回归系数来度量。其次，运用空间计量模型研究公共品供给的文献大都局限于线性模型，而资源禀赋与公共品供给之间可能并非简单的线性关系，受多种可观测及潜在不可观测等因素的影响，二者转换的具体形式还有待考证，这里的影响既包括资源禀赋本身对公共品供给的影响，也包括对资源禀赋的相对控制力与资源禀赋二者之间的交互效应等因素产生的综合影响等；最后，理论命题表明经济发展对公共品供给的影响可能因地方资源禀赋而有所差异，此时面对的瓶颈问题便是一般的常系数参数并不能有效揭示二者间的相互转换关系。有鉴于此，本章尝试运用非参数回归模型解决这些关键问题，这类模型最大的优势便是不需要对模型的具体形式作出限定，还能有效避免可能存在的变量遗漏或内生性等问题。结合现有理论分析的特点以及目前研究方法的不足，实证分析中我们采用通常的线性空间回归模型，同时还运用非参数空间回归模

---

[1] 这里采用经济发展水平反映相应的社会劳动生产率水平。

型进行估计, 以期获得相比均值参数回归方法更为可靠的经验证据, 其中涉及的非参数空间回归模型主要包括半参数变系数空间滞后回归模型和半参数变系数空间误差回归模型。

6.3.1 模型设定

考虑到资源禀赋、经济发展与地方政府公共品供给之间因果关系的复杂性, 为验证它们之间可能存在的非线性影响关系, 我们构造的半参数变系数空间滞后回归模型和半参数变系数空间误差回归模型如下:

$$PG_i = \rho \sum_{j=1}^{n} w_{ij} PG_j + f(R_i) + \alpha(R_i) PGDP_i + \beta X_i + \varepsilon_i, \quad i = 1, 2, \cdots, n \quad (6.13)$$

和

$$\begin{cases} PG_i = f(R_i) + \alpha(R_i) PGDP_i + \beta X_i + \eta_i, \\ \eta_i = \lambda \sum_{j=1}^{n} w_{ij} \eta_j + \varepsilon_i, \end{cases} \quad i = 1, 2, \cdots, n \quad (6.14)$$

其中, i 表示地区; PG_i 为模型的被解释变量, 代表公共品的供给水平; ρ 和 λ 分别为空间滞后相关系数和空间误差相关系数, 反映了空间相关性的强弱; ε_i 和 η_i 为模型的随机误差项。我们主要采用三个指标代表公共品供给水平: 第一个是每万人小学和普通中学教师人数 (EDU), 代表公共教育[①]; 第二个是每万人医生人数 (DOC), 代表公共健康; 第三个是人均污染治理投资额 (PE), 代表环境支出。基础教育和公共医疗是地方政府提供的两种重要公共品, 体现的是政府对公共教育和公共健康的重视程度, 而地方环境支出则反映了政府处理各类环境问题的努力程度和表现。$f(R_i)$ 为函数形式未知的非参数部分, 用来捕捉地区资源禀赋对公共品供给的非线性影响, R_i 代表资源禀赋, 是本章分析最关心的解释变量, 采用采掘业从业人员占地方总从业人员的比例作为代理变量, 这点与孙永平等 (2012)、方颖等 (2011) 一致, 其中采掘业包含煤炭、石油、天然气、金属和非金属矿采选业等与自然资源直接关联的细分行业, 能够全面准确地代表当地自然资源的状况。$PGDP_i$ 作为衡量经济发展水平的重要指标被引入到非参数部分, 并且 $\alpha(R_i)$ 设定为系数函数, 用来反映各地经济发展对地方公共品供给的影响系数随着资源禀赋的变动而变化的情况。向量 X_i 包括一系列控制变量, 我们参考张征宇和朱平芳 (2010)、Sarr 和 Wick (2010) 等的经验研究, 选取人口规模 (POP)、人口密度 (DEN)、城市化率 (URB, 非农业人口/总人口) 等来反映城市经济社会特征, 并采用 0-1 虚拟变量

[①] 陈硕 (2010) 采用每万人小学和普通中学学生人数衡量公共教育; 左翔和殷醒民 (2013) 采用每万人小学和普通中学教师人数衡量。考虑到普及九年制义务教育在全国大多数地区已经完成, 足够的师资数量能够更好地表明一个地区提供基础教育服务的能力。

来表示某城市的区域地理位置，D_1 代表是否为东部省份城市[①]，D_2 代表是否为中部省份城市，此外，对地方公共教育供给水平的考察中加入了每万人小学和普通中学学生人数 STU。最后，所有以货币计量的变量均以 2006 年为基准，按所在省份每年消费者物价指数进行不变价调整。

空间权重矩阵的设定是空间计量模型中的重要部分。目前比较常用的空间权重矩阵有二元邻接矩阵 (Rook 矩阵和 Queen 矩阵)、K-近邻 (K-nearest Neighbors) 矩阵和距离阈值 (Distance Threshold) 矩阵三种。按照常用的邻接矩阵设定方法，此处采用了最直截了当的 Rook 相邻矩阵，即若辖区 i 和 j 有共同的边界，则令 $w_{ij}=1$，反之令 $w_{ij}=0$。

最后，基于数据可得性和精确性考虑，本章选取了 2003—2008 年来自国内的地级市层面数据进行研究[②]，数据主要来源于《中国城市统计年鉴》和 CEIC 数据库。由于研究对象分别是三种不同类型的公共品，受限于指标数据缺失等问题，我们对每一种公共品的供给水平进行估计时，都将样本数据进行一定的处理，整体上剔除了指标数据连续缺失的城市，以及新疆和西藏两个自治区的城市。

6.3.2　模型估计

基于前述章节，我们探讨了半参数变系数空间滞后回归模型和半参数变系数空间误差回归模型的估计理论。结合模型 (6.13) 和模型 (6.14) 的设定形式，能够看出这两种模型可依据前面提出的截面似然估计方法进行拟合。

另外，在非参数回归模型的估计过程中，估计结果对窗宽的取值较为敏感，因而对最优窗宽的选择至关重要。这里我们采取了交叉验证法，这种方法在窗宽选择上具有较大的灵活性，但会加重一定的计算负担。此外，在实际估计中使用的核函数为常用的 Epanechnikov 核函数。

6.4　实证结果及分析

相比较为完整的省级数据，国内众多研究对地级市这种中观层面的数据进行处理时，往往面临很多样本取舍问题。具体到本章研究的问题，虽然总体上我们选取了全国 2003—2008 年的地级城市数据，但实证分析中，由于部分地区存在行政区划变动或指标数据缺失等问题，因此在样本数的选择和时间段的划分上同样做了相应处理。比如，对于地方人均污染治理投资额这一指标，其实对污染治理投资

---

① 东部省份城市包括北京、天津、河北、辽宁、吉林、黑龙江、上海、江苏、浙江、福建、山东、广东、海南；中部省份城市包括山西、河南、湖南、湖北、安徽和江西。
② 国内学者张征宇和朱平芳 (2010)、尹恒和徐琰超 (2011)、左翔和殷醒民 (2013) 研究地市级城市的公共品供给时，同样受到公开年鉴中指标数据缺乏的影响，实证分析的时间段分别选取了 2002—2006 年、2002—2005 年和 2003—2008 年。

额一项指标的记录仅始于 2002 年,并且这一指标在 2007 年很多省份城市都存在
大量缺失,2008 年也失于完整统计,当然还有一些其他类似的情况。最终,考虑
到多种实际操作中不易解决的客观因素,并结合本章中计量模型的特点,我们将
2003—2008 年划分为两个时段进行研究,分别是 2003—2006 年和 2007—2008 年,
为避免选用单年可能出现数据上的不稳定性,以致对估计结果的稳健性造成干扰,
这里采取的是各时段内指标平均值。之所以划分到 2007—2008 年,一方面在于人
均污染治理投资额指标在这两年并没有完整数据进行分析,另一方面出于一些重
要指标 (如城市化率) 在个别省份失于有效统计,样本个数相比 2003—2006 年发生
了部分变动。

6.4.1 空间相关性检验

表 6.1 中所列的是 2003—2006 年和 2007—2008 年两个时段三种公共品的
Moran's I 检验统计量及其显著性检验结果,这里采取的是 Rook 空间权重矩阵。
Moran's I 统计量均显著为正,表明 2003—2008 年以来我国地方政府的公共品供给
都存在显著的空间正相关性,存在典型的空间集聚现象。此外,我们还发现,各类
公共品的 Moran's I 值随着时间的推移呈现出不同的特征,每万人小学和普通中学
教师人数的空间相关性变化细微,而每万人医生人数的空间相关性呈现一定的上
升态势,这表明随着经济政策和社会体制的不断改革推进,各地方政府间公共品供
给的空间溢出效应也因时而异。当然,这些特点加强了我们的初步判断,运用空间
计量模型对资源禀赋与地方公共品供给之间的关系进行研究要更为适宜,而后面
的详细估计将进一步印证这些判断。

表 6.1 空间相关性检验结果

时段	指标	Moran's I	$E(I)$ 的估计	标准差	Z 值	p-值
2003—2006 年	EDU	0.5211	−0.0036	0.0397	13.2314	< 0.01
	DOC	0.2831	−0.0037	0.0404	7.0949	< 0.01
	PE	0.3169	−0.0038	0.0394	8.1457	< 0.01
2007—2008 年	EDU	0.5570	−0.0038	0.0403	13.9017	< 0.01
	DOC	0.3727	−0.0039	0.0408	9.2357	< 0.01

注: EDU 代表公共教育,DOC 代表公共健康,PE 代表环境支出。

6.4.2 线性空间回归模型的估计结果

初步考虑线性空间滞后回归模型和线性空间误差回归模型,模型设定如下:

$$PG_i = \rho \sum_{j=1}^n w_{ij} PG_j + c + \alpha R_i + \beta X_i + \varepsilon_i, \quad i = 1, 2, \cdots, n \quad (6.15)$$

和

$$
\begin{cases}
PG_i = c + \alpha R_i + \beta X_i + \eta_i, \\
\eta_i = \lambda \sum_{j=1}^{n} w_{ij}\varepsilon_j + \varepsilon_i,
\end{cases}
\quad i = 1, 2, \cdots, n \quad (6.16)
$$

这里，α 反映的是资源禀赋对公共品供给的影响程度，c 表示截距项，其他符号的意义与模型 (6.13) 中相同。表 6.2 和表 6.3 分别给出了在线性空间滞后回归模型和线性空间误差回归模型框架下，对三种公共品供给的估计结果。从结果来看，首先，空间滞后相关系数和空间误差相关系数在所有情形下都显著为正，说明一地公共品供给水平受到来自地理上相邻城市的影响；其次，资源禀赋对地方公共品供给的影响存有明显差异。一方面，关于空间滞后回归模型，2003—2006 年对于公共教育和公共健康，资源禀赋的系数均显著为正，对于环境支出，资源禀赋的影响同样

表 6.2   线性空间滞后回归模型参数估计结果

系数	2003—2006 年			2007—2008 年	
	EDU	*DOC*	*PE*	*EDU*	*DOC*
R	0.2402***	0.0820**	1.0759	0.2191***	0.0294
	(0.0696)	(0.0327)	(1.1125)	(0.0727)	(0.0502)
PGDP	0.0002***	0.0002***	0.0065***	0.0001***	0.0003***
	(0.0000)	(0.0000)	(0.0009)	(0.0000)	(0.0000)
POP	−0.0018	0.0002	0.0569*	−0.0049***	−0.0010
	(0.0020)	(0.0009)	(0.0315)	(0.0016)	(0.0011)
DEN	−0.0170***	−0.0033***	0.0677**	−0.0145***	−0.0016
	(0.0021)	(0.0010)	(0.0325)	(0.0023)	(0.0015)
URB	0.1528***	0.2158***	2.2149***	0.1583***	0.1685***
	(0.0394)	(0.0185)	(0.6463)	(0.0410)	(0.0285)
STU	0.0234***			0.0290***	
	(0.0016)	—	—	(0.0016)	—
D_1	5.3689***	−2.8719***	−43.0559*	3.8394***	−2.1930**
	(1.3828)	(0.6429)	(22.3072)	(1.4031)	(1.0116)
D_2	4.3097**	−0.6003	−41.6037*	3.1636**	0.1745
	(1.3922)	(0.6540)	(22.4495)	(1.5240)	(1.0001)
常数项	24.9761***	4.7155***	−123.1654***	23.0203***	2.2696*
	(3.5135)	(0.9925)	(25.6618)	(3.1821)	(1.2534)
ρ	0.2010***	0.1019**	0.3610***	0.1730***	0.3460***
	(0.0384)	(0.0512)	(0.0618)	(0.0385)	(0.0555)
R^2	0.6076	0.6929	0.5039	0.7121	0.4983
样本数量	275	273	266	261	260

注: *, ** 和 *** 分别表示系数在 10%，5% 和 1% 的水平上统计显著，括号里为标准误，下表同。

为正，但不显著，然而，到了 2007—2008 年，我们进一步发现资源禀赋对公共健康的影响系数在统计上变得不再显著；另一方面，关于空间误差回归模型，资源禀赋对大多数公共品供给的影响均不显著；显然，这些观察结果在一定程度上为我们理解二者之间的作用机制有所启示：线性关系不显著到底是源于资源禀赋对地方公共品供给的影响较为微弱？还是源于资源禀赋对地方公共品供给的影响存在一定的非线性特征？一时很难有确切的证据进行判定。然而，可以肯定的是，如果非线性关系存在的话，那么用线性模型将难以捕捉到这种非线性影响，当然出现二者关系的不显著也在情理之中。

表 6.3　线性空间误差回归模型参数估计结果

系数	2003—2006 年			2007—2008 年	
	EDU	*DOC*	*PE*	*EDU*	*DOC*
R	0.0674	0.0535*	0.5672	0.1088	0.0159
	(0.0617)	(0.0324)	(1.1313)	(0.0700)	(0.0503)
PGDP	0.0001***	0.0002***	0.0065***	0.0001***	0.0003***
	(0.0000)	(0.0000)	(0.0010)	(0.0000)	(0.0000)
POP	−0.0027	−0.0002	0.0325	−0.0055***	−0.0015
	(0.0016)	(0.0009)	(0.0305)	(0.0014)	(0.0010)
DEN	−0.0151***	−0.0032***	0.0864**	−0.0130***	−0.0014
	(0.0024)	(0.0011)	(0.0403)	(0.0027)	(0.0019)
URB	0.1806***	0.2377***	2.6251***	0.1732***	0.1719***
	(0.0389)	(0.0192)	(0.7117)	(0.0422)	(0.0303)
STU	0.0278***	—	—	0.0307***	—
	(0.0018)			(0.0018)	
D_1	1.7381	−2.4821***	−13.8158	0.5218	−0.7758
	(2.0550)	(0.8245)	(31.9824)	(2.0167)	(1.5065)
D_2	1.5916	−0.3593	−39.4055	0.8498	1.2325
	(2.1496)	(0.8625)	(33.2427)	(2.1701)	(1.5647)
常数项	36.8381***	5.8120***	−100.3810***	36.4543***	7.3013***
	(3.4726)	(0.8380)	(31.2735)	(3.2336)	(1.4259)
λ	0.6490***	0.3700***	0.4680***	0.5120***	0.5290***
	(0.0521)	(0.0733)	(0.0681)	(0.0652)	(0.0639)
R^2	0.7552	0.7292	0.5813	0.7731	0.6074
样本数量	275	273	273	261	260

从控制变量斜率的估计结果看，人均 GDP 对三种公共品供给具有显著的正向影响，表明更高的经济发展水平提高了对公共品的供给，而这些与左翔和殷醒民 (2013) 的研究结论不谋而合，不同的是由于考虑了公共品的空间外溢效应，我们所得到的估计结果更加稳健和贴近实际；同样的情况发生在城市化率这一因素上，城

市化水平的提高对公共品供给具有明显的促进作用，增加了公共品的需求；另外，相比人口规模系数，人口密度对公共品的影响则更加显著和稳定，结果显示，除环境支出外，其他两种地方公共品供给均存在着"拥塞效应"[①]，地区人口密度增加对公共服务水平产生了较大的负面影响 (刘小鲁，2008；贾智莲，卢洪友，2010)。

　　鉴于上述分析，我们尝试采用模型 (6.13) 和模型 (6.14) 进一步刻画可能存在的资源禀赋、经济发展与公共品供给之间的非线性影响。倘若它们之间存在线性关系，那么通过非参数部分的函数形状同样可以很好地识别，半参数变系数空间滞后回归模型和半参数变系数空间误差回归模型能够从另一个角度验证这种线性关系的可靠性，起到异曲同工之妙；反之，若它们之间不存在线性关系，那么无疑这种方法的运用将为我们刻画一条新的运行轨迹。

6.4.3　半参数变系数空间滞后回归模型的估计结果

　　表 6.4 对应的是半参数变系数空间滞后回归模型 (6.13) 参数部分的估计结果。整体来看，参数估计的系数大小与线性模型差异不大，空间相关系数在 1% 的置信水平上统计显著，表明不同类型公共品具有明显的空间溢出效应，并且系数估计值的变化同时验证了前期的初步判断，即地方公共教育对相邻地区的空间影响变化不大，而公共健康的空间影响出现明显提升。

表 6.4　半参数变系数空间滞后回归模型参数估计结果

系数	2003—2006 年			2007—2008 年	
	EDU	DOC	PE	EDU	DOC
POP	−0.0020	0.0001	0.0570*	−0.0052***	−0.0011
	(0.0020)	(0.0009)	(0.0310)	(0.0016)	(0.0010)
DEN	−0.0169***	−0.0035***	0.0673**	−0.0146***	−0.0025
	(0.0021)	(0.0010)	(0.0324)	(0.0023)	(0.0015)
URB	0.1510***	0.2115***	2.0759***	0.1573***	0.1582***
	(0.0392)	(0.0184)	(0.6510)	(0.0413)	(0.0282)
STU	0.0235***	—	—	0.0291***	—
	(0.0016)			(0.0016)	
D_1	5.4462***	−2.8823***	−40.8912**	3.9565***	−2.6565**
	(1.3774)	(0.6426)	(22.5649)	(1.4073)	(1.0026)
D_2	4.1530***	−0.7254	−38.6816*	3.1220**	−0.0963
	(1.3853)	(0.6519)	(22.4151)	(1.5235)	(0.9874)
ρ	0.1970***	0.0920**	0.3810***	0.1690***	0.3350***
	(0.0382)	(0.0517)	(0.0617)	(0.0383)	(0.0562)
窗宽	6.05	6.50	4.72	6.10	5.63
样本数量	275	273	266	261	260

　　[①] 地区公共品供给中的"拥塞效应"，是指由于居民人数增加所导致的人均获得公共品服务水平的下降。

1. 资源禀赋与地方公共品供给水平之间的异质性关系

对于半参数变系数空间滞后回归模型,非参数部分同样是我们关注的重点,资源禀赋对地方公共品供给的非线性影响 $f(R_i)$ 部分的估计结果如图 6.1 和图 6.2 所示。这里,把握图中所表现的两大线索很重要。其一,本章采用的是采掘业从业人员占总从业人员的比例作为资源禀赋的代理变量,如何划分资源禀赋程度是关键,根据图中所展现的基本特征,我们初步以 10% 和 25% 作为分界点将采掘业从业人员占总从业人员的比重进行划分,孙永平等 (2012) 同样采用了 25% 作为门槛值考察了资源依赖与经济发展之间的关系,发现当采掘业从业人员占总从业人员比重小于 25% 时,资源禀赋与经济发展之间呈现正相关关系,当比重大于等于 25% 时,资源禀赋与经济发展之间呈现负相关关系;其二,资源禀赋对不同类型公共品的作用方向与其本身的程度高低密切相关。对于公共教育,资源禀赋对其影响的函数形状在 2003—2006 年和 2007—2008 年均表现为近似倒 U 型,其中倒 U 型的转折点大致发生在资源禀赋为 20% 左右时;对于公共健康,资源禀赋与公共品供给水平之间的关系在 2003—2006 年和 2007—2008 年同样表现为倒 U 型特征,并且转折点大致发生在资源禀赋为 25% 的区域;整体上公共教育和公共健康的非参数拟合曲线在资源禀赋超过 25% 的情况下均出现快速下降的趋势。由于缺乏 2007—2008 年的完整数据,对地方人均环境支出的影响分析仅局限于 2003—2006 年时段,但二者之间存在明显的非线性关系,呈现典型的勺形特征,资源禀赋处于较低水平 [0,10] 时,其对环境支出大致呈水平影响;接近中度水平 [10,20] 时,呈缓慢下降趋势,之后急速下降;当越过 30% 的临界点时,这种影响开始调转方向,迅速上升。

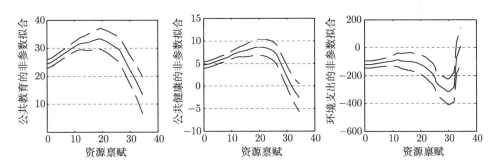

图 6.1 2003—2006 年地方资源禀赋对各种公共品供给的非线性影响

横轴表示资源禀赋 (%),即采掘业从业人员占地方从业人员的比例,纵轴表示资源禀赋对各种公共品供给的影响大小,其中实线表示估计值,虚线表示在 95% 水平上的置信区间,下图同。

可以看出,资源禀赋对地方公共教育的影响具有明显的分段性特征。当城市资源禀赋处于中等丰裕时 (大致低于 25%),资源禀赋对公共教育具有一定的正向

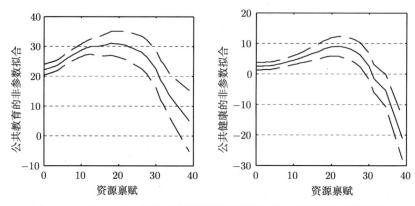

图 6.2　2007—2008 年地方资源禀赋对各种公共品供给的非线性影响

推动作用，资源禀赋的上升有利于地方公共教育水平的提高；而当城市资源禀赋
处于高度丰裕时 (超过 25%)，显然，公共教育投入与资源禀赋形成了 "倒挂" 情
形，资源禀赋越高，公共教育投入反而越低，无独有偶，类似的情况发生于地方的
公共医疗方面。另外，细细观察两类公共品供给的非参数拟合曲线，不难看出，虽
然资源禀赋处于中等丰裕时，其对公共品供给影响为正，但这种影响的上升幅度较
小，曲线斜率呈缓慢的递减态势。我们认为出现这种现象的原因可能在于：我国地
方政府一直以来以经济增长为核心，重基础设施建设投资而轻公共服务，在追求地
方经济高增长的激励和官员任期的约束下，政府或将忽视教育、医疗卫生等方面的
公共支出，缺乏一个对公共服务领域长期持续的投入规划，而这种情况在一些资源
丰富的城市体现尤为突出。进一步分析地方的环境投资，显著为正的空间外部性
证实了环境政策成为当地政府与相邻城市进行支出攀比的重要动力 (张征宇，朱平
芳，2010)，然而从图 6.1 能够观察到，对于资源处于中等丰裕的城市，出现了一些
以牺牲环境为代价而谋求经济增长的现象，环境支出随着资源禀赋的上升而下落，
而对于部分资源富裕度超过 30% 的城市，也极可能仅仅将环境投资这项公共服务
当作用来协调本地工业发展和生态平衡而为之的辅助手段而非主要手段，没有引
起足够重视。

　　直观上，虽然近年来国家一直推行可持续发展的经济转型理念，但对资源丰裕
的地区，仍然存在政府过度依赖投资拉动经济增长而导致公共品供给结构的扭曲，
这种不平衡的供给结构并非一种合理状态。因此，地方政府在主导资源型经济转型
的过程中，应着重发展社会公共品供给和社会服务体系建设两大方面，把有限的财
政支持更多地投向教育、医疗和环境等具有长期效果和正外溢性的公共服务，而如
何改善地方政府的短期政绩观，保证公共品供给的合理化和长期可持续性，都是值
得关注的地方。

2. 经济发展与地方公共品供给水平之间的动态变化关系

下面我们进一步探讨各地经济发展与地方公共品供给水平之间的动态变化关联，这里的“动态”是指经济发展对公共品供给的影响系数将随着资源禀赋大小的变动而变化，其中资源禀赋设定为变系数部分的转换变量。

图 6.3 和图 6.4 给出了 2003—2008 年地方经济发展对各种公共品供给的影响系数 $\alpha(R_i)$ 的变化情况。从图中可以观察到如下现象：第一，整体上，经济发展对公共品供给为明显的正向推动，影响系数均达到 0 值以上；第二，对于公共教育和公共健康两类公共品，经济发展的影响系数体现出一定的相似特征，具体表现为：资源禀赋大致处于 0—25% 时，经济发展对公共品供给的影响与资源禀赋呈现出微弱的负相关性，尤以处于 10% 和 20% 之间较明显，虽然经济发展的影响依然为正，但随着资源禀赋的上升，这种影响在逐步减弱；而资源禀赋程度达到 25% 左右时，

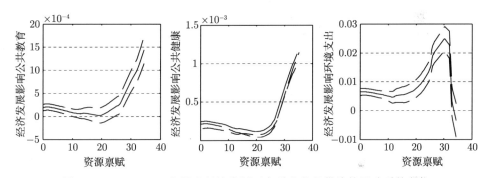

图 6.3 2003—2006 年地方经济发展对各种公共品供给的影响系数变化

横轴表示资源禀赋，纵轴表示经济发展对公共品供给的影响系数，其中实线表示估计值，虚线表示在 95% 水平上的置信区间，下图同。

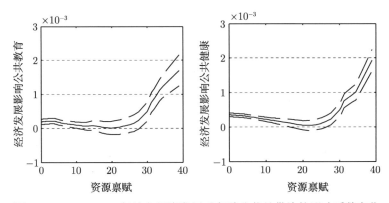

图 6.4 2007—2008 年地方经济发展对各种公共品供给的影响系数变化

经济发展的影响系数发生方向性转变，这种影响随着资源禀赋的增加开始不断上升，二者之间的正向相关性迅速凸显；第三，对于环境支出，资源禀赋小于 15% 时，经济发展的影响系数大致呈现逐步向下的趋势，到了区间 15%—30%，随着资源禀赋的上升，影响系数出现显著的增加，而资源禀赋超过 30% 时，二者之间的关系又急速下降，从曲线的特征来看，相比公共教育和公共健康，经济发展对环境支出的影响机制要更为复杂。

6.4.4　半参数变系数空间误差回归模型的估计结果

下面列出了 2003—2008 年地方资源禀赋对各种公共品供给的半参数变系数空间误差回归模型的参数估计结果 (表 6.5)，以及相应的非参数估计结果 (图 6.5—图 6.8)。

对比表 6.3 和表 6.5，可以发现，半参数变系数空间误差回归模型的参数估计结果相比线性空间误差回归模型并没有发生太大差异，主要结论保持不变。其中，空间误差相关系数的正向显著性，增强了我们对模型误差项之间存在空间溢出效应的认识，并且参数部分其他系数的估计也相当稳健。而对于非参数部分 $f(R_i)$ 的估计结果，如图 6.5 和图 6.6 所示，清晰可见，资源禀赋对各类公共品的供给体现出了明显的非线性影响，并且各类公共品供给的曲线特征类似于半参数变系数空间滞后回归模型，这在一定程度上解释了资源禀赋为线性参数时的不显著性，当然，也大大增加了模型估计结果的稳健性和可信度。

表 6.5　半参数变系数空间误差回归模型参数估计结果

系数	2003—2006 年			2007—2008 年	
	EDU	DOC	PE	EDU	DOC
POP	−0.0027 (0.0017)	−0.0002 (0.0009)	0.0344 (0.0302)	−0.0055*** (0.0015)	−0.0015 (0.0010)
DEN	−0.0170*** (0.0024)	−0.0035*** (0.0011)	0.0811** (0.0398)	−0.0147*** (0.0026)	−0.0026 (0.0018)
URB	0.1899*** (0.0402)	0.2301*** (0.0191)	2.2736*** (0.7207)	0.1765*** (0.0433)	0.1472*** (0.0305)
STU	0.0267*** (0.0018)	—	—	0.0310*** (0.0017)	—
D_1	3.6505** (1.8666)	−2.5728*** (0.7867)	−8.7090 (30.9802)	2.1133 (1.8423)	−1.0581 (1.3731)
D_2	2.8208 (2.0120)	−0.5281 (0.8260)	−41.5498 (32.2229)	2.2405 (2.0242)	0.9360 (1.4496)
λ	0.5230*** (0.0629)	0.3170*** (0.0764)	0.4450*** (0.0697)	0.4130*** (0.0723)	0.4610*** (0.0691)
窗宽	6.18	6.50	4.70	6.25	5.75
样本数量	275	273	266	261	260

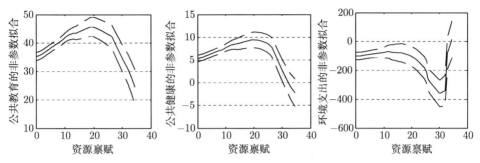

图 6.5 2003—2006 年地方资源禀赋对各种公共品供给的非线性影响

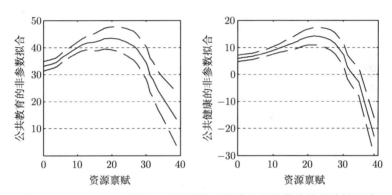

图 6.6 2007—2008 年地方资源禀赋对各种公共品供给的非线性影响

进一步，我们给出了半参数变系数空间误差回归模型变系数部分 $\alpha(R_i)$ 的估计结果，如图 6.7 和图 6.8 所示。通过函数系数 $\alpha(R_i)$ 的变动轨迹，可以看到地方经济发展对各种公共品供给的影响系数展现出与半参数变系数空间滞后回归模型相似的特征，这里不再赘述。

简言之，上述半参数变系数空间滞后回归模型和半参数变系数空间误差回归模型的估计结果给予我们很多有意义的提示：

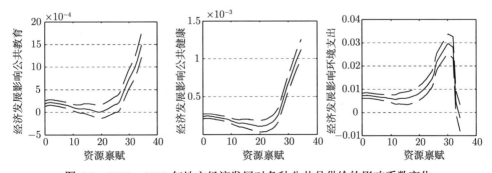

图 6.7 2003—2006 年地方经济发展对各种公共品供给的影响系数变化

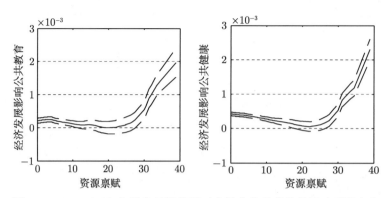

图 6.8　2007—2008 年地方经济发展对各种公共品供给的影响系数变化

　　首先，相比线性空间滞后回归模型，常系数空间模型的参数估计结果只能显现出系数的平均影响，而对于系数如何随着资源禀赋的变化而变化基本无从得知，单纯采用线性参数模型，将无法刻画资源禀赋、经济发展与公共品供给三者之间真正的传导机制，掩盖很多有用信息。事实证明，半参数变系数空间滞后回归模型和半参数变系数空间误差回归模型的运用可以很好地解决这一问题，在保留部分控制变量线性影响的情况下，能够在刻画一些关键变量的非线性影响上起到事半功倍的效果。

　　其次，根据 6.2 节中的理论命题，我们知道，由于资源禀赋这一特殊生产要素的存在，各地经济发展对公共品供给的影响可能因资源禀赋的不同而有所差异。其中根据命题 6.3 我们发现，对于资源丰裕地区，经济发展水平对地方公共品的供给将具有显著的正向相关性，这意味着一个地区的资源较为丰富时，若本地的经济发展水平较高，则其公共品供给充足；反之，若本地的经济发展水平较低，也就是通常所说的 "资源诅咒" 现象，那么其公共品供给不足。通过半参数变系数空间回归模型的非参数估计结果可以看出，对于大多数公共品供给，当地方资源禀赋丰裕度超过 25% 时，经济发展的影响系数与资源禀赋存在正相关。我们认为，这种正相关性可能更多体现在，经济发展水平低，则公共品供给水平也较低，并且经济发展的落后现象可从资源禀赋和各地经济水平之间的散点图有直观的认识；而当地方资源禀赋处在区间 10%—25% 时，二者体现出较小的负相关性，这种状况更可能的解释是，对资源处在中等丰裕的城市，虽然一些地方政府依靠资源禀赋提升了经济发展水平 (孙永平等，2012)，但在公共品供给方面的投入仍然不足。

　　最后，综合来看，考虑到地方资源禀赋的差异时，不仅资源禀赋对公共品供给具有明显的非线性影响，同时各地经济发展对公共品供给的影响也体现出典型的动态特征，这些检验结果与理论命题的结论基本相符。因此，不论基于理论分析，还是实证检验，本章的分析框架对于理解我国资源禀赋、经济发展与地方公共品供给之间的相互影响机制都具有重要的指导意义。

6.5　本章小结

　　长期以来，自然资源在人类发展历程中扮演着重要角色，本章尝试从资源禀赋的视角分析并检验其对地方政府公共品供给的影响，分别从理论方法、模型估计等方面进行了拓展和改进。为了捕捉资源禀赋、经济发展和地方公共品供给之间可能存在的非线性关系，本章首次采用半参数变系数空间滞后回归模型和半参数变系数空间误差回归模型对中国的经验数据进行了实证检验，而这些方法在国内外实证研究中均未曾涉及，在此基础上得到了更为详实和可靠的结论。

　　在理论上，构造了一个地方政府争取资源收益的两阶段博弈模型，推导出资源禀赋与政府公共品供给之间的相互关系。经济学中，激励结构是塑造理性人行为的最重要因素。对于规范地方政府的行为而言，地方政府除了基本的财税收入外，凭借其强大的政治权力还控制着大量的生产要素，而理论模型证明了，对于资源丰裕的地区，资源禀赋这类特殊的生产要素可能通过影响地方政府的激励结构进而影响到政府的行为，政府与民间对资源禀赋的相对控制力，以及当地经济发展水平等因素，对政府是否提供公共品都起到了重要作用，同时政府这种因条件而异的选择行为，为我们深入研究资源禀赋与地方公共品供给之间的内在联系提供了新的线索。

　　在实证上，中国自然资源禀赋的区域差异化，为我们提供了天然的经验数据，这里着重分析了资源禀赋与地方公共品供给之间的非线性关系，以及经济发展对公共品供给的影响随着资源禀赋变化而变化的动态特征。研究发现：第一，不论是空间滞后回归模型还是空间误差回归模型，估计结果都表明地方公共品供给存在明显的空间溢出效应，且这种空间溢出效应存在一定的差异性；第二，相比线性空间回归模型，半参数变系数空间滞后回归模型和半参数变系数空间误差回归模型不仅对于线性关系的把握非常准确，而且能够较好地刻画变量间的非线性影响。估计结果显示，我国地区资源禀赋与不同类型公共品供给之间确实存在典型的非线性影响机制，这表明资源禀赋对公共品供给是否存在推动作用或者遏止作用，不能通过简单的线性关系加以描述；第三，总体而言，地区经济发展水平对公共品供给本身具有显著的正向作用，并且这种正向关联性随着资源禀赋的变化而变化，经验证据佐证了这一结论。当地方资源禀赋丰裕度超过 25% 时，经济发展的影响系数与资源禀赋存在正相关，而当地方资源禀赋处在区间 10%—25% 时，二者体现出较微弱的负相关。

　　以上分析有助理解资源禀赋对地方政府公共品供给偏好的影响机理，从而引导出一些政策上的有益启示：在中国，虽然我们能够看到经济结构转型的理念在逐步深化，但对自然资源的需求问题依然日益突出，在政绩考核体制的单一模式下，很多资源丰裕地区表现出资源消耗型的低效增长方式，地方官员为获得政治晋升，往往不愿进行基础教育扶持、环境投入支持等需长时间方能见效的改革，而是力求短期"立竿见影"的表象经济增长，从而可能造成公共品供给不足的尴尬处境，以及靠短暂繁荣换来长久"诅咒"的被动局面；对一些资源丰裕的地区，整体上公共品供给与经济发展之间存在一定的正向关联，但身处地方分权、官员晋升等因素所交织的政治大背景下，极易引发地方政府间的盲目攀比和恶性竞争，导致公共品供给的结构扭曲和政府支出效率低下。这些不利因素提醒我们，要改善一些公共品供给失衡的局面，或许资源禀赋本身并没有错，而很大程度上取决于发展过程中政府采取的政策是否适当，以及制度和管理是否合理有效。在寻求经济发展方式转变的新阶段，应当树立新的地方政府政绩观，改变不当的激励机制；在政绩考核时，要更多地参考辖区居民的意见，这样将有利于地方政府向公共品提供者的角色归位，帮助政府承担公共品供给的职责 (傅勇，2010)，同时还有利于改善民众的弱博弈主体地位，给予他们更多的话语权；另外，由于许多公共品存在外部性和外溢性，中央政府应加大转移支付力度，对经济落后地区提供更多补助。相信对这些问题的关注必将有助于创造良好的社会发展环境，提高中国经济发展的质量。

参 考 文 献

陈建宝, 乔宁宁, 2016. 地方利益主体博弈下的资源禀赋与公共品供给 [J]. 经济学 (季刊), (2): 693-722.

陈建宝, 鞠芳煜, 禚铸瑶, 2015. 大数据时代下的统计学 [J]. 统计研究, (5): 106-112.

陈建宝, 李坤明, 2017. 非参数空间计量模型的理论和应用 [M]. 北京: 经济科学出版社.

陈建宝, 乔宁宁, 2013. 中国菲利普斯曲线的非线性特征分析 [J]. 统计研究, (1): 79-86.

陈建宝, 乔宁宁, 2015. 半参数变系数回归模型的空间相关性检验 [J]. 统计研究, (7): 87-92.

陈建宝, 乔宁宁, 2017. 半参数变系数空间误差回归模型的估计 [J]. 数量经济技术经济研究, (4): 129-146.

陈建宝, 孙林, 2015. 随机效应空间滞后单指数面板模型 [J]. 统计研究, (1): 95-101.

陈建宝, 孙林, 2017. 随机效应变系数空间自回归面板模型的估计 [J]. 统计研究, (5): 118-128.

陈抗, Arye L H, 顾清扬, 2002. 财政集权与地方政府行为变化 —— 从援助之手到攫取之手 [J]. 经济学 (季刊), (1): 111-130.

陈浪南, 孙坚强, 2010. 股票市场资产收益的跳跃行为研究 [J]. 经济研究, (4): 54-66.

陈硕, 2010. 分税制改革、地方财政自主权与公共品供给 [J]. 经济学 (季刊), (4): 1427-1447.

丁菊红, 邓可斌, 2008. 政府偏好、公共品供给与转型中的财政分权 [J]. 经济研究, (7): 78-89.

段景辉, 陈建宝, 2011. 城乡收入差距影响因素的非参数逐点回归解析 [J]. 财经研究, 37(1): 101-111.

范剑青, 姚琦伟, 2005. 非线性时间序列 —— 建模、预报及应用 [M]. 北京: 高等教育出版社.

方颖, 纪珩, 赵扬, 2011. 中国是否存在 "资源诅咒" [J]. 世界经济, (4): 144-160.

傅勇, 2008. 中国的分权为何不同: 一个考虑政治激励与财政激励的分析框架 [J]. 世界经济, (11): 16-25.

傅勇, 2010. 财政分权、政府治理与非经济性公共物品供给 —— 来自基础教育和城市公用设施的证据 [J]. 经济研究, (8): 1-15.

高远东, 陈迅, 2010. 中国省域产业结构的空间计量经济研究 [J]. 系统工程理论与实践, 30(6): 993-1001.

郭鹏辉, 2009. 一类动态空间固定效应模型研究 [D]. 厦门大学博士学位论文.

洪圣岩, 成平, 1993. 半参数回归模型参数估计的 Bootstrap 逼近 [J]. 中国科学 (A 辑), 14: 239-251.

贾智莲, 卢洪友, 2010. 财政分权与教育及民生类公共品供给的有效性 —— 基于中国省级面板数据的实证分析 [J]. 数量经济技术经济研究, (6): 139-150.

李坤明, 陈建宝, 2013. 半参数变系数空间滞后模型的截面似然估计 [J]. 数量经济技术经济研究, (4): 85-98.

李琴, 熊启泉, 孙良媛, 2005. 利益主体博弈与农村公共品供给的困境 [J]. 农业经济问题, (4): 34-37.

林光平, 龙志和, 吴梅, 2007. Bootstrap 方法在空间经济计量模型检验中的应用 [J]. 经济科学, (4): 84-93.

林怡坚, 欧变玲, 龙志和, 2011. 线性回归模型 Bootstrap LM-Lag 检验有效性研究 [J]. 统计与信息论坛, 26(4): 14-20.

刘金全, 范剑青, 2001. 中国经济周期的非对称性和相关性研究 [J]. 经济研究, (5): 28-37.

刘小鲁, 2008. 区域性公共品的最优供给: 应用中国省级面板数据的分析 [J]. 世界经济, (4): 86-95.

龙志和, 欧变玲, 龙广平, 2009. 空间经济计量模型 Bootstrap 检验的水平扭曲 [J]. 数量经济技术经济研究, (1): 151-160.

梅长林, 王宁, 2003. 回归模型误差相关性的统一检验方法 [J]. 高校应用数学学报 A 辑, (3): 318-326.

梅长林, 王宁, 2012. 近代回归分析方法 [M]. 北京: 科学出版社.

梅长林, 张文修, 2002. 利用局部加权拟合方法检验线性回归关系 [J]. 系统科学与数学, (4): 467-480.

梅长林, 张文修, 梁怡, 2004. Statistical inferences for varying-coefficient models based on locally weighted regression technique [J]. 应用数学学报 (英文版), 17(3): 407-417.

欧变玲, 2009. 空间计量经济模型 Bootstrap Moran 检验有效性研究 [D]. 华南理工大学博士学位论文.

欧变玲, 龙志和, 林光平, 2010. 空间经济计量滞后模型 Bootstrap Moran 检验功效的模拟分析 [J]. 统计研究, 27(9): 91-96.

欧阳志刚, 王世杰, 2009. 我国货币政策对通货膨胀与产出的非对称反应 [J]. 经济研究, (9): 27-37.

乔宝云, 范剑勇, 冯兴元, 2005. 中国的财政分权与小学义务教育 [J]. 中国社会科学, (6): 37-47.

乔宝云, 范剑勇, 彭骥鸣, 2006. 政府间转移支付与地方财政努力 [J]. 管理世界, (3): 50-56.

乔宁宁，2013. 混合地理加权回归模型中的空间相关性检验和参数估计研究 [J]. 数量经济技术经济研究，(8)：93-108.

苏方林，2007. 省域 R&D 知识溢出的 GWR 实证分析 [J]. 数量经济技术经济研究，(2)：145-153.

孙永平，叶初升，2012. 资源型城市经济增长——资源的"诅咒"还是距离的"暴政"[J]. 经济经纬，(2)：6-11.

汪增洋，豆建民，2010. 空间依赖性、非线性与城市经济增长趋同 [J]. 南开经济研究，(4)：139-153.

王立勇，张代强，刘文革，2010. 开放经济下我国非线性货币政策非对称效应研究 [J]. 经济研究，(9)：4-16.

王世磊，张军，2008. 中国地方官员为什么要改善基础设施？——一个官员激励机制的模型 [J]. 经济学 (季刊)，(2)：383-398.

魏传华，胡晶，吴喜之，2010. 空间自相关地理加权回归模型的估计 [J]. 数学的实践与认识，40(22)：126-134.

魏传华，梅长林，2005. 半参数空间变系数回归模型的两步估计方法及其数值模拟 [J]. 统计与信息论坛，(1)：16-19.

吴玉鸣，2006. 空间计量经济模型在省域研发与创新中的应用研究 [J]. 数量经济技术经济研究，(5)：74-85.

吴玉鸣，周立，吕春燕，2010. 空间非平稳性模型及其在产学联盟研发创新中的应用 [J]. 系统工程理论与实践，30(6)：1010-1015.

徐康宁，王剑，2006. 自然资源丰裕程度与经济发展水平关系的研究 [J]. 经济研究，(1)：78-89.

杨子晖，2010. "经济增长"与"二氧化碳排放"关系的非线性研究：基于发展中国家的非线性 Granger 因果检验 [J]. 世界经济，(10)：139-160.

尹恒，徐琰超，2011. 地市级地区间基本建设公共支出的相互影响 [J]. 经济研究，(7)：55-64.

余丹林，吕冰洋，2009. 质疑区域生产率测算：空间视角下的分析 [J]. 中国软科学，(11)：160-170.

张琰，梅长林，2012. 基于地理加权回归的我国中东部城市商品房价格的空间特征分析 [J]. 数理统计与管理，31(5)：898-905.

张耀军，任正委，2012. 基于地理加权回归的山区人口分布影响因素实证研究——以贵州省毕节地区为例 [J]. 人口研究，36(4)：53-63.

张一，2009. 分税制下经济主体和地方政府的行为分析 [J]. 世界经济，(6)：54-63.

张征宇，朱平芳，2010. 地方环境支出的实证研究 [J]. 经济研究，(5)：82-94.

章上峰, 许冰, 顾文涛, 2011. 时变弹性生产函数模型统计学与经济学检验 [J]. 统计研究, 28(6): 91-96.

赵振全, 苏治, 丁志国, 2005. 我国股票市场收益率非对称均值回归特征计量检验 —— 基于 ANST-GARCH 模型的实证分析 [J]. 数量经济技术经济研究, (4): 107-116.

周黎安, 2004. 晋升博弈中政府官员的激励与合作: 兼论我国地方保护主义和重复建设问题长期存在的原因 [J]. 经济研究, (6): 33-40.

朱力行, 许王莉, 2008. 非参数蒙特卡罗检验及其应用 [M]. 北京: 科学出版社.

左翔, 殷醒民, 2013. 土地一级市场垄断与地方公共品供给 [J]. 经济学 (季刊), (2): 693-718.

Acemoglu D, Johnson S, Robinson J A, 2002. An African success story: Botswana [Z]. CEPR Discussion Paper NO. 3219.

Ahmad I, Leelahanon S, Li Q, 2005. Efficient estimation of a semiparametric partially linear varying coefficient model [J]. Annals of Statistics, 33(1): 258-283.

Alexeev M, Conrad R, 2011. The natural resource curse and economic transition [J]. Economic Systems, 35(4): 445-461.

Anselin L, 1984. Specification tests and model selection for aggregate spatial interaction, an empirical comparison [J]. Journal of Regional Science, 24(1): 1-15.

Anselin L, 1988a. Spatial Econometrics: Methods and Models [M]. Dordrecht: Kluwer Academic.

Ansclin L, 2001a. Spatial econometrics [A]//Baltagi B, eds. A Companion to Theoretical Econometrics. Oxford, UK: Blackwell.

Anselin L, 2001b. Rao's score test in spatial econometrics [J]. Journal of Statistical Planning and Inference, 97: 113-139.

Anselin L, Florax R J G M, Rey S J, 2004. Econometrics for spatial models, recent advances [A]//Anselin L, Florax R J G M, Rey S J, eds. Advances in Spatial Econometrics, Methodology, Tools and Applications. Berlin: Springer-Verlag: 1-25.

Anselin L, Griffith D A, 1988b. Do spatial effects really matter in regression analysis? [Z] Papers of the Regional Science Association, 1(65): 11-34.

Anselin L, Kelejian H, 1997. Testing for spatial error autocorrelation in the presence of endogenous regressors [J]. International Regional Science Review, 20: 153-182.

Anselin L, Rey S, 1990. The performance of tests for spatial dependence in a linear regression [R]. Technical Report, National Center for Geographic Information and Analysis (NCGIA), University of California, Santa Barbara.

Baltagi B H, Egger P, Pfaffermayr M, 2007. A monte carlo study for pure and pretest estimators of a panel data model with spatially autocorrelated disturbances [J]. Annals of Economics and Statistics, 87/88: 11-38.

Baltagi B H, Egger P, Pfaffermayr M, 2009b. A generalized spatial panel data model with random effects [Z]. Working Paper, New York State, Syracuse: Syracuse University, Center for Policy Research.

Baltagi B H, Li D, 2001. Double length artificial regressions for testing spatial dependence [J]. Econometric Reviews, 20(1): 31-40.

Baltagi B H, Li D, 2001. LM tests for functional form and spatial correlation [J]. International Regional Science Review, 24(2): 194-225.

Baltagi B H, Li D, 2004. Prediction in the panel data model with spatial correlation [A]//Anselin L, Florax R, Rey S J, eds. Advances in Spatial Econometrics: Methodology, Tools and Applications. Berlin: Springer-Verlag: 283-296.

Baltagi B H, Liu L, 2008. Testing for random effects and spatial lag dependence in panel data models [J]. Statistics & Probability Letters, 78(18): 3304-3306.

Baltagi B H, Liu L, 2011. Instrumental variable estimation of a spatial autoregressive panel model with random effects [J]. Economics Letters, 111(2): 135-137.

Baltagi B H, Song S H, Kwon J H, 2009a. Testing for heteroskedasticity and spatial correlation in random effects panel data model [J]. Computational Statistics and Data Analysis, 53(8): 2897-2922.

Baltagi B H, Song S H, Won K, 2003. Testing panel data regression model with spatial error correlation [J]. Journal of Econometrics, 117: 123-150.

Basile R, 2008. Regional economic growth in Eruope: A semiparametric spatial dependence approach [J]. Papers in regional science, 87(4): 527-544.

Basile R, Gress B, 2004. Semi-parametric spatial auto-covariance models of regional growth behavior in Europe [Z]. Mimeo, Dept. of Economics, University of California Riverside, Riverside California.

Besag J, Green D H, Mengersen K, 1995. Bayesian computation and stochastic systems [J]. Statistical Science, 10: 3-66.

Besag J, York J, Mollie A, 1991. Bayesian image restoration with two applications in spatial statistics [J]. Annals of the Institute of Statistical Mathematics, 43: 1-59.

Besley T, Coate S, 2003. Centralized versus decentralized provision of local public goods: A political economy approach [J]. Journal of Public Economics, 87(12): 2611-2637.

Bhattacharya P K, Zhao P L, 1997. Semi-parametric inference in a partial linear model [J]. The Annals of Statistics, 25: 244-262.

Bivand R S, 1984. Regression modeling with spatial dependence: An application of some class selection and estimation techniques [J]. Geographical Analysis, 16(1): 25-37.

Bollerslev T, 1986. Generalized autoregressive conditional heteroskedasticity [J]. Journal of Econometrics, 31: 307-327.

Bottazzi L, Peri G, 2003. Innovation and spillovers in regions: Evidence from European patent data [J]. European Economic Review, 47(4): 687-710.

Breusch T S, 1987. Maximum likelihood estimation of random effects models [J]. Journal of Econometrics, 36(3): 383-389.

Brueckner J K, 2003. Strategic interactions among governments: An overview of the empirical literature [J]. International Regional Science Review, 26(2): 175-188.

Brumback B, Rice J A, 1998. Smoothing spline models for the analysis of nested and crossed samples of curves (with discussion) [J]. Journal of the American Statistical Association, 93: 961-994.

Brunsdon C, Fotheringham A S, Charlton M, 1996. Geographically weighted regression: A method for exploring spatial nonstationarity [J]. Geographical Analysis, 28(4): 281-298.

Brunsdon C, Fotheringham A S, Charlton M, 1998. Spatial nonstationarity and autoregressive models [J]. Environment and Planning A, 30(6): 957-973.

Brunsdon C, Fotheringham A S, Charlton M, 1999. Some notes on parametric significance tests for geographically weighted regression [J]. Journal of Regional Science, 39(3): 497-524.

Bühlmann P, 1997. Sieve bootstrap for time series [J]. Bernouli, 3(2): 123-148.

Cabrales A, Hauk E, 2011. The quality of political institutions and the curse of natural resources [J]. The Economic Journal, 121(551): 58-88.

Cai J, Fan J, Jiang J, Zhou H, 2007a. Partially linear hazard regression for multivariate survival data [J]. Journal of the American Statistical Association, 102: 538-551.

Cai J, Fan J, Zhou H, Zhou Y, 2007b. Marginal hazard models with varying-coefficients for multivariate failure time data [J]. The Annals of Statistics, 35: 324-354.

Cai J, Fan J, Jiang J, Zhou H, 2008. Partially linear hazard regression with varying-coefficients for multivariate survival data [J]. Journal of the American Statistical Association, 70(1): 141-158.

Cai Z, 2002. Two-step likelihood estimation procedure for varying coefficient models [J]. Journal of Multivariate Analysis, 82(1): 189-209.

Cai Z, Fan J, Li R Z, 2000a. Efficient estimation and inferences for varying coefficient models [J]. Journal of the American Statistical Association, 95(451): 888-902.

Cai Z, Fan J, Yao Q W, 2000b. Functional coefficient regression models for nonlinear time series [J]. Journal of the American Statistical Association, 95(451): 941-956.

Cai Z, 2007. Trending time-varying coefficient time series models with serially correlated errors [J]. Journal of Econometrics, 136(1): 163-188.

Cai Z, Li Q, 2008. Nonparametric estimation of varying coefficient dynamic panel data models [J]. Econometric Theory, 24: 1321-1342.

Cai Z, Li Q, Park J Y, 2009. Functional-coefficient cointegration models [J]. Journal of Econometrics, 152: 101-113.

Cai Z, Xiao Z, 2012. Semiparametric quantile regression estimation in dynamic models with partially varying coefficients [J]. Journal of Econometrics, 167: 413-425.

Carroll R J, Fan J, Gijbels I, Wand M P, 1997. Generalized partially linear single-index models [J]. Journal of the American Statistical Association, 92: 477-489.

Carroll R J, Härdle W, 1989. Second order effects in semi-parametric weighted least squares regression [J]. Statistics, 2: 179-186.

Case A, 1991. Spatial patterns in household demand [J]. Econometrica, 59(4): 953-966.

Caselli F, 2006. Power struggles and the natural resource curse [Z]. Working Paper.

Chen J, Gao J T, Li D G, 2013. Estimation in partially linear single-index panel data models with fixed effects [J]. Journal of Business & Economic Statistics, 31(3): 1-42.

Chen R, Tsay R S, 1993. Functional-coefficient autoregressive models [J]. Journal of American Statistical Association, 88: 298-308.

Chen S. Zhou L, 2007. Local partial likelihood estimation in proportional hazards models [J]. The Annals of Statistics, 35: 888-916.

Chen Y C, Rogoff K, 2003. Commodity currencies [J]. Journal of International Economics, 60(1): 133-160.

Cheng M, Zhang W, Chen L, 2009. Statistical estimation in generalized multiparameter likelihood modesl [J]. Journal of the American Statistical Association, 104(487): 1179-1191.

Chiang C T, Rice J A, Wu C O, 2001. Smoothing spline estimation for varying coefficient models with repeatedly measured dependent variables [J]. Journal of the American Statistical Association, 96: 605-619.

Christensen B J, Dahl C M, Iglesias E M, 2012. Semiparametric inference in a GARCH-in-mean model [J]. Journal of Econometrics, 167: 458-472.

Cleveland W S, Grosse E, Shyu W M, 1991. Local regression models [A]//Chambers J M, Hastie T J, eds. Statistical Models in S. Pacific Brove: Wadsworth & Brooks: 309-376.

Cliff A, Ord J K, 1972. Testing for spatial autocorrelation among regression residuals [J]. Geographical Analysis, 4(3): 267-284.

Cliff A, Ord J K, 1973. Spatial Autocorrelation [M]. London: Pion Press.

Cliff A, Ord J K, 1981. Spatial Processes: Models and Applications [M]. London: Pion Press.

Cordy C B, Griffith D A, 1993. Efficiency of least squares estimators in the presence of spatial autocorrelation [J]. Communications in Statistics: Simulation and Computation, 22(4): 1161-1179.

Cox D R, 1972. Regression models and life tables (with discussion) [J]. Journal of the Royal Statistical Society, Series B, 34: 187-220.

Davison A C, Hinkley D V, 1997. Bootstrap Methods and their Applications [M]. Cambridge University Press, UK.

Debarsy N, Ertur C, 2010. Testing for spatial autocorrelation in a fixed effects panel data model [J]. Regional Science and Urban Economics, 40(6): 453-470.

Drukker D M, Egger P, Prucha I R, 2010. On two-step estimation of a spatial autoregressive model with autoregressive disturbances and endogenous regressors [Z]. Working Paper, Washington: University of Maryland, Department of Economics.

Druska V, Horrace W C, 2004. Generalized moments estimation for spatial panel data: Indonesian rice farming [J]. American Journal of Agricultural Economics, 86(1): 185-198.

Dunning T, 2005. Resource dependence, economic performance, and political stability [J]. The Journal of Conflict Resolution, 49(4): 451-482.

Eckey H F, Kosfeld R, Turck D, 2007. Regional convergence in Germany: A geographically weighted regression approach [J]. Spatial Economic Analysis, 2(1): 45-64.

Efron B, 1979. Bootstrap methods: Another look at the jackknife [J]. The Annals of Statistics, 7: 1-26.

Eggermont P, Eubank R, LaRiccia V N, 2010. Convergence rates for smoothing spline estimators in varying coefficient models [J]. Journal of Statistical Planning and Inference, 140(2): 369-381.

Elhorst J P, 2001. Dynamic models in space and time [J]. Geographical Analysis, 33: 119-140.

Elhorst J P, 2003. Specification and estimation of spatial panel data models [J]. International Regional Science Review, 26(3): 244-268.

Elhorst J P, 2005. Unconditional maximum likelihood estimation of linear and log-linear dynamic models for spatial panels [J]. Geographical Analysis, 37: 85-106.

Engle R F, 1982. Autoregressive conditional heteroskedasticity with estimates of the variance of united kingdom inflation [J]. Econometrica, 50(4): 987-1007.

Engle R F, Granger W J, Rice J, Weiss A, 1986. Semiparametric estimates of the relation between weather and electricity scales [J]. Journal of the American Statistical Association, 81: 310-320.

Ertur C, Le Gallo J, LeSage J P, 2007. Local versus global convergence in Europe: A Bayesian spatial econometrics approach [J]. The Review of Regional Studies, 37(1): 82-108.

Fan J, Wu Y, 2008. Semiparametric estimation of covariance matrices for longitudinal data [J]. Journal of the American Statistical Association, 103(484): 1520-1533.

Fan J, Farmen M, Gijbels I, 1998. Local maximum likelihood estimation and inference [J]. Journal of Royal Statistical Society B, 60: 591-608.

Fan J, Gijbels I, 1996. Local Polynomial Modeling and its Applications [M]. New York: Chapman & Hall.

Fan J, Huang T, 2005. Profile likelihood inferences on semiparametric varying-coefficient partially linear models [J]. Bernoulli, 11(6): 1031-1057.

Fan J, Huang T, Li R Z, 2007. Analysis of longitudinal data with semi-parametric estimation of covariance function [J]. Journal of the American Statistical Association, 102(478): 632-641.

Fan J, Peng H, 2004. On non-concave penalized likelihood with diverging number of parameters [J]. The Annals of Statistics, 32: 928-961.

Fan J, Wong W H, 2000. On profile likelihood: Comment [J]. Journal of the American Statistical Association, 95(450): 468-471.

Fan J, Wu Y, 2008. Semiparametric estimation of covariance matrices for longitudinal data [J]. Journal of the American Statistical Association, 103(484): 1520-1533.

Fan J, Yao Q, Cai Z, 2003. Adaptive varying-coefficient linear models [J]. Journal of Royal Statistical Society B, 65: 57-80.

Fan J, Zhang C M, Zhang J, 2001. Generalized likelihood ratio statistics and wilks phenomenon [J]. The Annals of Statistics, 29(1): 153-193.

Fan J, Zhang W Y, 1999. Statistical estimation in varying coefficient models [J]. The Annals of Statistics, 27(5): 1491-1518.

Fan J, Zhang W Y, 2000. Simultaneous confidence bands and hypothesis testing in varying coefficient models [J]. Scandinavian Journal of Statistics, 27(4): 715-731.

Fan J, Zhang W, 2008. Statistical methods with varying coefficient models [J]. Statistics and its Interface, 1: 179-195.

Fingleton B, 2003. Externalities, economic geography and spatial econometrics: Conceptual modelling developments [J]. International Regional Science Review, 26(2): 197-207.

Fingleton B, 2008. A generalized method of moments estimator for a spatial model with moving average errors with application to real estate prices [J]. Empirical Economics, 34(1): 35-57.

Fischer M M, Scherngell T, Reismann M, 2009. Knowledge spillovers and total factor productivity: Evidence using a spatial panel data model [J]. Geographical Analysis, 41(2): 204-220.

Fisher W D, 1971. Econometric estimation with spatial dependence [J]. Regional and Urban Economics, 1(1): 19-40.

Fotheringham A S, Brunsdon C, Charlton M, 2002. Geographically Weighted Regression: The Analysis of Spatially Varying Relationships [M]. West Sussex: John Wiley & Sons.

Fotheringham A S, Charlton M, Brunsdon C, 1997. Two techniques for exploring non-stationarity in geographical data [J]. Geographical Systems, 4: 59-82.

Freedman D, 1984. On bootstrapping two-stage least squares estimates in stationary linear models [J]. The Annals of Statistics, 12: 827-842.

Gallant A R, Nychka D W, 1987. Semi-nonparametric maximum likelihood estimation [J]. Econometrica, 65: 363-390.

Green P J, Silverman B W, 1994. Nonparametric Regression and Generalized Linear Models: A Roughness Penalty Approach [M]. London: Chapman & Hall.

Gress B, 2004. Using semi-parametric spatial autocorrelation models to improve hedonic housing price prediction [Z]. Mimeo, Dept. of Economics, University of California Riverside, Riverside California.

Gylfason T, Herbertson T, Zoega G, 1999. A mixed blessing: Natural resources and economic growth [J]. Maroeconomic Dynamics, 3(2): 204-225.

Härdle W, Mammen E, Müller M, 1998. Testing parametric versus semi-parametric modeling in generalized linear models [J]. Journal of the American Statistical Association, 93: 1461-1474.

Härdle W, Mammen E, 1993. Comparing non-parametric versus parametric regression [J]. The Annals of Statistics, 21: 1926-1947.

Haining R, 1978. The moving average model for spatial interaction [J]. Transactions of the Institute of British Geographers, 3(2): 202-225.

Hajkowicz S A, Heyenga S, Moffat K, 2011. The relationship between mining and socio-economic well being in Australia's regions [J]. Resources Policy, 36(1): 30-38.

Hall P, Hart J D, 1990. Bootstrap test for difference between means in nonparametric regression [J]. Publications of the American Statistical Association, 85(412): 1039-1049.

Hanink D M, Cromley R G, Ebenstein A Y, 2012. Spatial variation in the determinants of house prices and apartment rents in China [J]. Journal of Real Estate Finance and Economics, 45(2): 347-363.

Harvey D I, Kellard N M, Madsen J B, Wohar M E, 2010. The Prebisch-Singer hypothesis: Four centuries of evidence [J]. The Review of Economics and Statistics, 92(2): 367-377.

Hastie T J, Tibshirani R J, 1990. Generalized Additive Models [M]. London: Chapman & Hall.

Hastie T, Tibshirani R, 1993. Varying-coefficient models [J]. Journal of the Royal Statistical Society: Series B, 4(55): 757-796.

Hepple L W, 1995. Bayesian techniques in spatial and network econometrics: 2. computational methods and algorithms [J]. Environment and Planning A, 27: 447-469.

Hepple L W, 1998. Exact testing for spatial autocorrelation among regression residuals [J]. Environment and Planning A, 1(30): 85-109.

Hong Y, Lee T, 2003. Inference on predictability of foreign exchange rates via generalized spectrum and nonlinear time series models [J]. Review of Economics and Statistics, 85(4): 1048-1062.

Hoover D R, Rice J A, Wu C O, Yang L P, 1998. Nonparametric smoothing estimates of time-varying coefficient models with longitudinal data [J]. Biometrika, 85: 809-822.

Horowitz J, 2001. Nonparametric estimation of a generalized additive model with an unknown link function [J]. Econometrica, 69: 499-513.

Horowitz J, 2009. Semiparametric and Nonparametric Methods in Econometrics [M]. New York: Springer-Verlag.

Hristache M, Juditski A, Spokoiny V, 2001. Direct estimation of the index coefficient in a single-index model [J]. The Annals of Statistics, 29: 595-623.

Hu J, Liu F, You J, 2014. Panel data partially linear model with fixed effects, spatial autoregressive error components and unspecified intertemporal correlation [J]. Journal of Multivariate Analysis, 130: 64-89.

Hu X M, Wang Z Z, Liu F, 2008. Zero finite-order serial correlation test in a semi-parametric varying-coefficient partially linear errors-in-variables model [J]. Statistics & Probability Letters, 78(12): 1560-1569.

Huang B, Wu B, Barry M, 2010. Geographically and temporally weighted regression for modeling spatio-temporal variation in house prices [J]. International Journal of Geographical Information Science, 24(3): 383-401.

Huang J Z, Shen H, 2004. Functional coefficient regression models for nonlinear time series: A polynomial spline approach [J]. Scandinavian Journal of Statistics, 31: 515-534.

Huang J Z, Wu C O, Zhou L, 2002. Varying-coefficient models and basis function approximations for the analysis of repeated measurements [J]. Biometrika, 89: 111-128.

Huang J Z, Wu C O, Zhou L, 2004. Polynomial spline estimation and inference for varying coefficient models with longitudinal data [J]. Statistica Sinica, 14: 763-788.

Hurvich C M, Simonoff J S, Tsai C L, 1998. Smoothing parameter selection in nonparametric regression using an improved Akaike information criterion [J]. Journal of the Royal Statistical Society B, 60: 271-293.

Ichimura H, 1993. Semiparametric least squares and weighted SLS estimation of single-index models [J]. Journal of Econometrics, 58: 71-120.

Imhof J P, 1961. Computing the distribution of quadratic forms in normal variables [J]. Biometrika, 3-4(48): 419-426.

Kai B, Li R, Zou H, 2011. New efficient estimation and variable selection methods for semiparametric varying-coefficient partially linear models [J]. The Annals of Statistics, 39: 305-332.

Kauermann G, Tutz G, 1999. On model diagnostics using varying coefficient models [J]. Biometrika, 86: 119-128.

Kelejian H H, 1998. A generalized spatial two-stage least squares procedure for estimating a spatial autoregressive model with autoregressive disturbances [J]. Journal of Real Estate Finance and Economics, 17(1): 99-121.

Kelejian H H, Prucha I R, 1998. A generalized spatial two stage least squares procedure for estimating a spatial autoregressive model with autoregressive disturbances [J]. Journal of Real Estate Finance and Economics, 17(1): 99-121.

Kelejian H H, Prucha I R, 1999. A generalized moments estimator for the autoregressive parameter in a spatial model [J]. International Economic Reviews, 40(2): 509-533.

Kelejian H H, Prucha I R, 2001. On the asymptotic distribution of the Moran's I test statistic with applications [J]. Journal of Econometrics, 104(2): 219-257.

Kelejian H H, Prucha I R, 2002. 2SLS and OLS in a spatial autoregressive model with equal spatial weights [J]. Regional Science and Urban Economics, 32: 691-707.

Kelejian H H, Prucha I R, 2004. Estimation of simultaneous systems of spatially interrelated cross sectional equations [J]. Journal of Econometrics, 118(1-2): 27-50.

Kelejian H H, Prucha I R, 2010. Specification and estimation of spatial autoregressive models with autoregressive and heteroskedastic disturbances [J]. Journal of Econometrics, 157(1): 53-67.

Kelejian H H, Robinson D P, 1993. A suggested method of estimation for spatial interdependent models with autocorrelated errors and an application to a country expenditure model [J]. Papers in Regional Science, 72(3): 297-312.

Kelejian H H, Robinson D P, 1998. A suggested test for spatial autocorrelation and/or heteroskedasticity and corresponding Monte Carlo results [J]. Regional Science and Urban Economics, 28(4): 389-417.

Lam C, Fan J, 2008. Profile-kernel likelihood inference with diverging number of parameters [J]. The Annals of Statistics, 36: 2232-2260.

Larsen E R, 2006. Escaping the resource curse and the dutch disease? When and why norway caught up and forged ahead of its neighbours [J]. American Journal of Economics and Sociology, 65(3): 605-640.

Lee L F, 2003. Best spatial two-stage least squares estimators for a spatial autoregressive model with autoregressive disturbances [J]. Econometric Reviews, 22(4): 307-335.

Lee L F, 2004. Asymptotic distributions of quasi-maximum likelihood estimators for spatial autoregressive models [J]. Econometrica, 72(6): 1899-1925.

Lee L F, 2007a. GMM and 2SLS estimation of mixed regressive, spatial autoregressive models [J]. Journal of Econometrics, 137(2): 489-514.

Lee L F, 2007b. The method of elimination and substitution in the GMM estimation of mixed regressive, spatial autoregressive models [J]. Journal of Econometrics, 140(1): 155-189.

Lee L F, Liu X, 2010. Efficient GMM estimation of high order spatial autoregressive models with autoregressive disturbances [J]. Econometric Theory, 26(1): 187-230.

Lee L F, Yu J, 2010. Estimation of spatial autoregressive panel data models with fixed effects [J]. Journal of Econometrics, 154(2): 165-185.

LeSage J P, 1997. Bayesian estimation of spatial autoregressive models [J]. International Regional Science Review, 20: 113-129.

LeSage J P, 1999. A spatial econometric examination of China's economic growth [J]. Geographic Information Sciences, 5(2): 143-153.

Leung Y, Mei C L, Zhang W X, 2000a. Testing for spatial autocorrelation among the residuals of the geographically weighted regression [J]. Environment and Planning A, 32(5): 871-890.

Leung Y, Mei C L, Zhang W X, 2000b. Statistical tests for spatial nonstationarity based on the geographically weighted regression model [J]. Environment and Planning A, 32: 9-32.

Li D, Chen J, Gao J, 2011a. Non-parametric time-varying coefficient panel data models with fixed effects [J]. The Econometrics Journal, 14: 387-408.

Li D, Chen J, Lin Z, 2011b. Statistical inference in partially time-varying coefficient models [J]. Journal of Statistical Planning and Inference, 141: 995-1013.

Li K, Li D, Lian Z, Hsiao C, 2013. Semiparametric profile likelihood estimation of varying coefficient models with nonstationary regressors [Z]. Monash Econometrics and Business Statistics Working Papers No 2/13.

Li Q, Racine J S, 2007. Nonparametric Econometrics: Theory and Practice [M]. Princeton: Princeton University Press.

Li R, Liang H, 2008. Variable selection in semiparametric regression model [J]. The Annals of Statistics, 36(1): 261-286.

Li R, Liang H, 2008. Variable selection in semiparametric regression modeling [J]. The Annals of Statistics, 36(1): 261-286.

Lin X, Carroll R J, 2000. Nonparametric function estimation for clustered data when the predictor is measured without/with error [J]. Journal of the American Statistical Association, 95(450): 520-534.

Lin X, Carroll R J, 2001. Semiparametric regression for clustered data using generalized estimating equations [J]. Journal of the American Statistical Association, 96: 1045-1056.

Lin Z, Yuan Y, 2012. Variable selection for generalized varying coefficient partially linear models with diverging number of parameters [J]. Acta Mathematicae Applicatae Sinica, English Series, 28: 237-246.

Lu Y, 2008. Generalized partially linear varying-coefficient models [J]. Journal of Statistical Planning and Inference, 138: 901-914.

Lu Y Q, Zhang R Q, 2009. Smoothing spline estimation of generalized varying-coefficient mixed model [J]. Journal of Nonparametric Statistics, 21(7): 815-825.

Lu Y Q, Zhang R Q, Zhu L P, 2008. Penalized spline estimation for varying-coefficient models [J]. Communications in Statistics Theory and Methods, 37(14): 2249-2261.

Mack Y P, Silverman B W, 1982. Weak and strong uniform consistency of kernel regression estimates [J]. Zeitschrift für Wahrscheinlichkeitstheorie und Verwandte Gebiete, 61(3): 405-415.

Magnus J R, 1982. Multivariate error components analysis of linear and nonlinear regression models by maximum likelihood [J]. Journal of Econometrics, 19: 239-285.

Mammen E, 1993. Bootstrap and wild bootstrap for high dimensional linear models [J]. The Annals of Statistics, 21: 255-285.

McMillen D P, McDonald J F, 1997. A nonparametric analysis of employment density in a polycentric city [J]. Journal of Regional Science, 37(4): 591-612.

Mei C L, Zhang W X, Liang Y, 2001. Statistical inferences for varying-coefficient models based on locally weighted regression technique [J]. Acta Mathematicae Applicate Sinica, 3(17): 407-417.

Mei C L, He S Y, Fang K T, 2004. A note on the mixed geographically weighted regression model [J]. Journal of Regional Science, (44): 143-157.

Michel D, Wolfgang H, Marian H, 2003. Efficient estimation in conditional single-index regression [J]. Journal of Multivariate Analysis, 86: 213-226.

Montes-Rojas G V, 2010. Testing for random effects and serial correlation in spatial autoregressive models [J]. Journal of Statistical Planning and Inference, 140(4): 1013-1020.

Moscone F, Tosetti E, 2011. GMM estimation of spatial panels with fixed effects and unknown heteroskedasticity [J]. Regional Science and Urban Economics, 41(5): 487-497.

Murphy S A, van der Vaart A W, 2000. On profile likelihood (with discussion) [J]. Journal of the American Statistical Association, 95: 449-485.

Mutl J, Pfaffermayr M, 2011. The hausman test in a Cliff and Ord panel model [J]. The Econometrics Journal, 14(1): 48-76.

Nakaya T, 2001. Local spatial interaction modelling based on the geographically weighted regression approach [J]. Geo Journal, 53(4): 347-358.

Noh H, Chung K, Van Keilegom I. 2012. Variable selection of varying coefficient models in quantile regression [J]. Electronic Journal of Statistics, (6): 1220-1238.

Olson M, 2000. Power and Prosperity: Outgrowing Communist and Capitalist Dictatorships [M]. New York: Basic Books.

Ord J K, 1975. Estimation methods for models of spatial interaction [J]. Journal of the American Statistical Association, 70: 120-126.

Pace R K, LeSage J P, 2002. Semi-parametric maximum likelihood estimates of spatial dependence [J]. Geographical Analysis, 34: 76-90.

Pang Z, Xue L G, 2012. Estimation for the single-index models with random effects [J]. Computational Statistics and Data Analysis, 56(6): 1837-1853.

Papyrakis E, Gerlagh R, 2004. The resource curse hypothesis and its transmission channels [J]. Journal of Comparative Economics, 32(1): 181-193.

Partridge M D, Rickman D, Ali K, Olfert L R, 2008. The geographic diversity of U.S. nonmetropolitan growth dynamics: A geographically weighted regression approach [J]. Land Economics, 84(2): 241-266.

Paze A, Uchida T, Miyamoto K, 2002a. A general framework for estimation and inference of geographically weighted regression models: 1. location-specific kernel bandwidths and a test for locational heterogeneity [J]. Environment and Planning A, 34: 733-754.

Paze A, Uchida T, Miyamoto K, 2002b. A general framework for estimation and inference of geographically weighted regression models: 2. spatial association and model specification tests [J]. Environment and Planning A, 5(34): 883-904.

Pearson E S, 1959. Note on an approximation to the distribution of non-central χ^2 [J]. Biometrika, 46: 364.

Pigou A C, 1932. The Economics of Welfare [M]. London: Macmillan & Co. Limited.

Pinkse J, Slade L, Brett C, 2002. Spatial price competition: a semi-parametric approach [J]. Econometrica, 70(3): 1111-1153.

Politis D N, 2003. The impact of bootstrap methods on time series analysis [J]. Statistical Science, 18(2): 219-230.

Qu A, Li R, 2006. Quadratic inference functions for varying coefficient models with longitudinal data [J]. Biometrics, 62: 379-391.

Robinson P M, 1988. Root-n-consistent semiparametric regression [J]. Econometrica, 56(4): 931-954.

Robinson P M, 2008. Correlation testing in time series, spatial and cross-sectional data [J]. The Journal of Econometrics, 147(1): 5-16.

Robinson P M, 2010. Efficient estimation of the semiparametric spatial autoregressive model [J]. The Journal of Econometrics, 157(1): 6-17.

Robinson P M, 2011. Asymptotic theory for nonparametric regression with spatial data [J]. The Journal of Econometrics, 169(1): 5-19.

Rosa D D, Iootty M, 2012. Are natural resources cursed ? An investigation of the dynamic effects of resource dependence on institutional quality [Z]. Policy Research Working Paper No. 6151.

Rosser A, 2006. The political economy of the resource curse: A literary survey [Z]. IDS Working Paper 268, Brighton: Institute of Development Studies.

Ruckstuhl A, Welsh A H, Carroll R J, 2000. Nonparametric function estimation of the relationship between two repeatedly measured variables [J]. Statistica Sinica, 10: 51-71.

Sachs J D, Warner A M, 1995. Economic reform and the process of global integration [J]. Brookings Papers on Economic Activity, (1): 1-118.

Sachs J D, Warner A M, 1997. Natural resource abundance and economic growth [Z]. Harvard Institute for International Development Working Paper.

Sachs J D, Warner A M, 2001. The curse of natural resources [J]. European Economic Review, 45(4-6): 827-838.

Sala-i-Martin X, Subramanian A, 2003. Addressing the natural resource curse: An illustration from Nigeria [Z]. NBER Working Paper No. 9804.

Sarr M, Wick K, 2010. Resources, conflict and development choices: public good provision in resource rich economies [J]. Economics of Governance, 11(2): 183-205.

Sarraf M, Jiwanji M, 2001. Beating the resource curse: the case of Botswana [Z]. Environment Economics Series Paper No. 83.

Severini T A, Wong W H, 1992. Profile likelihood and conditionally parametric models [J]. The Annals of Statistics, 20(4): 1768-1802.

Shao J, Tu D, 1995. The Jackknife and Bootstrap [M]. New York: Springer-Verlag.

Shoff C, Yang T C, 2012. Spatially varying predictors of teenage birth rates among countries in the United States [J]. Demographic Research, 27: 377-417.

Singh K, 1981. On the asymptotic accuracy of Efron's bootstrap [J]. The Annals of Statistics, 9: 1187-1195.

Smirnov O, Anselin L, 2001. Fast maximum likelihood estimation of vary large spatial autoregressive models: A characteristic polynomial approach [J]. Computational Statistics and Data Analysis, 35(3): 301-319.

Speckman P, 1988. Kernel smoothing in partial linear models [J]. Journal of the Royal Statistical Society: Series B, 50(3): 413-436.

Stone M, 1977. An asymptotic equivalence of choice of model by cross-validation and Akaike's criterion [J]. Journal of the Royal Statistical Society. Series B (Methodological), 39(1): 44-47.

Stute W, Manteiga G W, Quindimil M P, 1998. Bootstrap approximations in model checks for regression [J]. Journal of the American Statistical Association, 93: 141-149.

Su L, 2012. Semiparametric GMM estimation of spatial autoregressive models [J]. Journal of Econometrics, 167(2): 543-560.

Su L, Jin S, 2010. Profile quasi-maximum likelihood estimation of partially linear spatial autoregressive models [J]. Journal of Econometrics, 157(1): 18-33.

Su L, Ullah A, 2006. Profile likelihood estimation of partially linear panel data models with fixed effects [J]. Economics Letters, 92: 75-81.

Su L, Yang Z, 2013. QML estimation of dynamic panel data models with spatial errors [Z]. Working Paper, Research Collection School of Economics.

Sun Y, Carroll R J, Li D, 2009. Semiparametric estimation of fixed effects panel data varying coefficient models [J]. Advances in Econometrics, 25: 101-129.

Sun Y, Zhang W, Tong H, 2007. Estimation of the covariance matrix of random effects in longitudinal studies [J]. The Annals of Statistics, 35: 2759-2814.

Tang Y, Wang H, Zhu Z, 2013. Variable selection in quantile varying coefficient models with longitudinal data [J]. Computational Statistics and Data Analysis, (57): 435-449.

Tang Y, Wang H, Zhu Z, Song X, 2012. A unified variable selection approach for varying coefficient models [J]. Statistica Sinica, 22: 601-628.

Tian L, Zucker D, Wei L J, 2005. On the Cox model with time-varying regression coefficients [J]. Journal of the American Statistical Association, 100: 172-183.

Tiefelsdorf M, Boots B, 1995. The exact distribution of Moran's I [J]. Environment and Planning A, 6(27): 985-999.

Tu J, Tu W, Tedders S H, 2012. Spatial variations in the associations of birth weight with socioeconomic, environmental, and behavioral factors in Georgia, USA [J]. Applied Geography, 34: 331-344.

Wand M P, Jones M C, 1995. Kernel Smoothing [M]. London: Chapman & Hall.

Wang H, Zhu Z, Zhou J, 2009. Quantile regression in partially linear varying coefficient models [J]. The Annals of Statistics, 37: 3841-3866.

Wang N, 2003. Marginal nonparametric kernel regression accounting for within-subject correlation [J]. Biometrika, 90: 43-52.

Wang N, Carroll R J, Lin X, 2005. Efficient semiparametric marginal estimation for longitudinal/clustered data [J]. Journal of the American Statistical Association, 100: 147-157.

Wang N, Mei C L, 2008. Local linear estimation of spatially varying coefficient models: An improvement on the geographically weighted regression technique [J]. Environment and Planning A, 40: 986-1005.

Wang X L, Li G R, Lin L, 2011. Empirical likelihood inference for semi-parametric varying-coefficient partially linear EV models [J]. Metrika, 73(2): 171-185.

Wheeler D C, 2007. Diagnostic tools and a remedial method for collinearity in geographically weighted regression [J]. Environment and Planning A, 39: 2464-2481.

Wheeler D C, 2009. Simultaneous coefficient penalization and model selection in geographically weighted regression: The geographically weighted lasso [J]. Environment and Planning A, 41: 722-742.

Wheeler D C, Tiefelsdorf M, 2005. Multicollinearity and correlation among local regression coefficients in geographically weighted regression [J]. Journal of Geographical Systems, 7: 161-187.

Wheeler D C, Waller L A, 2009. Comparing spatially varying coefficient models: A case study examining violent crime rates and their relationships to alcohol outlets and illegal drug arrests [J]. Journal of Geographical Systems, 11: 1-22.

White H, 1994. Estimation, inference and specification analysis: consistency of the QMLE [J]. Cambidge Books, 25(5): 414-424.

Wu C F J, 1986. Jackknife, bootstrap and other re-sampling methods in regression analysis [J]. The Annals of Statistics, 14: 1261-1295.

Wu C O, Chiang C T, 2000. Kernel smoothing on varying coefficient models with longitudinal dependent variable [J]. Statistica Sinica, 10: 433-456.

Wu C O, Chiang C T, Hoover D R, 1998. Asymptotic confidence regions for kernel smoothing of a varying-coefficient models with longitudinal data [J]. Journal of the American Statistical Association, 93: 1388-1402.

Xia Y, Li W K, 1999. On single-index coefficient regression models [J]. The Annals of Statistics, 94: 1275-1285.

Xia Y, Zhang W, Tong H, 2004. Efficient estimation for semivarying-coefficient models [J]. Biometrika, 91(3): 661-681.

Xiao Z, 2009. Functional-coefficient models for nonstationary time series data [J]. Journal of Econometrics, 148: 81-92.

You J, Chen G, 2006. Estimation of a semiparametric varying-coefficient partially linear errors-in-variables model [J]. Journal of Multivariate Analysis, 97: 324-341.

Yu J, Jong R, Lee L F, 2008. Quasi-maximum likelihood estimators for spatial dynamic panel data with fixed effects when both n and T are large [J]. Journal of Econometrics, 146(1): 118-134.

Yu Y, Ruppert D, 2002. Penalized spline estimation for partially linear single-index models [J]. Journal of the American Statistical Association, 97(460): 1042-1054.

Zhang W, Lee S Y, Song X, 2002. Local polynomial fitting in semivarying coefficient models [J]. Journal of Multivariate Analysis, 82(1): 166-188.

Zhang W, Lee S Y, 2000. Variable bandwidth selection in varying-coefficient models [J]. Journal of Multivariate Analysis, 74: 116-134.

Zhang W, Steele F, 2004. A semiparametric multilevel survival model [J]. Journal of the Royal Statistical Society, Series C, 53: 387-404.

Zhao N, Yang Y H, Zhou X Y, 2010. Application of geographically weighted regression in estimating the effect of climate and site condition on vegetation distribution in Haihe Catchments, China [J]. Plant Ecology, 209: 349-359.

Zhou X, You J, 2004. Wavelet estimation in varying-coefficient partially linear regression models [J]. Statistics & Probability Letters, 68(1): 91-104.